JN233046

H-2A-1 の打上げ [p.148]

スピリットの打上げ
（デルタ2）[p.250]

プロトン・ロケット [p.3]

H-2A-4 の飛翔 [p.217]

S-310 ロケットの打上げ [p.178]

「のぞみ」の打上げ [p.32]

M-V-5 号機による
「はやぶさ」打上げ [p.246]

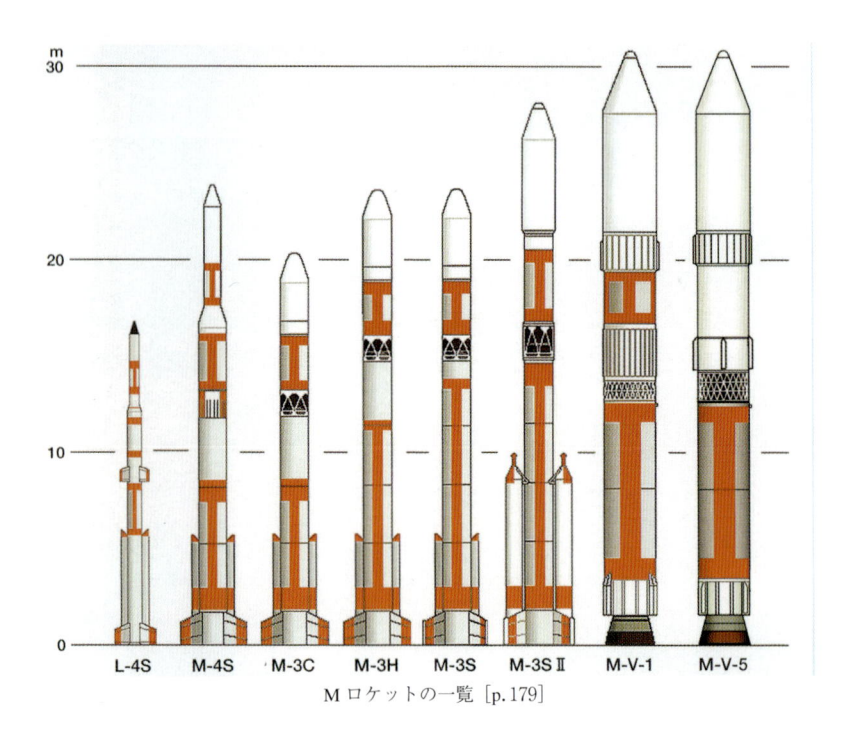

M ロケットの一覧 [p.179]

苫小牧のミール実物模型 [p.16]

帰還直後の秋山飛行士 [p.195]

テスト中のアストロE衛星 [p.7]

回収された神舟4号のカプセル [p.220]

S-310-29の発射オペレーション [p.10]

集った惑星協会の面々：左から順にルイス・フリードマン、ダニエル・ゴールディン、YM、秋田次平、ブルース・マレーの各氏 [p.2]

ロジェ・ボネ博士（中央）[p.24]

『やんちゃな独創』の表紙 [p.306]

長野・丸子の糸川山荘 [p.306]

小田稔博士 [p.26]

小田稔先生のスケッチ [p.114]

ペガサス座51番星 [p.169]

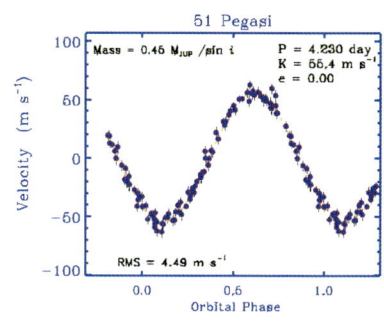

太陽系外の惑星発見のデータ [p.169]

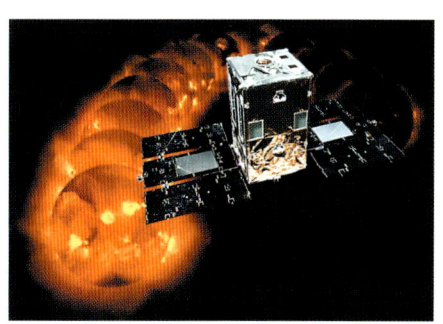

「ようこう」がX線で捉えた太陽像の変遷 [p.153]

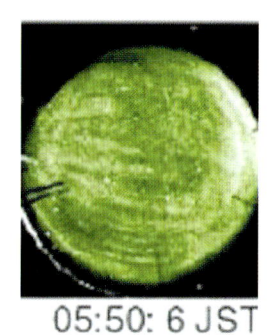

大気の"シマシマ模様" [p.11]

「はやぶさ」が捉えた地球画像 [p.311]

S-310-44による薄膜展開 [p.329]

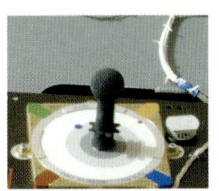

スピリットの日時計 [p.290]

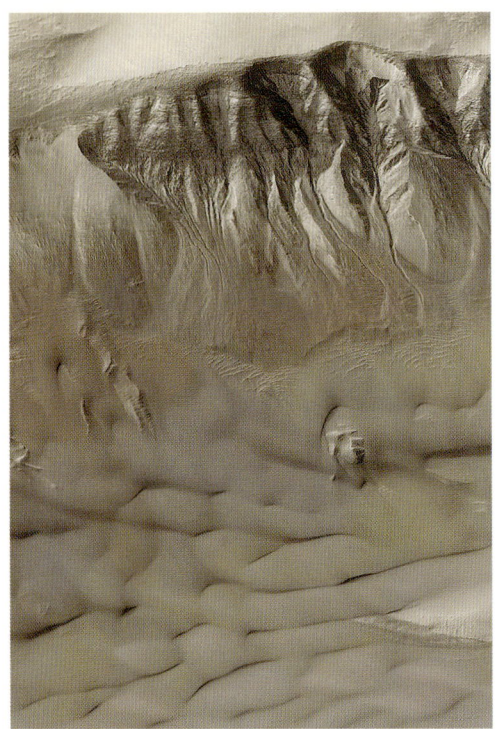

マーズ・グローバル・サーベイヤーが撮った火星表面 [p.61]

さしみ（真中）、すし（右）、わさび（この地域）[p.293]

エル・カピタン（右側）[p.300]

アポロ11号の月面着陸
（バズ・オルドリン）［p.192］

ヨーロッパ初の月探査機
スマート1［p.271］

木星探査機ガリレオ［p.270］

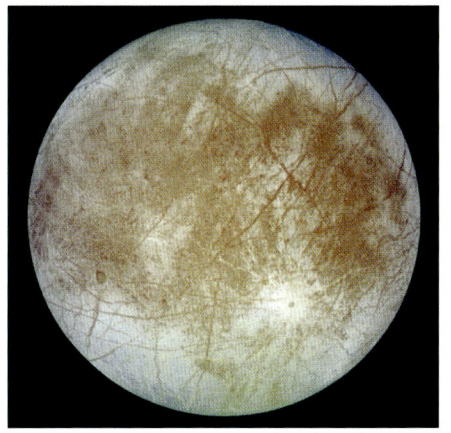

木星の衛星エウロパの表面［p.79］

小惑星探査機ミューゼスC［p.174］

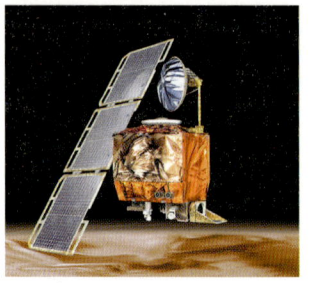

マーズ・クライメート・オービター
イラスト［p.4］

「はやぶさ」の小惑星
接近想像図［p.312］

国際宇宙ステーションの完成予想図［p.38］

マーズ・ポーラー・ランダー
イラスト［p.5］

水星探査機メッセンジャー［p.327］

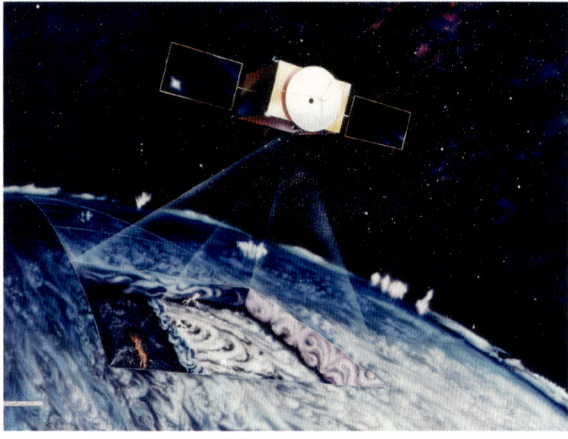

日本の金星探査機プラネットC［p.128］

轟きは夢をのせて

喜・怒・哀・楽の宇宙日記

的川 泰宣 著

共立出版

もくじ

明後日は晴天なり──まえがき　　iii

1999 年　　　　　　　　　　　　　1
2000 年　　　　　　　　　　　　　9
2001 年　　　　　　　　　　　　105
2002 年　　　　　　　　　　　173
2003 年　　　　　　　　　　　219
2004 年　　　　　　　　　　　287

あとがき　　　　　　　　　　　361
索　　引　　　　　　　　　　　363

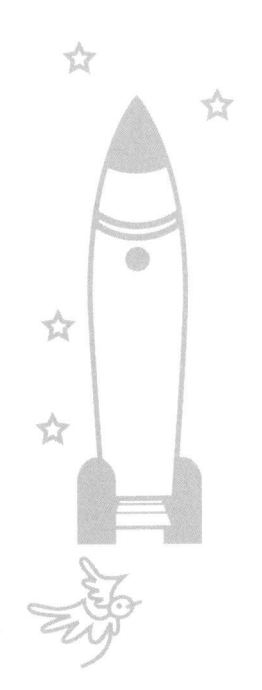

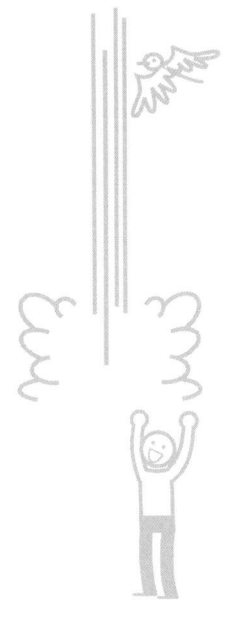

明後日は晴天なり──まえがき

　約100年前、冒険と好奇心を推進力として、宇宙飛行の匠を1つの方程式に凝縮させたロシアのコンスタンチン・ツィオルコフスキーは、地球上の人類が自由に伸び伸びと太陽系全体に進出する未来を描きました。今でも、青春時代に宇宙を志す人びとの大多数は、そのような世界に憧れています。

　しかし宇宙および宇宙技術の利用価値は多彩です。国民の安全・安心を守るために使おう、人びとの生活を豊かで便利にするために使おう、国の産業競争力を高めるために使おう、……冒険と好奇心の世界に加えて、さまざまな方面が宇宙利用の道を構成しています。

　が、本質的には、宇宙活動は未来への投資です。世界と人類と日本の未来をどのように展望するかによって、宇宙開発への姿勢は大きく揺れ動きます。この地球上の生き物の未来に対してどのような態度をとるかによって、宇宙の科学や技術を育てることの意味が違ってくるのです。

　天気予報を象徴する言葉に、「本日は晴天なり」という言葉があります。宇宙開発の天気予報はどう言えばいいのでしょう。1回1回のロケットの打上げにまるで日本の宇宙開発の運命がかかっているかのように言われ、薄氷を踏むような作業のやり方が期待されるようになった日本の宇宙開発には、本日も明日も「晴天なり」と言い切るだけの条件はないように感じます。

　しかし一方では、日本の宇宙開発の現場には、ツィオルコフスキーと同じ土俵に立った独創力に溢れた若者たちが育ちつつあり、また「宇宙を軸にして青少年を育てよう」という声が日増しに高まりつつあります。この「宇宙への志」と「宇宙教育」の流れが合流して1つの大河になったとき、宇宙は文字どおり真に「未来

への投資」としての揺るぎない位置を獲得することでしょう。

　この5年間の歩みを基にして日本の宇宙活動の天気予報を試みようとすると、晴天になるのは「早くて明後日」であり、また「明後日より後にはなってほしくない」——それが私の現在の偽らざる心境です。2005年の年賀状のために詠んだ私の歌をここに記して、みなさまへのメッセージにさせていただきます。

　　　　明けまして　日本の宇宙半世紀
　　　　　　闘う鶏や　告げよあけぼの

2005年の夜明けに

　　　　　　　　　　　　　　　　　　　的川　泰宣

1999年

■ この年の主な出来事

- ・欧州に通貨ユーロ誕生
- ・埼玉産の野菜にダイオキシン汚染騒動
- ・国内初の脳死判定による臓器移植実施
- ・NATO軍、ユーゴ空爆開始
- ・トキの人工繁殖に成功
- ・アイボ、20分で完売
- ・改正住民基本台帳法が成立
- ・台湾で大地震
- ・核燃料工場で臨界事故、社員被爆死

1999年

12月 22日

　初めまして、YMです。多くの内外の人びとの努力で、ついに日本惑星協会が発足しました。その日本惑星協会の電子メールマガジンへようこそ。このメールマガジンでは、宇宙開発・宇宙科学の現場とその周辺の話題について、私なりの議論と情報をお伝えすることにします。できるだけ頻繁にお送りしたいのですが、忙しさの関係もあり、たぶん1週ごとということになるでしょう。もちろん話題によって、長くなったり短くなったりで、一定しないと思いますが、現場の雰囲気をお伝えすることが目的なので、みなさんからご注文があれば、可能な限りお応えするつもりです。電子メールマガジンでは「裃を脱ぐ」ために、肩書きなしのYMで執筆させていただきます。末長くお付き合いのほど、よろしくお願いいたします。

集った惑星協会の面々：
左から順にルイス・フリードマン、ダニエル・ゴールディン、YM、秋田次平、ブルース・マレーの各氏

トラブル続きの宇宙開発に思う

　2年前あたりから、宇宙関係のニュースに失敗・不具合が多いなあと感じていました。最近ますますその感を深くしています。ロケットの打上げで言えば、「アリアン」「デルタ」「アトラス」「プロトン」「H-2」と枕を並べており、衛星・探査機の部類では、「マーズ・クライメート・オービター（MCO：Mars Climate Orbiter）」と「マーズ・ポーラー・ランダー（MPL：Mars Polar Lander）」が絶望となりました。また「ハッブル宇宙望遠鏡（HST：Hubble Space Telescope）」は、ジャイロの故障でサービス・ミッションを急遽派遣。日本初の火星探査機「のぞみ」も、姿勢制御装置の不具合で火星到着が遅れています。

　1つの衛星や探査機が軌道に乗ると、ほとんどのものは成果が「麗々しく」報告されます。まるで100％うまくいったかのように。でも現実はそうでなく、それこそほとんどが「もう駄目だ！」という修羅場をくぐり抜けながら観測を続けているのです。これは情報公開が不完

全なのではなく、その修羅場も、乗り越えてみればまるでどうということもなかったかのように感じるので、不具合が致命傷につながったり、重要な機能障害に陥る原因にならない限りは、表に出されないからです。

　世界のあらゆる宇宙ミッションとは、げに「ハラハラドキドキ」の連続なのですね。

○プロトン・ロケット

　上記の不具合の中で致命傷になったものをピックアップすると、まずプロトン・ロケット。ロシアの主要なロケットを発射しているバイコヌール宇宙基地は、ロシア共和国領ではなく、カザフスタン共和国の領内にあります。したがって使用にあたっては、大統領同士の協定が結ばれているのですが、7月にプロトン打上げの失敗があり、カザフスタン共和国から「徹底した対策をしなければ打ち上げさせない」と抗議を受けた後、それなりの事故調査をし、カザフスタンからも「OK」が出て10月27日に打ち上げ、再び失敗したものです。どんな状況でも、ロケット打上げに「100％の成功確率」はありえないとしても、いかにもタイミングが悪かったですね。

　1996年に商業用にも使われ始めたプロトン・ロケットは、以来西側の衛星を17回打ち上げて失敗は1回（成功率94％）だけなのですが、自国の政府がスポンサーになった打上げでは、14回のうち4回失敗（71％）という低率です。「アレ？」と思われますか？　民間打上げでは94％、政府主導では71％。あまりに好対照の数字になっているのが気になります。打上げ責任者の話では、部品管理や点検システムなどは、民間であろうが政府出資であろうがまったく同じにしているということですが、給料の払いなどはどうなっているのか、志気に関係してくるさまざまなことがどうなっているのか知りたいような気がします。

○H-2 ロケット

　宇宙開発事業団の「H-2」*は、先だっての失敗の後、次世代の H-2A ロケットに効率よくつなげていくため、

プロトン・ロケット

＊：H-2は旧宇宙開発事業団が開発した国産大型ロケット。宇宙開発事業団はその創設以来、アメリカからの技術導入をしながら、液体燃料ロケット技術を習得してきたが、1994年に至って、ついに全段にわたって国産化を実現したのがこのロケットである。

1999年

途中まで製作が進んでいるもう1機のH-2を打上げ中止にすることにしました。従来のスケジュールでは、H-2Aの打上げの間にH-2の別の打上げが挟まっていました。私たちの研究所でも同じような経験がありますが、設備の切り替えその他を考えると、費用の上でも作業の上でも大変なのです。宇宙開発事業団では、長期的な観点から思い切って英断に踏み切ったのでしょう。技術的な面だけでない徹底的な原因究明を行って、来世紀の夢につなげてほしいと思います。

○マーズ・クライメート・オービター

1999年9月23日午前9時00分46秒（国際時）、「マーズ・クライメート・オービター（MCO）」の火星周回軌道投入のため、軌道制御エンジンが点火されました。MCOが火星の陰に姿を消す9時4分52秒まで、すべては正常でした。

それから21分後、火星の向こうから出現するはずのMCOがつかまりません。必死の捜索が翌々日まで続けられましたが、MCOは幻となりました。9月27日から、誘導チームは軌道制御の経過を克明に振り返る議論を始めました。そして29日、探査機チームが軌道決定に用いている制御エンジンの推力が予定の20%ばかりしか出ていない* ことが発見されたのです。この推力の大きさは、力積（インパルス）としてコンピュータの「AMDファイル」というものに書き込まれているものですが、「ニュートン・秒」という単位で書き込まれているはずが、なんと「ポンド・秒」という単位になっていたのです。

悲しい発見でした。誘導チームはこの誤ったデータを用いて計算した結果、近火点高度230 kmで周回軌道に入るはずが、現実にはわずか57 kmの高度になったと結論しました。MCOがそのまま生き続けるには低すぎる高度だったのです。

○マーズ・ポーラー・ランダー

さる12月初めに「マーズ・ポーラー・ランダー

マーズ・クライメート・オービター
イラスト

*：両単位系を換算すると、4.45分の1≒0.2247の係数の違いが生じてくる。

（MPL）」が着陸に失敗したときは、私もパサデナにいました。米太平洋時間12月3日正午過ぎ、着陸に至る節目のイベントについて何らの情報もないまま、交信開始を待ちましたが、探査機からの信号はついに届かず、上空を飛ぶ「マーズ・グローバル・サーベイヤー（MGS：Mars Global Surveyor）」を通じての接触を含めて、その後の交信チャンスもすべてトライしたのですが失敗に終わりました。

　さて代表的なものをいくつか列挙しましたが、宇宙開発が本格化して以来、これほどの失敗の連続は、宇宙開発の初期を除けば初めてのことではないでしょうか。冒頭に挙げたいくつかの不具合は、それぞれが固有の原因を持っています。

　一連のロケットの失敗にはそれぞれ技術的な原因があり、MCOでは単位の間違いという「小さな」ミスが原因でした。このMCOは、マリナー1号の事故を思い出させます。1962年7月22日、ケープ・カナベラルから金星に向け打ち上げられたアトラス・アジーナB・ロケットは、異常な飛翔経路をたどったので指令破壊され、大西洋の藻屑と消えました。調査の結果、誘導パラメータの中のわずか1つのハイフン（−）が脱け落ちていたことが原因と判明しました。以後アメリカはこれを"infamous hyphen（悪魔のハイフン）"と呼んで、ソフトウェアの軽視が致命傷になるという戒めとしたのでした。

　MPLの悲劇は、一連のランディングの情報を報せる機器を「コストダウン」のために降ろしたことです。そのため何が起きたのかさっぱり分からないのです。この状態では再起をかけたときに、どこをどうすればよいか分からないではありませんか。

　個々の原因は個々で探るべきでしょうが、現在のこの状況に共通したものもあるのではないでしょうか。ロケットの打上げ、探査機のオペレーションでは、関係者は全力を尽くします。あらかじめ不安がある場合には、きちんと納得のいく議論と対策をしてから打ち上げるものなのです。手抜きとか油断とかいう外部の結果論とし

マーズ・ポーラー・ランダー
イラスト

1999年

*：最低限必要な量より多めにコンポーネントを用意しておき、一部のコンポーネントが故障しても機能が継続して働くことができるようにシステムを構築すること。たとえば、電源を2つ用意しておき、同じ働きができるようにしておけば、1つの電源が故障してももう片方の電源に切り換えれば、機能を続行できる。

ての「お叱り」は、断じて当てはまらないと思います。事故や不具合は、ほとんどの場合、思いもよらぬところからやってくるのです。だとしたら、ロケットや探査機の設計・開発・製作の過程を支配する原理原則に何か足りないものがあるのでしょうか。「コストダウン」の議論が、システムの冗長性*を薄くしたり、信頼性を損なうような措置につながってはいないでしょうか。

アメリカではMPLの交信失敗の後、日をおかず、ジャーナリズムから、「より速く、よりよく、より安く」（FBC：Faster, Better, Cheaper）のスローガンに疑問が投げかけられ始めました。そこには「どうすれば成功したのか」と問いかける生産的な議論への挑戦が見られます。もちろん「より安く」ということは、国民の血税を使う以上心がけなければならないことですが、ある金額を示して、「それ以上安くならなければプロジェクトが承認されない」となると、どうしてもシステムの信頼性を損なうような対策にならざるをえない面も出てくるでしょう。より深く、より根本的に議論することによって、世界の宇宙開発をよみがえらせることが期待されます。

この日本惑星協会として初めての電子メールマガジンを、事故や不具合についての暗いテーマから始めたのも、この協会が宇宙開発のどんな時代に始まったのかを記憶する価値が充分あると考えたからです。そして来る2月8日、鹿児島宇宙空間観測所から、このムードを払拭すべく、宇宙科学研究所のX線天文衛星「アストロE（ASTRO-E）」がM-V（ミュー・ファイブ）ロケットによって打ち上げられます。

すでに現地では、M-Vロケットの組み立てオペレーションを終了しています。新年に入ると、衛星「アストロE」が神奈川県相模原市にある宇宙科学研究所の本部から送り出され、陸路を通って内之浦の発射場へ向かいます。現地到着後、衛星はロケットの先端に組み込まれ、打上げを待ちます。

内之浦の澄み切った空へ放たれる紅蓮の炎に、ニュー・ミレニアムにおける人類の宇宙活動の立ち上がりへの意志を見たいものです。

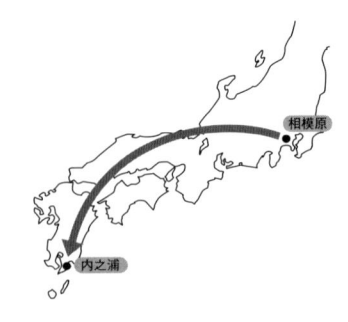

6

12月 29日

X線天文衛星「アストロE」の愛称が募集されます

　2000年2月8日に、鹿児島県内之浦のロケット発射場からM-Vロケットによって宇宙科学研究所のX線天文衛星「アストロE」が打ち上げられます。現在この衛星の入念な最終チェックが宇宙科学研究所の相模原キャンパスで続けられておりますが、このたび研究所では、衛星の愛称を一般公募することに決定し、募集要領を発表しました。

　そこでそれにまつわる裏話。

　宇宙科学研究所の衛星の名前は、最初の衛星「おおすみ」と2番目の「たんせい」は、当時（東京大学宇宙航空研究所時代）のリーダーの玉木章夫先生が命名しましたが、3番目の「しんせい」以降は、打上げ実験班の人びとの投票を基礎にし、然るべき先生方が相談して決めるのが慣わしになってきています。現在日本惑星協会の会長を務めている野村民也先生は、「おおすみ」の打上げにおいて実験主任を務めた名指揮官ですが、日本の文化・言葉に大変造詣が深いので、宇宙科学研究所に現役でいる間は、常に命名の実質的な責任者だった人です。ということは、確か1985年8月に打ち上げられたハレー彗星探査機「すいせい」までは、野村先生の"頭脳が賛成した名前"ということになります。

　1979年の初代X線天文衛星「はくちょう」、1981年の太陽観測衛星「ひのとり」、1985年のハレー探査試験機「さきがけ」など、非常に好評を博した名前がいっぱいあります。打上げ予定日の10日くらい前に、ロケット・センターやコントロール・センターなど、発射場の各センターに投票箱が置かれ、打上げ関係者がどんどん投票していきます。同時に宇宙科学研究所の相模原キャンパスや他のセンターからも募集されます。そして打上げの2、3日前に、その投票をもとにして数名の審査委員会で最終決定がなされ、衛星/探査機が無事軌道に乗ったら、愛称が発表されるのです。

テスト中のアストロE衛星

1999年

　一般公募になったことは、現在までの時点では過去に一度しかありません。それは1991年に打ち上げられた太陽観測衛星「ようこう」のときです。この衛星はもともとは「ソーラーA」と呼ばれていた衛星で、翌年（1992年）が国際宇宙年（ISY：International Space Year）という世界的な宇宙のキャンペーンだったので、初めての試みとして一般公募に踏み切ったわけです。このときは上位の得票には、「にちりん」「ひみこ」「ようこう」「かがやき」などがありました。

　関係者は、衛星の一つひとつに深い思い出があります。衛星を最終段のロケットと結合したものをノーズ・フェアリング（頭部カバー）で覆うときは、これで長い間つきあってきた衛星と永遠のお別れになるので、ホロリとします。「娘を嫁にやるようで」と言う人もいます──娘はたまには里帰りをしてくれるでしょうが、衛星は里帰りなんかされると困るわけでして……。

　さて今回のX線天文衛星「アストロE」は、「はくちょう」「てんま」「ぎんが」「あすか」に次いで、日本で5番目のX線天文衛星になります。世界のX線天文学のリーダーとして輝かしい実績をあげてきた日本の誇る衛星です。ぜひ素敵な名前をつけてやってほしいものです。

　いよいよ1999年は終わります。どうやらノストラダモスの「恐怖の大魔王」は天から降ってこなかったようです。今年は、研究所にもその類の電話がいっぱいかかってきて大変でした。夢も志も新たに、引き締まった気持ちでニュー・ミレニアムを迎えたいものです。

それでは、みなさん、よいお年を！

2000年

■ この年の主な出来事

- ・Y2K問題空騒ぎ
- ・介護保険制度がスタート
- ・高速バスジャック事件
- ・地下鉄サリン事件判決
- ・雪印食中毒事件
- ・三宅島噴火　全島避難へ
- ・2000円札発行
- ・ロシア原潜沈没事故
- ・シドニー・オリンピックで金5銀8銅5の活躍
  女子陸上では高橋尚子が初の金メダル
- ・ノーベル化学賞に白川英樹教授
- ・旧石器発掘に捏造疑惑
- ・狂牛病パニック

2000年

1月 5日

みなさん、明けましておめでとうございます。いよいよニュー・ミレニアムの幕が開きましたね。昨年は、日本惑星協会の発足というおめでたい出来事で締めくくったので、今年はそれをステップにして、ぜひ日本の宇宙開発を大いに盛り上げたいものです。ところで私はすぐに発射場のある鹿児島県内之浦へ飛びます。観測ロケットを打ち上げるためです。

1月 12日

ニュー・ミレニアムの開幕を飾ったロケット

宇宙科学研究所のロケット発射場のある鹿児島県内之浦から帰ってきました。さる1月10日未明に、小さな観測ロケットS-310を打ち上げに行ってきたのです。実は宇宙科学研究所が持っているロケットには2種類あります。1つは人工衛星を打ち上げるために用いるミュー・ロケット[1]で、現在はM-V[2]という型が使われています。もう1つは、上空まで観測機器を運んでからロケットの頭部を開いて観測をしながら海に落下する「観測ロケット」と呼ばれている種類のロケットです。

○観測ロケットS-310

S-310という観測ロケットは、直径が310 mm（だから「310」なのです）、長さが7mほどのもので、今回が29号機にあたります。先週は、あちこちの新聞社から「これまでの宇宙科学研究所の観測ロケットの失敗は何回くらいか」という類の電話が、たくさんかかってきていました。世界中の、あるいはH-2の打上げ失敗にからめて、「もしS-310が失敗したらセンセーショナルな記事にしよう」との意図は見え見えで、いささかウンザリしましたが、そこは我慢して粘り強く対応してきました。

*1：東京大学の宇宙航空研究所（のち宇宙科学研究所、現在のJAXA宇宙科学研究本部）が1970年以来使用している科学衛星打上げ用ロケット。全段固体燃料を使用しており、初代のM-4S以来、M-3C、M-3H、M-3S、M-3SⅡと進化し、現在のM-Vロケットは固体燃料の衛星打上げシステムとしては世界最大である。

*2：日本の科学衛星打上げ用固体燃料ロケット。地球低軌道に約2トンの荷物を運ぶことができる。

S-310-29の発射オペレーション

10

○主目的は大気光の原因追求

さて今度のS-310-29号機の最大の観測目的は、「大気発光」でした。肉眼ではっきりと認識することはできませんが、「星明かり」という言葉があるように、夜空には「大気光」と呼ばれる発光現象が見られます。その多くは、昼間の太陽紫外光エネルギーが酸素分子の解離によって捕らえられ、酸素原子として貯えられていたものが、夜間に光として解放されることによります。

この夜間大気光を地上から観測していると、しばしば全天を覆う"シマシマ（縞縞）模様"が現れます。このシマシマ模様は、下層大気から上方へ伝播していった大気重力波によって、酸素原子の輸送・化学過程が変調を受けるために現れると考えられています。しかしこの観測が非常に難しいため、これまでの観測では、肝腎のエネルギー源である酸素原子分布を同時に測定した例がなく、上記の推測は検証されていませんでした。

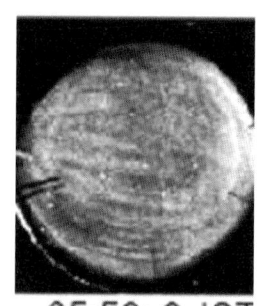

まあ難しい理屈はともかくとして、小さな観測ロケットといえども世界で初めての観測に挑む観測陣の意気込みはまことに素晴らしいものだったということを、分かっていただきたいと思います。今回は地上の3点（内之浦、山川、大隅町）での全天撮像から大気光の水平方向の情報をつかみ、ロケットによって得られる酸素原子他の垂直方向情報と併せて、大気光のシマシマ構造の大気重力波生成説を裏付けようというわけです。

大気の"シマシマ模様"

○予想された忍耐の必要

厄介なのは、この大気光シマシマ模様が出現しなければ、ロケットを打ち上げても意味がないというところにあります。ですから、上記の3地点から高感度の全天カメラで監視を続け、少なくとも2点でシマシマ模様が現れたら、「それ行け！」といった具合でロケットを打ち上げるという仕儀になるわけです。

実験時間帯としては、午前0時から午前6時までが設定されていました。前日（1月9日）は、全天が曇っていて、素人目には翌日（1月10日）午前0時過ぎの打上げは無理と判断されましたが、気象班から、午前2時

2000年

過ぎには必ず晴れるとのありがたい「御託宣」がありました。すでに正月明けから内之浦に入っていたグループもいるのですが、そうした人びとの何日かの準備作業を経て、1月9日午後11時半にロケット打上げの最終作業を開始（タイム・スケジュール入り）し、1月10日午前2時から6時まで、打上げのチャンスを狙うことに決定しました。

　発射場から4kmほど下った内之浦の町には、いくつかの宿があります。実験班のグループは、それらの宿に分宿しています。1月9日には、夕方までの作業を終えた後、いったんそれぞれの宿に戻り、夕食・風呂・仮眠を経て、いよいよ真夜中の打上げ作業に入りました。しかし、まだ曇っています。「本当に晴れるのかなあ？」一縷の不安を胸に、実験班は迎えのバスで山に登って行きました。

　午後11時半きっかり、

「実験班のみなさん、おはようございます。ただいまより、S-310-29号機のタイム・スケジュールに入ります！」

　コントローラー（餅原義孝くん）の威勢のいい声とともに、各班は一斉に仕事を開始しました。午前1時10分、打上げまで余すところ10分というスケジュールの時点まで進めたところで、いったん作業を中断しました。

　さてここからは、例の「大気光シマシマ模様」の出現を待つのです。上記3点のうち2点で現れたら、「ソレッ！」というわけでロケットの作業を再開し、残り10分のスケジュールを一挙にクリアし、点火・発射と怒涛の寄り身を見せるのです。でも一体いつになればシマシマが出てくるのか見当もつきません。果てしない持久戦になると予想されました。

○眠気との闘い

　私は、3点の高感度撮像をモニターしている実験主任（小山孝一郎さん）の近くに陣取っていましたので、一喜一憂が手に取るように分かりました。

「あ、大隅町は晴れたぞ！」

「でも内之浦と山川が曇っている」
「あ、山川でシマシマが出てきたぞ！」
「でも内之浦と大隅町は出ていない」……
　まさに一進一退。2ヵ所が同時に晴れないのです。
　こういうときの実験班の人びとの人間模様は、きわめて複雑です。もちろん史上初の観測に挑戦する観測機器の担当の人たちは必死です。血走る目をモニター画面に向け、今現れるか今現れるかと、眠気を忘れて頑張っています。一方その観測機器を運ぶロケットのグループや、テレメトリーやレーダーを担当する一群の人びとは、待ち時間の間にロケットや電子機器の調子が安定しているかどうかを監視しながら、シマシマ出現のニュースを多少イライラしながら待つことになります。それぞれに空を見上げては、「ここは晴れているのになあ、よそが駄目なのか……」などと力なくつぶやくこと3時間半。ついに午前5時20分になりました。
　実はロケットを打ち上げてから海上に落下するのに7分程度かかるので、午前6時までに実験を終わらせるためには、5時50分過ぎが打上げチャンスの限界なのです。つまり残された時間があと30分という時点にさしかかりました。そろそろ実験班のすべての人びとの体に疲労と眠気が襲いかかってきます。
　私はいつも感心するのですが、こんなときの宇宙科学研究所の実験班は、素晴らしく忍耐強いのです。実験班のほとんどの人にとって、シマシマ模様の観測なんて大切なことではありません。早く打ち上げて、家族の待つ東京へ、神奈川へ、千葉へ、帰りたいに違いありません。しかしじっと待つのです。日本の宇宙科学を支えようという高い精神的連帯がなければ、滅多にやったことのない徹夜作業を、愚痴もなく切り抜けることはできないでしょう。

○シマシマ、ついに出現！　発射！

　午前5時40分ちょっと前。そろそろ時間切れか、と思われた矢先、モニターの前の人びとがざわつき始めました。内之浦と山川の2ヵ所で、ボンヤリとシマシマら

しいものが見えてきたようです。この機を逃すと、ロケット打上げの作業は、また初めからやり直しです。疲れている実験班をあずかる実験主任の責任と決断は、非常に重大です。

午前5時40分ちょうど。ついに実験主任は決断を下しました。「行けるところまで行こう！」コントローラーに即座に指令が出されます。「ただ今よりS-310-29号機の作業を再開します！」高らかな場内放送に連れて、発射場の各班は、一斉に立ち上がりました。タイム・スケジュールに沿って、最後の一連の詰めの作業が滞りなく進められました。不思議なものです。観測班と実験主任の念力が通じたのか、3ヵ所ともシマシマ模様がくっきりと現れました。

5時49分。発射1分前です。タイマー開始のボタンが押されます。そのタイマーによって、1分後にロケットに火が点くのです。この日、このボタンを押すのは、ロケット一筋に40年の長きにわたって奮闘してきた荒木哲夫さんでした。最後の記念です。私はそのボタンを押す瞬間をカメラにおさめました。「まもなくコントローラー、スタートします。よーい、ハイ、1分前！」……「10、9、8、7、6、5、4、3、2、1、ゼロ！」私のいるコントロール・センターの窓が、発射の轟音で鳴り響きます。いつもながら男冥利につきるいい音です。

さあ、追跡が始まりました。レーダーの状況、テレメトリーの状況、光学追跡の状況などあらゆる情報がこのコントロール・センターに集中してきます。あらゆる観測機器は順調にデータを獲得し、地上に送ってきました。この日S-310ロケットは、大気光の原因究明に大きな貢献をなし遂げたのでした。ニュー・ミレニアムの劈頭を飾るまさに完璧な打上げでした。

○**闘い済んで**
午前6時50分ごろ、実験班全員が発射場の大会議室に集合しました。「発表文」を携えて実験主任が登場しました。一斉に拍手が湧きます。「みなさん、お疲れさまでした。おかげさまで、S-310-29号機は、100％そ

の使命を全うすることができました。データの詳細な解析には、今少し時間がかかりますが、日本の科学者が世界の大気光の研究に重要な貢献をすることは確実です。心から感謝いたします。」また一際大きな拍手が湧きました。眠気は吹き飛んだようです。みんな実にいい顔をしています。

　午前7時過ぎ、心地よい疲れを感じながら、実験班は山をくだりました。「戦い済んで日が暮れて」ではなく、この場合「闘い済んで夜が明けて」ですね。私は、それから6時間後、鹿児島空港から飛び立つ東京行きの乗客となりました。空港で飛び切り大きなメンタイコを3つも買いました。3つで実に9680円！　新年の打上げ成功を祝うメンタイコだから、まあ奮発してしまおう！

　鹿児島空港で旋回するA-300から見えた空は、淡い大気光と異なり、きれいで明るい光を放っていました。物理学のさまざまな側面を演出してくれる地球の自然……私は何だかとても幸せな気分で深い眠りに落ちました。目が覚めたのはランディングの瞬間でした。「あ、ジュース飲めなかった！」

1月 19日

苫小牧の宇宙ステーション「ミール」（実物）

　北海道の苫小牧に行ってきました。ロシアの宇宙ステーション「ミール」が延長使用の資金を獲得したとのニュースが飛び込んできた矢先のことで、グッド・タイミング。休日を利用して、苫小牧市の科学センターにある「ミール」の実物を見てきました。地上の訓練用に使われた本物です。しばらく野ざらしになっていたのですが、このたび苫小牧市の予算で、きれいな建屋が完成しました。これは、地上でのテスト用に作られた本物で、モスクワの「星の町」にある「ミール」を除けば、地上に残された唯一の実物です。

　ところで軌道上の「ミール」は、1986年に打ち上げられ、数々の無重量実験と宇宙長期滞在の記録を打ち立

ミールが展示されている苫小牧青少年科学センター

2000年

苫小牧のミール実物模型

＊：旧ソ連の宇宙計画の父(1907-1966)。OKB-1（コロリョフ設計局、現 RKK エネルギヤ社）のチーフデザイナーで、スプートニク、ボストーク、ボスホートなどの諸計画を指揮し、卓越した指導力でこれらの計画を成功に導いた。ソユーズ計画と有人月着陸計画もコロリョフの指揮のもとに進められたが、1966年1月、結腸癌の手術中の事故で死亡。それまでの宇宙計画の成功は彼の並外れたリーダーシップによるところが大きく、その死が有人月着陸計画でアメリカに遅れをとった最大の要因であると考える人も多い。

てながら、ついに刀折れ矢尽きて、昨年8月から無人飛行に移り、もうじき大気圏に突入かと予想されていました。ところが、アメリカの「ゴールデン・アップル」という会社が、2000万ドル（約20億円）を提供する約束をし、さらにロシア政府も飛行継続のための予算15億ルーブル（約53億円）を2000年の予算に計上したため、どうやらしばしの延命となったものです。来る3月末には乗組員を「ソユーズ」で「ミール」に送り、45日間滞在させる見通しです。

ご存知のとおり、アポロの月面到達の快挙の裏には、旧ソ連との激しい隠れた闘いのあったことが、今では明らかにされています。1966年に旧ソ連の宇宙のカリスマ的リーダーだったセルゲーイ・コロリョフ＊が死んでから、この闘いは圧倒的にアメリカに有利に展開したと言われています。旧ソ連は、月面着陸に敗れるや、目標をいち早く宇宙の長期滞在を目指す「ステーション」に変更し、世界最初の宇宙ステーション「サリュート」を1971年に軌道へ送りました。

以後「サリュート」は1982年に打ち上げた7号まで継続して打ち上げられ、6号からは補給船「プログレス」が定期的にドッキングして食料や器材を提供できる態勢を確立したので、1986年に軌道に乗せられた「ミール」も「プログレス」を活用することによって、チトフ、マナロフ両飛行士の366日やポリャコフ飛行士の438日など、飛躍的に滞在記録を延ばすことになりました。

チラチラと雪の舞う北国で見る「ミール」の姿は非常に風情があり、苫小牧の町が、この20世紀の人類の宇宙滞在のシンボルを飾る最適の地に見えるから不思議です。昨年春に訪れたモスクワの「星の町」で見たもう1つの「ミール」の姿とダブって、大いに満足しました。みなさんも苫小牧に出掛けませんか。

なお私は16日（日曜日）にパリへ発ちますので、もしできればヨーロッパのどこかから次の便りをお送りしたいと思います。ではまた。

1月 26日

内之浦でM-Vロケット4号機の打上げ準備作業始まる

　パリ、ウィーン、ミュンヘンを経て1月24日に帰国。成田から内之浦に直行して、25日朝の全員打合せ会に、やっと間に合いました。1月14日からの旅ガラスです。来る2月8日の打上げまで、この宇宙科学研究所のロケット発射場に滞在します。何しろ1年の200日は自分のふとんに眠らない日々なのですから、困ったものです。

　日本に帰ってびっくりしたのは、まず武双山が優勝したこと、「きんさん」が亡くなったこと、それから宇宙開発事業団のH-2ロケットのエンジンが海底から引き上げられたこと。

　それはさておき、今回のMロケット打上げチームとして集まった人びとの数は300名を越え、内之浦の発射場の大会議室がいっぱいになりました。全員そろって、さあ出陣という緊張した雰囲気は、何度味わってもいいものです。ここまでは小さなトラブルを処理しながら、どうやら順調のようです。

　パリ郊外のル・ミュローにあるアエロスパシアル社の工場で、アリアン4、アリアン5のタンクをたくさん見ました。その目にはわがM-Vロケットが小さく見えます。しかし本日（25日）、日本で5番目のX線天文衛星「アストロE」を、衛星継手を介して3段目に結合してみると、どうしてどうして勇壮な感じです。これなら7月に打ち上げられたアメリカの「チャンドラ」、12月に打ち上げられたヨーロッパの「XMM」に遜色ないのではないかと思います。

　来週は、現地の作業の進行状況と雰囲気を、詳しくお知らせします。毛利さんが予定どおり2月1日にシャトルで旅立てば、そのニュースも一緒にね。昨日は時差ボケで一睡もしていないものですから、今回はこれにて失礼。

2000年

2月 2日

火曜午前6時現在の毛利さん情報

（1）月曜（午後）4時に解説役で呼ばれて、NHKにて打合せ。翌2月1日午前2時47分打上げ予定のスペースシャトル「エンデバー」の放送である。毛利さんはさる1月29日に52歳の誕生日を迎えた。ご覧のとおり肉体年齢は10歳くらい若そうだが、心のほうはさすがに「円熟」してきていて、ミッションスペシャリスト（MS）となった後のフライト訓練では、「若いときなら1日でできたものが、2～3日かかることもありましてね」と正直に告白する。以前はあんな弱音を吐く人ではなかった。とはいってもMSの訓練を同じチームで行った野口聡一さんによれば「チームでは最年長の毛利さんが一番元気でしたよ」だって。

（2）さて打合せを済ませて、いったんNHK放送センター西口近くのクレストンホテルに入り、午前1時過ぎまで仮眠（の予定だったが、ブローデル『「地中海」入門』なる本を買って読み始めたらおもしろくなって不眠）。1時半スタジオ入り、リハーサルのあと2時半から本番開始。

現地は天候不良で、NASA-TVの画像にも時折り雨粒がついている。しかも現地のカウントダウンは20分前でホールドされたまま。ケネディ宇宙センターにいるNHK記者（水野倫之さん）によると、ホールドの説明は何もされていないという。「これは天候以外にも何か技術的な問題があるのでは？」とコメントしたところへちょうど一報。SRB*と外部タンクをシャトルのオービター（軌道船）から分離するためのイベント・コントローラー（コンピュータかな？）のデータに欠陥があるという。一応午前3時ごろまで、時間潰しの話をして、いったん休憩に入る。

（3）ウーロン茶を飲みながら「明日の打上げになっても、先生ここにいられますか？」と聞かれたので、「イ

＊：Solid Rocket Booster、固体ロケット・ブースター。スペースシャトルが中央の燃料タンクの両側に装備している2本の固体燃料ロケット。スペースシャトルの打上げ時の推力のほとんどを提供している。

ヤ、今日だめなら明日は内之浦にいなければならないので」と答えると放送記者の戸来（へらい）さんは「エッ、そりゃ困った」と青くなる。そのうち「再立ち上げによりイベント・コントローラーの問題は直った」と情報が入り、ホールドされていたカウントダウン再開。

「このまま行きますか？」と言うので「イヤ、天候も悪いようだし、一応明日のリハーサルも兼ねて行けるところまで行くだけでしょう」と答える。大体、再立ち上げで直ったなどという安易な判断は危険なのである。なぜイベント・コントローラーの問題が起きたのかが究明されなければ、私なら打ち上げたくはないな、と思ったとおりその直後に24時間の延期発表。正確には2月22日午前2時44分打上げ予定。（その後、打上げはさらに1週間以上延期されました。）

（4）午前5時半くらいまで駄弁って、それから「ユンケル黄帝液」などもらってホテルへ。今度こそ仮眠をとって一路内之浦へ。毛利さんのことはしばらく忘れてアストロEの打上げに向います。ただしこのメールマガジン発行までに何か展開があれば「できるだけ」フォローします。NHKの玄関までついてきてくれたあるディレクターは「先生、今日はダジャレなしでしたね」と残念そう。NHKも変わったものだ。一昔前は、駄洒落の類はすべてご法度だったのに。それにしても、人間何を期待されてるか分かったもんではない。

2月 16日

M-V-4の打上げ無念

長い間ご無沙汰しました。ニュー・ミレニアムの劈頭を華々しく飾るはずのM-Vロケット4号機の打上げが、世界の趨勢を変えることができず、ものの見事にこれも討ち死という仕儀と相成りました。2月10日の午前10時30分のリフトオフから今まで、まことに目の回るような忙しさで事後の対応に追われ、しかもこれを書いて

2000年

　いる2月13日の深夜が明けると、午前8時半に鹿児島に飛ばなくてはなりません。これ以上メールマガジンの読者の方をお待たせするのは如何なものかと考え、勇を奮ってワープロに向かいました。まずはマガジンの1回お休みをお許しください。

　2月8日の打上げ予定日は、風がたいへん強くおまけに不安定で、しかも雪が吹雪くという最悪の天気となって、発射を見合わせました。ここまでは誰が考えても妥当な展開だったと思います。

　2月9日、少し風は残ってはいたものの、空は見事に晴れ上がり、発射準備作業は順調に進みました。予定発射時刻が午前10時半ということは、早出の人は前夜9時ごろから実験場につめているということです。2日連続の早出で、一部の実験班員にはすでに疲れが見えます。しかし作業はすべて順調で、コントロール・センターで軌道監視のモニターを見つめる私の心は、いよいよ飛翔後のさまざまなイベントを予習し始めていました。

　発射4分前、着脱コネクター分離。よし、ここまで来たら打上げだ。コントロール・センターに気合いが満ち満ちたとき、いくつかのダウンレンジ局（打ち上げた後の追跡局）と指令電話でつながっている電波誘導班の前田行雄くん（私の30年来の同僚です）が、「え？　宮崎のコンピュータに時刻信号が来ない？」と時ならぬ声をあげました。一瞬緊張が走ります。あとは今考えても夢幻のような前田くんの声しか覚えていません。「チェックにどれくらい時間がかかるの？」……「うん、急いで！」……「え？　復帰した？　本当に大丈夫なの？　本当にいいのね！」……「もう間に合わないよ。ああ、こりゃ駄目だ！」

　この会話の最中に発射予定時刻の10時半は過ぎ、発射時刻の1分前のコントローラーの「ハイ、1分前！」というアナウンスがホールドされたままでしたが、10時34分に突如として、「M-V-4号機の本日の実験を中止します！」の場内放送が流れました。

　今回の打上げのためのダウンレンジ局には、宮崎、勝浦、クリスマス島の3ヵ所が選ばれています。そのうち

の宮崎局が発射5分前から最終機能確認のチェック作業を始めました。そして最後に確認するはずの項目は、宮崎に設置した時刻信号発生装置から出た時刻信号が、やはり宮崎にあるコンピュータに送られたかどうかのチェックでした。ところがその受け取ったという応答がないのです。それがすでに発射の3分前。急いで調べたところ、その両者をつなぐコネクターが接触不良になっていることが分かりました。すぐにコネクターをがっちりつないでチェック作業を行い、それが完了したのが10時29分。予定発射時刻の1分前でした。

　発射までの管制権は、ミュー台地の半地下にあるミュー管制室が握っています。ミュー管制室で、この緊急事態から立ち直るために必要な時間が急いで計算されました。カウントダウンはすでにホールドされています。着脱コネクターを離脱していなければ、電源が外部のままなので立ち直りは容易だったのですが、ちょっと事件の起きるのが遅すぎました。衛星のコマンドの書き替えから発射に至る一連の作業をすべてやり直すには、与えられた47分の発射延期可能時間では間に合わないことが判明。ただちに「本日中止！」の無情のアナウンスとなりました。

　翌日に打上げを延期する決定をした後、私の頭には思ってはいけない1つの妄想が浮かびました。プロ野球の試合によくあるシーンです。1点リードしている9回ツーアウトから内野手が何でもないゴロをポロッとエラーし、その直後特大の逆転ホームランを喫するシーンです。あるいは私自身も何回か経験したことのあるテニスのシーン。圧倒的にリードしているテニスの試合で、1つのダブルフォールトを起点にして試合の流れが変わり、そこからは攻めまくられて試合を落とすケース。

　急いで打ち消したものの、その思いはどす黒く私の心に沈みました。「こんな大切な打上げで、コネクターの緩み？」ロケットの部品は60万個くらいあります。これらの部品がことごとくきっちりと働いて初めて打上げは成功します。機械がこんなに頑張るのですから、せめて人間が気をつければ防げるケアレスミスだけは、ロ

M-V-4 ロケットの打上げ

ケットの打上げにあってはならないことなのです。

　2月10日、再度挑戦。風なし、快晴。昨日より素晴らしい理想的な発射条件です。予定どおり10時30分に発射。いつものワクワクするような興奮の中を、モニター画面の中のリアルタイムのロケットの飛翔経路は順調に伸びていきました。打上げ後55秒に魔のような姿勢異常が起きるまでは……。

　以下は私自身のコントロール・センターでの実体験記です：

　コントロール・センターには、レーダー、テレメトリー、光学などあらゆる追跡データがリアルタイムで送られてきています。

　55秒、突如ロケットの姿勢データに異常が起きました。見た目にはピッチの触れ角で20～30度はあるでしょうか。その後、案の定飛翔経路にその効果が現れ始め、経路が高め高めをたどり始めました。

　70秒あたりで、制御が回復したらしい兆候があり、75秒で第1段が分離、同時に第2段に火が点きました。シーケンスは予定どおりです。

　第1段の飛翔経路が立った（高めということ）ので、ロケットは速度が予定より小さくなっています。噴射によって得たエネルギーの増加が位置エネルギーの増加に食われるために、運動エネルギーの取り分が減るからです。あとは、第2段と第3段が必死でその速度の不足を補うために頑張るだけです。速度をかせぐためにはロケットの姿勢を低くします。さっきと逆で、重力によるエネルギーの損失を少なくして、噴射によって得たエネルギーの増加をできるだけ運動エネルギーにあててやるのです。

　第2段でも、第3段でも、そのような電波指令が地上から送られました。第3段の燃焼終了時刻は321秒です。300秒あたりで、モニターの画面に表示されているロケットの絶対速度が6 km/秒であることに気づいた私は愕然としました。電波誘導班の前田くんの絶叫が続いています。「もう少しだ。頑張ってくれ！　あと少し、あ

と少し。ああ、駄目だ。間に合わなかった！」

　すぐに表示を見ました。近地点高度80km強、遠地点高度約410km。ああ、こりゃ駄目だ。コントロール・センターに絶望のため息がひろがりました。宮崎局と勝浦局からロケットが見えるのは500秒あたりまでです。その後は、1300秒あたりからクリスマス島の追跡局に頼ります。

　予定ではそこで1418秒の衛星分離（第3段からの）を状況証拠として確認する手筈になっていました。そうだ、そこまで待ってみよう。しかしクリスマス島では、ほんの少しの時間だけロケットを捉えたものの、すぐにエレベーション（上下角）が2〜3度になってしまい、衛星分離を確認する以前にロケットは姿を消しました。やはりロケットは非常に低いところを飛んでいたのです。

　速度と高度が十分でないと人工衛星は成立しません。第1段が異常に立ち上がったため、第2段と第3段で速度の不足をカバーしようとして高度を犠牲にして懸命に速度を稼いだのですが、結果としては、近地点が低すぎるほど高度を犠牲にしたにもかかわらず、速度も稼ぎ切れなかったのです。ロケットは異常姿勢のため、極端に効率の悪い飛翔経路をたどらされたのでした。

　「溺れるものは藁をもつかむ」のたとえどおり、ひょっとして近地点80kmという軌道でも、一周して内之浦まで回ってくるかもしれない。内之浦の34mアンテナは発射後90分から待ち受けました。しかし最後の頼みの綱も空しくなってしまいました。打上げは失敗したのです。

　すでに失敗の原因については、宇宙科学研究所は明確なシナリオを描いています。

　残念無念。特に世界のX線天文学をリードする「アストロE」衛星のグループには、たいへん申し訳ないことをしました。かくなる上は、一日も早く痛手から立ち直り、雪辱戦に望みたいと考えています。打上げの翌日には、宇宙開発委員会の技術評価部会が科学技術庁で開かれるので東京へ帰ってきました。そのまた翌日と翌々日には、大臣の国会答弁のための想定問答集を作成する

2000年

ため、朝から晩まで働きづめでした。

そして鹿児島へトンボ帰りしての挨拶まわり。打上げの次の日からは3連休となったために、県庁、県漁連、海上保安庁、県警、空港、気象台等々、お世話になった方々への挨拶まわりは次週に持ち越さざるをえなくなったというわけです。楽しかるべき3連休は、こうしてかつてない落胆した忙しさの中で過ぎていきました。でもこの失敗の厳しさを本当に感じるのは、まさにこれからだという気がしています。

とりあえず鹿児島へ行ってきます。また来週。

2月 23日

ヨーロッパの友人から暖かい申し出

失意の宇宙科学研究所にヨーロッパから嬉しいニュースが届きました。すでにNHKのニュースでご覧になった方もいらっしゃるかもしれませんが……。

2月10日の打上げ失敗について、打上げの翌日には早速宇宙開発委員会の技術評価部会が開かれたことは既報のとおりです。宇宙科学研究所でも所外の専門家を加えた調査特別委員会が置かれ、事故原因の詳細な検討が始まっています。内外からは、厳しい叱責とともに励ましや憂慮のメッセージが多数届いています。それらのメッセージには「これまで世界をリードしてきた日本のX線天文学の伝統を絶やしてはならない」「日本の子どもたちから宇宙への夢を取り上げてはならない」などありがたい言葉が満ち満ちています。

NASA（アメリカ航空宇宙局）のゴールディン長官からも「アメリカと日本の宇宙科学者の友情が絶えることのないように」という趣旨の手紙が松尾弘毅宇宙科学研究所長に届きました。その中にあって、2月16日にヨーロッパから届いた1通の手紙は心に染みました。古くからの友人であるヨーロッパ宇宙機関（ESA）の科学計画局長ロジェ・ボネ博士から宇宙科学研究所長に宛てた手紙には、今度の打上げ失敗を心から残念がる文面に続い

ロジェ・ボネ博士（中央）

て、昨年12月に打ち上げられたヨーロッパのX線天文衛星「XMM-ニュートン」の観測時間の一部を日本の科学者に優先的に使ってもらいたいとの暖かい申し出がなされていたのです。

「XMM-ニュートン」衛星には、当面の観測計画のために約150日が割り当てられていますが、その2％（つまり3日）を日本の科学者に差し上げたいと申し出てくれているのです。宇宙科学研究所では、今回の打上げ失敗原因究明を急ぐとともに、その痛手から一日も早く立ち直るべく新たなX線天文衛星を検討するなど鋭意努力を開始しておりますが、このボネ博士のありがたい申し出に心から感謝するとともに、この「XMM-ニュートン」衛星の貴重な観測時間を使って、最大限の成果をあげるべく、この申し出を受け入れる方向で検討に入っています。

このボネ博士の提案は、日本の宇宙科学が世界から高い評価を受けていることを証明するものであり、日本の宇宙科学者がどのようなテーマを選択するか、内外の注目が集まっています。「苦しいときの友情は身に染みる」との言葉があります。このような感動的な眼差しに見守られながら、宇宙科学研究所は事故原因の徹底的追求へ、X線天文衛星の再起へ、フル稼働を開始しています。

3月 1日

小田稔先生のお宅で

さる2月27日の午後1時過ぎのことです。世界のX線天文学の草分けにしてリーダーである小田稔先生から電話がかかってきました。「実は今日の午後4時ごろに、先日のアストロEの打上げ失敗の愚痴をこぼしに、宇宙研の若手が私の家（武蔵境）にやってくるのだが、君も来ないか」という趣旨の電話でした。

私の心に一瞬の迷いが生じました。X線グループのショックは、その人たち個別にではありましたが、すでによく聞いていましたし、彼らはすでに実質的には完全

2000年

小田稔博士

に立ち直っているとの実感もあったからです。その上、私はテレビで"国際女子駅伝"を見ている最中だったのです。恥ずかしながら私は、スポーツが飯より好きで、この大切なお誘いに少しだけ躊躇したのが、その駅伝の所為であることを否定はできません。

でもあらためて考え直しました。ある会議で、X線天文グループの若いリーダーである井上一教授（私は「はじめくん」と昔から呼んでいます）が、宇宙研の所長から「X線グループはまさか（アストロEの）代案を考えていないということはないでしょうな」という複雑で含意のある聞かれ方をしたときに、「一応考えてはいますが……」と言った後、「ロケットはアメリカのやつかな……」と小さくつぶやいたのが、私だけに聞こえたからです。ちょうど私は「はじめくん」の隣に座っていたのです。

その小さなつぶやきは、私にとって大きな意味を持っていました。忘れもしない1976年2月4日、日本初のX線天文衛星「CORSA」を搭載したM-3Cロケット3号機が、発射のショックで2段目と3段目の姿勢制御データが入れ替わるという未曾有の事故で、あえなく太平洋上空に消えました。その直後の動きは早く、その日のうちにロケット・グループからは「一日も早く次のX線天文衛星を打ち上げましょうね」との声がかかりましたし、メーカーの側からも異常に安い見積もりが出されるなどして、宇宙研はまさに一致団結して耐えぬき、闘いぬき、1979年に「はくちょう」衛星を同じM-3Cロケットの4号機によって、完璧な飛行で軌道へ送り込み、日本のX線天文学は一挙に世界への階段を昇ったのでした。

あれから20年も経ったのです。日本の宇宙科学をめぐる情勢も変わりました。日本は、ほぼ毎年のように世界的な活躍をするバラエティに富んだ科学衛星を打ち上げています。その分野は、X線天文学だけでなく、オーロラの成因などを探る宇宙プラズマ物理学の衛星や太陽フレア観測衛星、世界初のスペースVLBI観測を遂行する電波天文衛星、火星探査など、きらびやかなものです。

それぞれの分野を担当するご本人たちにとってみれば、自分の分野の衛星が大事でしょうし、ロケット・サイドから客観的・長期的に見て、どれが重要ということはないのかもしれません。しかし確かにX線天文学は、これらの一連の科学衛星の中にあって、打ち上がれば常に成熟した働きをし、世界のX線天文学をぐいぐい前へ推し進める獅子奮迅の活躍をしたことは、火を見るよりも明らかなことです。「はくちょう」「てんま」「ぎんが」「あすか」ときて、アストロEは5番目のX線天文衛星になるはずのものだったのです。

　そんなわけで、1976年から1979年のときの熱気の真っ只中をよく憶えている私としては、「ロケットはアメリカのやつかな……」というつぶやきが、聞き逃しがたい響きで耳に届いたのでした。その真意だけは確かめたいと思って、結局2月27日の夕方、「駅伝」への（許しがたい）未練を断ち切って小田先生のお宅へ駆けつけました。

　宇宙研では意気軒高に見えたX線の若手は、小田先生のお宅では、正直な気持ちが出たのでしょう。すっかり意気消沈していました。10年近くも精進して1つの衛星を育て上げ、何もすることなくそれを失った人たちの、やり場のない苦しい胸のうちが見えて、私はいたたまれない気持ちになりました。しかしあのM-Vロケット4号機のフライトが近地点80 kmに泣いた瞬間のコントロール・センターでの自分自身の瞬時の固い決心を思い出しました。「これは大変なことになる。この危機を絶対に乗り切ってやる、どんな困難があっても。」あれからはさまざまな対応に追われ、連日徹夜に近い状況が続き、この歳でよくも体がもつもんだと思う日々でした。でも少なくとも、まだ一件は落着していません。そんな現在、X線天文学の蘇生をめざした胎動がすでに始まっているのです。

　「アメリカのロケットなんかやめようよ。M-Vでやらなきゃ意味がないよ。精一杯応援するからさ。よそのロケットなんかに頼るなよ。」思わず強い調子で言ってしまいました。ところがこの発言は意外な反応を受けまし

た。X線の若手の顔が喜びに輝いたのです。「宇宙研のロケット・グループの人たちがどう考えているのか、今まで分からなかった」と言うのです。それが「はじめくん」の「アメリカのロケット」発言につながったらしいのです。「はじめくん」は、宇宙研のロケットを見限ったわけではなかったのです。

　私は、あの後で宇宙研のロケットの若手たちが私の部屋に来て、「この雪辱戦をM-Vでやりたい」と頬を紅潮させて力説する姿を何度も目にしています。そのことを「はじめくん」たちに言ってやりました。「そりゃあ情勢は厳しいよ。2002年からはM-Vの打上げは目白押しになっているし、アストロEとそっくり同じものを作るだけでも最低2年はかかるだろうから。大切なのは、一緒にやろうという気持ちを失ってはいけないということだよ。」

　X線の若手は元気になりました。その日は、今後の宇宙研の将来についても久しぶりで話が弾み、小田先生のお宅を辞したのは午後11時を回っていました。私は現在98 kgある体重を90 kg以下に落とすために禁酒中なので、ズブロッカ（ポーランドのウォッカだったかな？）やビールやワインをしこたま飲んだみんなと同じような「いい気持ち」ではありませんでしたが、それでも2リットル近くのウーロン茶をごちそうになって、"素晴らしく快適な気分"でした（畜生！）。

　行政改革の途上で起きた打上げ失敗は、いろいろな問題を惹起するでしょう。でもこの困難を強い団結のための糧にしなければ、日本の宇宙科学の発展をかちとることはできません。日本の宇宙活動の歩みが、これからどのような道をたどろうとも、未来への大きな夢を共有する人間と人間の心の結びつきがなければ、子どもたちに立派な遺産を遺してやることはできません。次のX線天文衛星がどのように準備され、どのように打ち上げられるでしょうか。その運命は日本の宇宙科学の行く手を占う大切な物語になりそうです。

3月 8日

生命の世紀へ

　X線天文学が総力をあげて追究しているテーマの1つに「超新星残骸」があります。超新星とは、ご存じのように核融合反応の材料を使い果たした重い星が最期に放つ劇的な大団円ですが、その途轍もない規模の現象は夜空に美しいガスやチリを撒き散らします。カニ星雲、ベール星雲などいくつものウットリするような姿を、どなたでも一度は写真で眺めたことがおありでしょう。

　この超新星残骸の写真を見ていると、さまざまな色が交錯して実に鮮やかです。中には虹の色がすべて含まれているようなものもあり、欲張りな私などは、人間がなぜ電波・赤外線・紫外線・X線・ガンマ線という可視光線以外の電磁波の波長まで見ることができないのか、ともどかしくなってしまいます。

　そしてこの色とりどりの世界のどこかに、また新しい星が誕生するのです。星のそばにはおそらくは惑星系が生まれ、中には地球に似た惑星も……と想像をめぐらせて、ついにたどりつくのが「地球外知的生命体」です。電波でよその星からやってくる知的生命からの「合図」を探す努力は精力的に続けられていますが、私はそろそろもっと系統的な生命探しに挑戦すべき時期だと思います。

　先週号でお話した小田稔先生のお宅での会話で、東京大学理学部の牧島一夫教授（私たちは彼を「マックス」と呼びます）が同じような発想を展開してくれました。彼は、宇宙科学研究所が総力をあげて挑むようなミッションとして「太陽系の外の惑星探し」をやったらどうかという提案をしました。中央の恒星をX線グループが担当し、惑星探しのほうは干渉計の手法を用いて赤外線グループも参加できる。惑星科学のグループも電波も可視光も紫外線も、すべての宇宙科学分野を結集してトライしてみないか、というわけです。もちろんその実現には、宇宙工学分野の全面的協力が必要なのは言うまで

2000年

*1：たとえば地球と月と人工衛星という3つの物体がお互いの引力で引き合いながらどのように運動するかを解くのは、難しい問題である。ところがこの問題には5つだけきちんと解くことのできる解がある。その解を示す点は、その解答を与えた人の名前によって、「ラグランジュ・ポイント」と呼ばれている。地球と月を結ぶ直線上に3つ（地球から見て月の向こう側、月から見て地球の向こう側、地球と月の間）、あとの2つは地球と月を一辺とする正三角形のもう1つの頂点である。これら5つの点では、引力と遠心力が釣り合っている。

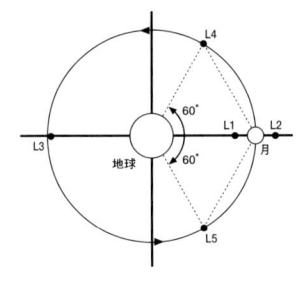

*2：104頁のおまけのコラムを参照のこと。

　もありません。
　私はちょっと違うことを考えています。すべての宇宙科学分野の参加を標榜するのは同じですが、これを日本全体の宇宙開発のカンフル剤にしてはどうかという提案です。私たちの太陽系の外に惑星（もっと言えば地球型惑星）を見つけ、それとの間で交信を試みるところまで包含するミッションとするのです。これは宇宙関係の人だけでなく、生命分野の人びとも参入していただく必要がありそうです。軌道は地球周辺でいいかな？　ひょっとして国際宇宙ステーションは使えないかな？　常に交信するためにラグランジュ・ポイント*1 に配置するのがいいかな？　いや月面のほうがいいんじゃないか。すると裏側かな、極地域かな？　それともいっそ有人ミッションにしたほうが……。構想は果てしなくひろがっていきそうです。
　「ペンシル・ロケット」*2 から約半世紀。日本の宇宙開発・宇宙科学は、大急ぎで階段を昇り、今や世界でも有数の宇宙大国と言っていい存在になりました。それぞれの分野が国際舞台で活躍し、そしてそれぞれの夢を持ち始めてはいるのですが、宇宙開発全体の規模は何だか伸び悩みの時期を迎えているかのようです。予算が頭打ちになると、それは「厳しい時期だから」ということで納得し、世の大人どもは「自主規制」に入るわけです。しかし全体の予算枠をあらかじめ宇宙の現場が規制してからプロジェクトづくりに入ることは、ある意味では「夢」や「志」に枠をはめることです。
　人類が新たな活動領域に踏み込むという歴史的な段階を画する事業に携わる私たちは、もちろんうんと現実を見ながら仕事を進めなければいけませんが、一方でいつも虎視眈々と飛躍することを狙っていなければいけないと思います。そのためには「大志」を胸に抱き続ける必要があるわけです。
　現在私たちの太陽系には、火星、エウロパ、タイタンという3つの地球外生命の可能性があると言われています。それはそれでワクワクするような問題です。でもどうやら「知的生命」というと、私たちの地球だけみたい

ですね。ということは、地球の外の友人を探すためには、太陽系の外へ目を向けなければならないことは明らかです。

　来る21世紀は「生命の世紀」と呼ばれることがあります。その大部分は遺伝子関係の科学的な問題提起からくるスローガンのようですが、これを「いのちの世紀」と読み替えれば、もう少し広く文化的な匂いがしてきませんか？　惑星探査と地球外知的生命探しを2本の柱とする「惑星協会」は、その意味でまさに「21世紀の協会」であると言うことができます。

　「いのち」が軽んじられる事件が頻発しています。警察の不祥事をはじめとして大人たちのだらしない有様が、毎日子どもの目に映じています。日本は、アメリカと違って多民族国家ではないので、首相（大統領）が国民をつなぐ「夢」を創出する必要がないのだそうですが、昨今の世情を見ていると、そうでもないような気がします。やはり大人は、子どもたちが輝かしい未来を心に描きながら育っていくために、大きな夢の土壌を与えていかなければならないと思います。

　その夢の中心に「宇宙」を置き、「地球外の惑星探し」というビッグプロジェクトを立ち上げて、「知的生命探し」までつなげ、日本の宇宙開発の黄金時代を築いていきませんか。このキャンペーンは日本惑星協会にふさわしい事業になると考えますが、いかがでしょうか？

3月　15日

火星探査機「のぞみ」の近況

　今回は、「のぞみ」（PLANET-B）の近況についてお知らせしましょう。

　「のぞみ」は、日本初の火星探査機です。1998年7月4日に、M-Vロケット3号機によって内之浦の鹿児島宇宙空間観測所から打ち上げられました。「のぞみ」の主な目的は、火星の上層大気を太陽風との相互作用に重点をおいて研究することです。姿勢・軌道制御用の燃料

2000年

「のぞみ」の打上げ
1998.07.04 03h12m

＊：天体のすぐそばを通ることによって探査機の軌道を変更調節する技術。ふつう軌道変更に使う燃料を節約することができる。

をふくむ「のぞみ」の重さは541 kgで、現在「のぞみ」は太陽中心軌道をまわっており、2004年1月に火星に到着する予定です。

火星は、その大気の上層で太陽風と対抗できるほど濃い大気を持っていないので、火星の上層大気は太陽風に強く支配されていると考えられています。この状況は金星と似ており、金星の上層大気も太陽風の条件によって著しく変動することが知られています。火星における太陽風の動圧は、火星の電離圏の熱的圧力と高度150～200 kmで釣り合っていますが、2機のバイキング・ランダーの観測によれば、火星の電離圏はそれよりずっと上方までひろがっています。このことは、火星の大気が、単純に金星の大気との類比だけで理解できるものではないことを示唆しています。

旧ソ連の火星探査機フォボス2号は、火星から逃げていく大量の電離圏イオンを見つけました。その量は非常に多く、太陽風との相互作用が火星大気の進化を左右する主なプロセスの1つになっているほどです。

これらすべての観測は、火星の上層大気が探査機でもっと調べる価値のあるものであることを証明しています。「のぞみ」はこのような火星の上層大気を専門に研究する世界初の探査機として計画されました。

「のぞみ」の火星まわりの軌道は楕円で、近火点が150 km、遠火点が火星半径の15倍です。近火点が低いのは、電離圏をできるだけ低いところまで観測するためであり、遠火点が比較的高いのは、逃げていく電離圏のイオンを検出できる火星の夜側を研究するためです。

「のぞみ」の観測は5つのカテゴリー（火星の磁場、火星大気、火星電離圏のプラズマ、撮像、ダスト）に分かれ、搭載されている科学観測は14個あります。

「のぞみ」は、打上げ後に1998年9月24日と12月18日の二度にわたって月スウィングバイ＊を行い、その2日後に地球をパワー・スウィングバイ（ちょっとエンジンを噴かしながらのスウィングバイ）しました。この地球スウィングバイによって火星への遷移軌道に乗ることになっていました。しかし地球スウィングバイの際に

スラスター（推力器）のバルブに不具合が発生したため十分な推力が得られず、再度地上から指令を送ってスラスターを噴かし、火星への軌道に乗せました。この2回目のマヌーバー（軌道変換）で燃料を使いすぎたことが判明しました。そのまま予定どおり1999年10月に火星周回軌道に投入すべくスラスターを起動させた場合、計画軌道に探査機を投入するには燃料が足りません。

　そこで1999年暮れから2000年の初めにかけて宇宙科学研究所のミッション解析チームが懸命のサーチ計算を行った結果、目標とする科学観測を100％やり遂げる軌道に投入するためには、あと2回の地球スウィングバイを敢行して2004年1月に火星周回軌道に投入するのがベストであることを見つけました。

　現在「のぞみ」は、惑星間空間で各種の観測を続けながら、2003年の地球スウィングバイをめざして航行を続けています。ただし、ただ放浪の旅をしているわけではありません。搭載しているさまざまな機器が正常であることを確認するために、惑星間空間で予定外の貴重な観測をしながら飛び続けているのです。たとえば、

1．極端紫外望遠鏡による地球周辺のヘリウム・イオンの観測、
2．紫外光分光観測器による星間風の分布の観測、

などです。

　数々の苦難を乗り越えて2004年に火星に到着し、火星周回軌道に乗ることができたならば、予定した観測は100％やれる見込みのようなので、スウィングバイの際の不具合については「禍福」転じることができるように頑張ってほしいと願っています。先日の朝日新聞の「天声人語」（3月7日の朝刊）や『サイアス（旧科学朝日）』最新号の中野不二男さんの記事にもあったように、宇宙活動へのエールがあちこちから送られてきています。日本も満更捨てたものではないなと思う瞬間の多いこのごろです。

　　　　　　［2003年12月17日のコラムを参照］

3月 22日

ロケットの打上げ失敗をめぐる国会の論議について

　1960年代の末ごろ、私は大学院生でした。初めての人工衛星を打ち上げる際に失敗が相次いで、そのたびごとに沈痛の面持ちで記者会見する先生方を見ながら、「年をとると大変だなあ」と考えたものです。まさかそのうち自分がそんな状況に置かれるとは、予想もしていませんでした。

　残念ながら不首尾に終わったM-Vロケット4号機の打上げの後は、苦しい立場に置かれながらも、冷静に日本の人びとの反応を見てきたつもりです。しかし特に国会での議論は、（あくまで個人的な見解ですが）まったく気に入りません。二度にわたるH-2ロケットの打上げ失敗に続く、大変「目立つ」失敗だっただけに、世間の注目も高く、折から国会会期中とあって、「こんなに失敗が続くなら外国のロケットで打ち上げたほうがいいのではないか」という国会議員の先生の質問も飛び出したことはご存じの方も多いことでしょう。

　では参考までに、その「外国のロケット」なるものについて考えてみましょう。ここのところ、世界の発射場から打ち上げられるロケットは、極めて失敗が多いよう

アメリカ			
1998.08.12	タイタン4	偵察衛星	打上げ後40秒後にロケットが下方に傾き、ロケット機体の分解開始、ロケットは自爆システムで空中爆発
1998.08.26	デルタ3	通信衛星	打上げ後約70秒後にロケットの姿勢が乱れ、自爆システムで空中爆発
1999.04.09	タイタン4	警戒衛星	所定軌道に投入できず、衛星は太陽電池パネル展開不能
1999.04.30	タイタン4	軍事通信衛星	上段エンジンの不調
1999.05.04	デルタ3	科学衛星	第2段ロケットの不調
ヨーロッパ			
1998.06.04	アリアン5	科学衛星	打上げ後、ロケットの姿勢が大きく乱れ失敗
ロシア			
1999.07.05	プロトン	ステーションモジュール	第2段ロケットの切離し失敗、第3段ロケットの不調により墜落
1999.10.27	プロトン	通信衛星	第2段ロケットの不調により、打上げ6分後、空中で爆発

です。1998年までさかのぼって、ざっと国ごとに打上げ順に並べてみると、前頁下の表のような有様です。

　世界の打上げロケットの成功率を計算すると、88％となります。ということは、10機に1機は失敗しているわけで、これでは宇宙旅行の夢は遠いと言わねばなりません。「本日、成田空港から宇宙ホテル直行便が100機打ち上げられます。ご乗船の方は、時刻表にご注意ください。なおそのうち10機は落ちる可能性があります」とアナウンスされたら、誰も乗る気がしないでしょう。

　このように世界中のロケットが、現在信頼性の確保に血眼になっている状況なのです。「外国のロケットならば信頼できる」というのは、明治以来の外国コンプレクスに、横着な調査不足が重なった憂うべき発言です。

　それはそれとして、「なぜこのように失敗が多いのか」という議論は、国際学会などでも共通の悩みとしてよく話し合われます。一つひとつの失敗が特有の技術的原因を持っており、それを個別に必死で乗り越えてこそ、そのロケットの信頼性を確保できるのは当然ですが、こうも不具合が続くと、何か世界に共通した事柄があるのではないかと疑いたくなります。

　一番説得力のありそうな世界共通の話は「コストダウン」から来るロケット・システムの無理ということです。ロケットという運搬手段が市場の原理に左右されだしてから、ロケット製作・打上げ・運用上のコストダウンが世界中で声高に叫ばれ始めました。コストダウンのためには、冗長性の希薄化や部品・素材の変更などを伴います。すると、信頼性は当然落ちてきます。そこで、昨年7月に火星着陸に失敗したマーズ・ポーラー・ランダーの事件の直後には、アメリカの新聞のほとんどで、「より速く、よりよく、より安く」というNASA（米国航空宇宙局）のスローガンに疑問が投げかけられたのです。

　もう1つ注目すべき世界の共通点は、どの国もが「子どもたちの理科嫌い」に悩んでいるということです。恐るべきことに「理科嫌い」は日本だけの現象ではないのです。学会には「宇宙と教育」というセッションがありますが、そのほとんどの参加国から、同じような悩みが

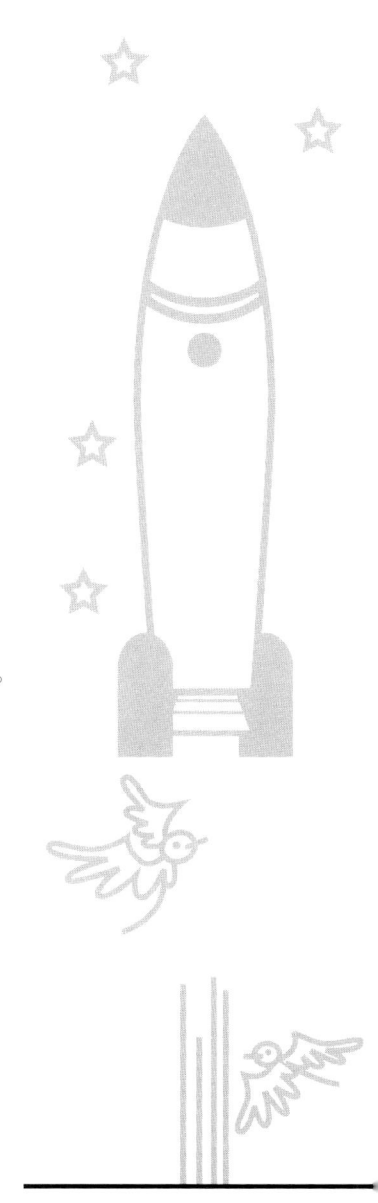

2000年

告白されています。小さいころには自然や動物をあれほど愛する子どもたちが、長ずるにつれ、それらを「科学的」に「教育」するための「理科」が急速に嫌いになっていく傾向は、現在の人類社会全体のメロディーになっているのです。

よしんば理科の好きな子どもたちでも、コンピュータの発達によってソフトウェアが圧倒的に好まれ、泥んこになって体全体を使う種類の仕事には、若者は殺到しません。メーカーをふくめ、手先が恐ろしく不器用になっていることは間違いないところです。まだまだ他にも議論の余地はありますが、目の前にある技術的な壁を乗り越える努力と同時に、こうした社会的な現象にもメスを入れる必要があるのだと思うのですがいかがでしょうか。

とはいえ、ロケットの打上げは多額のお金を使います。納税者の立場から見れば、当然その結果が気になります。1つの打上げ失敗に直面した人びとの反応はさまざまですが、これも国によって個性があるようです。アメリカの場合、打上げ失敗があると提出される発言は、たいていの場合「どうすればうまくいったのか」というものです。日本の場合は、一昔前には、すぐ「やめちまえ」でした（今は違います、少なくともジャーナリズムの論調は）。

ここには、宇宙開発というものの受けとめ方の違いが大いにあります。アメリカのような多民族国家の場合、大統領の責任の1つに「夢を創りだすこと」があります。民族と民族の違いを越えてアメリカ国民全体をペーストしてくれるものがなければならないわけです。

1960年代以来、アメリカの夢は常に宇宙が舞台となってきました。その心には「アメリカ・アズ・ナンバーワン」という自意識がないまぜになっていることは否めませんが、しかし人類が新たなフロンティアをめざすという歴史感覚もまた、アメリカ人の間にしっかりと根付いていることも確かです。だから失敗しても、宇宙開発の根本を疑いはしません。「なぜうまくいかなかったのか」という問いが、真剣に科学的に問われる所以です。

日本には「夢」を創出する政治家は少ないか皆無です。

国民を根こそぎその夢に駆り立てる展望を持とうとする政治家はいないようです。ましてや宇宙開発の歴史的意義という視点に立って、世界中の宇宙開発の状況をつぶさに自分の力で調べようとする政治家にはお目にかかったことがありません。国民の間に夢がなくても済む国だとしたら、日本は何と悲しい国でしょう。私たちは、何を精神的紐帯として生きていけばよいのでしょう。

　今地球がかつてない危機に遭遇していると言われます。しかしその言葉は正しくありません。地球が危機に陥るのは50億年後です。太陽が核融合反応の材料を失って、赤色巨星となってひろがるとき、私たちの地球はそれに飲み込まれる危機を初めて迎えるのです。今「危機」と言われるのは、「生命の危機」です。それを地球にとっては新参者の人間が「環境破壊」という形でもたらしました。滅びたくなければ、その環境破壊をモニターするのに、どうしても私たちは宇宙へ行かなければならないのです。

　宇宙空間に飛び出して故郷の星をグローバルに見つめ、その実態を徹底的に明らかにしなければ、私たちはもうあまり長くは生きられないことは、火を見るより明らかなことです。宇宙開発は「やってもやらなくてもいい」ことではなくて、「やらざるをえない」ことになっているのです。この事態に私たちの国がどのように関わっていくべきかどうかということ、また数十年も後発だった日本の宇宙開発がともかくも世界的な水準に立っているという状況をどう捉えるかということ、……。これは、地球を愛するかどうかの試金石であり、日本の国を世界に誇れる国にしたいかどうかの分かれ目の問題です。

　日本と世界の子どもたちに美しい地球をプレゼントするために行う崇高な事業に、私たちは躊躇なく取り組んでいく必要があると思います。そのためにも、現在の宇宙開発の不調を深いところで調査・分析して、ロケットの信頼性を上げていく努力が、厳しい態度でしかも長期的観点に立って進められなければならないでしょう。このことを肝に命じて前向きに頑張りたいと思います。

2000年

3月 29日

　国際宇宙ステーションが困ったことになっています。ロシアのサービス・モジュールがなかなか打ち上がらないのです。これはステーションに居住スペースと推進装置を提供するもので、ステーションの建設を次のステップに進めるために、無くてはならぬものです。費用を安くするためと国際社会の安定のために仲間に引き入れたロシアがかえって予算の増大を招いています。ステーションの是非については、アメリカの物理学会や細胞生物学会、結晶学会などから総スカンをくらった形です。

　ステーションの無重力環境で得られそうな成果は、これらの学会から見て科学的な価値がないという厳しい判断が下されたのです。これらの一流の科学者たちから見離されると、国際宇宙ステーションの前途も洋々というわけにはいかないでしょう。わずかに人間の将来のおける宇宙滞在のために貴重なデータを獲得することが、残された「バラ色」の夢ということになるのでしょうか。ちょっと淋しい気もしますね。せめて日本では、ポスト国際宇宙ステーションをめざして、国全体を沸せるような魅力的プロジェクトを作り出したいものです。折からNASAは「FBC (Faster, Better, Cheaper)」というスローガンへの反省を行い、その議論の結果をホームページに発表しました。

　危機を乗り越える大胆さ、率直さにおいては、私たち日本人も学ぶべき点が多々ありそうです。その出発点はオープンで民主的な意見交換だと思います。

国際宇宙ステーションの完成予想図

4月 19日

いわゆる「理科離れ」について

　フランスのストラスブールとバルセロナを経て帰ってきました。ストラスブールでは、"Bringing Space into Education"と題する「宇宙教育ワークショップ」が開

かれました。日本では、だいぶ前から「3K嫌い（危険、汚い、きつい）」と称する若者の理科離れが取り沙汰されていますが、各国の報告を聞く限り、これは世界的な現象のようです。イギリスでは「3D嫌い（Dangerous, Dirty, harD)」というのだそうで、これは現代文明あるいは現代の教育の抱える問題点として普遍的に扱っていい課題のようです。ただし、しっかり見れば、「理科教育」だけではありません。「教育全般」の問題です、念のため。

　小学校のときは夢に溢れた作文を書く子どもたちが、（もちろん例外はありますが）中学校、高校と長ずるにしたがって、惨憺たる作文を書くようになる傾向が強い。これはさまざまな作文コンテストの審査で経験することです。私が関係するのは、やはり宇宙関連のコンテストが多いのですが、小学生の作文は実におもしろい。現実に当面可能なことと不可能なこととが区別できないから夢に溢れるのだと評する人もいますが、科学者だって、現実に起きえないような事柄を「夢想」することが大発見につながることは、ままあることなのです。

　学校で、科学がこれまでに獲得した知識をきれいに整理して、言わば結論だけを教えることが、受験勉強の本流になっている以上、何だかわけの分からないことを「ああでもない、こうでもない」と試行錯誤することは、昔は若者の特権だったような気がするのですが、今はあまり流行らないようです。

　きっぱりと答えの出る問題だけを整理して教えていくと、想像力は研くヒマがないのです。わけの分からない現象や事柄がチャレンジの相手であってこそ、「危険で汚くてきつい」仕事でも、挑戦してみようという気になるのであって、チャレンジするに足る課題が頭に昇ってこなければ、何も無理をして「危険で汚くてきつい」仕事をする必要はないのです。

　ところで、このような「3K嫌い」の底流を形づくる日本の「受験社会」は、改革するのに随分時間が必要でしょう。いきおい「困ったもんだ」と嘆く以外に方法がないというのが、大方の本音だと思います。ストラスブー

2000年

ルの「宇宙教育ワークショップ」でも、同じような嘆きがつぶやかれました。ただし、このワークショップは、宇宙を軸にして子どもたちの突きあたっている袋小路を、何とか突破できるような糸口を探そうとする人びとに溢れていました。

大きく分けると、ワークショップに参加した人びとは、(1)宇宙機関、(2)教育者、(3)メーカーの3つに分類され、それに数名の「被教育者」「ユーザー」である子どもたちがナマの声も聞かせてくれました。「教育者」が、現場の教師（大学・高校・小中学校）といわゆる社会教育的な人たちがないまぜになっているのが気になりましたが、まあ、それぞれの立場から「宇宙」をテーマにしたさまざまな「教育の取り組み」が紹介・議論されました。

私自身の胸をここ数年占領し続けている「宇宙と教育」という2大問題は、どうやら行動のときを迎えているようです。子どもたちはみんな宇宙が好きです。自然が好きで、動物も植物も好きです。その背景には、「Nature may be more imaginative than human beings.（自然は人類よりも想像的かもしれない）」という事情があるのでしょう。この子どもたちの素直な心が、「理科」という科目で「分析」され始めると、だんだんと嫌いになっていくのです。つまり「理科嫌い」は、本来好きだった事柄が、外部から余計な口出しがあったために、胡散臭くなっていく現象でしょう。

何とか、宇宙を自然を愛する気持ちを持っているうちに、その「好きだ」という感情を頼りに「本当のこと」を求めて格闘する精神を養えないだろうか。これが、宇宙に取り組んでいる人びとと、実際に「ユーザー」としての子どもたちに接している先生方とが協力する枠組みができないものだろうか。そんな途方もない事柄を模索し始めたのは、もう5年以上も前のことです。宇宙の現場と教育の現場が手を組めば、きっと新しい流れができると思い始めたのです。

それは宇宙の現場が広報活動のために一群の教師たちを一本釣りすることではありません。また一群の教師が自分の仕事のための資料を得るために宇宙の現場への接

触を試みるものでもありません。日本の（当面、日本の国内だけにターゲットは絞りましょう）宇宙開発・宇宙科学に携わる機関・組織と人びとが、学校教育の現場で働いている先生たちと、四つに組んで始める「世直し」の仕事です。

　当面は理科の先生に限定されるかもしれませんが、私は何もそれに限定する必要はないと思っています。だって子どもの宇宙や自然への思い、生きものへの想いは、理科という1つの教科を通じてしか発揮できないものではありません。その想いを詩に書いたり、音楽で表現したり、絵に描いたり、……かなりバラエティに富んだ動機づけがあるに違いないからです。まだ構想段階ですが、急がなくてはならないと考えています。私は今体重が100 kgもあります。30歳のときには65 kgしかなかったのですから、とんでもない「成長」ぶりです。破裂してしまわないうちに、世に生まれて1つくらいは「良いこと」をして死なないと、私を産んで育ててくれた母に申し訳がたちませんから。

　ストラスブールは、パリをまっすぐ東に進んだドイツとの国境にあります。イモと豚肉を中心にしたアルザス料理の本場です。おいしいワインも産します。ワークショップを終えてバルセロナへ移る際、時間の関係で、ストラスブールからスイスのバーゼルまで列車で行き、そこからバルセロナへ飛ぶ道を選んだまではよかったのですが、急いでいたために、レンタカーで送ってくれた東京天文台の磯部さんの車から雨の中へ転がるように降りたストラスブールの駅前で、不覚にも携帯電話を落としてしまったらしいのです。百数十件に及ぶ貴重な電話番号が記憶されている私の携帯電話は、ストラスブールの駅前の（おそらくは）水溜まりの中で淋しくその一生を終えることでしょう。あ～あ何てこと。バルセロナでは、小さなビジネスを済ませた後で、数々のアントニ・ガウディを自棄気味に楽しみました。

2000年

5月 3日

あるお母さんからの手紙

先日、以下のような手紙が私宛てに届きました：

YM先生

先日は、宇宙科学講演と映画の会、とてもすばらしいひとときをありがとうございました。YM先生の最後のごあいさつの中で、不登校児のうちの子のお話がでたとき、本当にふたりで顔を見合わせておどろいて感動してしまいました。○○は小さいときから生きものや植物が大好きで、図鑑をみるのが大好きな子どもでした。小学校2年生のときの担任の先生が図鑑を読むことには否定的で、もっと文章が長い読解力がつく本を読むべきという考えをもっていました。生きものの話をする子どもにもあまり耳を貸さず、学校の勉強の学力をあげようと、きつく○○をしかりました。そのショックで体調をくずし不登校になりました。

その後八王子市の高尾に転居し、自然に親しみながら登校したものの、3年生の1年間は休学状態でした。そのような中でピアノ教室のコンサートに行き、ホルストの「惑星」の木星の曲を聞き、帰りに空を見上げ、急に宇宙のことが知りたくなって、本屋さんで「うちゅう・せいざ」の図鑑を買いました。ページをめくってパイオニアのプレートを見たとき、3年前に見た「地球交響曲（ガイア・シンフォニー）2番」の映画のフランク・ドレイク博士を思い出し、パンフレットをめくると、平林先生のコメントと宇宙科学研究所の住所があり、○○は質問の手紙を書きました。昨年10月の事です。

それに対し、平林先生はていねいなお返事を下さり、○○は、もっと宇宙のことが知りたくなったのです。私は感謝の気持ちでいっぱいになり、何度かお便りし、不登校のことも書きました。それに対してもはげましてくださいました。

今年の1月8日の「宇宙学校に行きます」とお便りを出して行ったところ、平林先生がいらっしゃって、○○は大喜びでした。YM先生のことは『Newton』で見て知っていました。実際にお会いするのは初めてでした……（中略）……写真をとって下さったとき、YM先生はひざの上に抱いて下さいましたね。そのぬくもりは○○は一生忘れられない感激として覚えています。
　YM先生と平林先生のところに行きたいと思って、遅れていた勉強をとりもどし、4年生の新学期には登校しました。M–Vロケットの絵を書いて分数を教えたり、大きな数は単位に光年をつけてやるとよく覚えました。
　YM先生の本の中での「宇宙というテーマで理科のカリキュラムを編成すると子どもの心を捉えた理科教育が可能になるのでは」という意見は正しいと思います。国語には平林先生のお話がのっていますし、もしかすると全教科に宇宙をテーマにするカリキュラムが可能になるかもしれません。YM先生のご意見が学校教育に救いを与えるのではないでしょうか。
　私はひとりで子どもを育てているので、男の子にすばらしい男性として手本を示して下さる宇宙科学研究所の先生たちの存在は、ありがたさ格別です。ひとりの落ちこぼれの子どもに夢を与えて下さったことは本当にうれしく、心より御礼申し上げます。今後ともよろしくお願い申し上げます。
　生きる力は、夢と希望を与えると湧いてくるのです。

……私自身にも大きな力を与えてくれる1通の手紙でした。十把一からげにやっているような宇宙のイベントにも、心を込めれば素晴らしい結果がついてくることの証明として、謙虚に初心に帰って活動を続けたいと思います。

2000年

5月 10日

漁業交渉へ

さて、いよいよ私は、恒例の「漁業交渉」に出発します。これは昭和43年から続けられているもので、内之浦と種子島の両発射場からロケットを打ち上げた場合に、第1段ロケットの燃え殻などの落下する海域で漁業を営んでいる関係5県の漁業連合会を、科学技術庁・宇宙科学研究所・宇宙開発事業団の代表が、毎年この時期に歴訪して、今年度の打上げスケジュールを示して了解を得るのです。

「宇宙の仕事をやるのに、なぜ海のことまで？」と訝る方のために、なぜこのような「漁業交渉」が行われるに至ったかを、ご紹介しておきましょう。

1957年10月にソ連が世界最初の人工衛星スプートニクを打ち上げ、続いてアメリカが翌年1月にエクスプローラーを軌道に送ると、わが国でも宇宙開発に対する関心が高まっていきました。1960年5月に、総理大臣の諮問機関として宇宙開発審議会ができ、その答申の意を受けて1964年7月、わが国の宇宙開発を推進する中核的な実施機関として、科学技術庁に「宇宙開発推進本部」が設けられました。

そして即座に新島の射爆場でのロケット打上げが行われました。1955年4月のペンシル・ロケットの水平試射以来、東京大学だけで行っていた日本の宇宙開発は、より大きな広がりを持ち始め、新たな社会問題としての展開を見せるようになってきました。しかしその後科学技術庁は、新島が狭すぎるというので種子島に発射場を建設することにしましたが、新島のほうでは「発射場を移転しないでくれ」と、何度も科学技術庁への陳情を繰り返しました。

科学技術庁が種子島に発射場を建設することを決意し、鹿児島県に話をして、少なくとも科学技術庁と鹿児島県との間では、大変スムーズに事が運びました。しかし、ロケットの落ちる海域で漁業を営んでいる人びとは、ロ

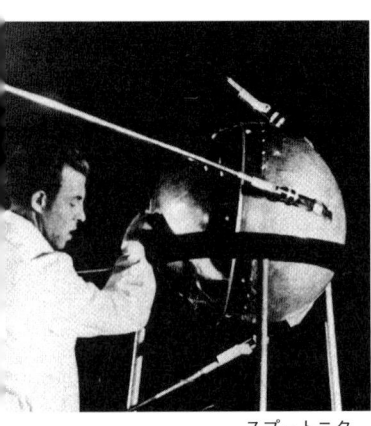

スプートニク

ケット実験で多大の影響を受けます。その辺で漁をしているのは、鹿児島だけではありません。「我々もあの辺で漁をしているのに、なぜ科学技術庁は鹿児島だけ挨拶に行くのか。」信義を重んじる漁業者としては腑に落ちません。特に、宮崎の漁民たちはヤキモキしながら、事態の成り行きを見守っていました。

当時の科学技術庁長官は上原正吉氏でした。当時の長者番付けに毎年登場していたあの上原正吉氏です。科学技術庁では、宮崎の野菜をコールドチェーンで船に積んで東京に運んでいました。そのことで、上原長官が宮崎県に挨拶に行ったまではよかったのですが、まずいことにロケットのことには一言も触れなかったのです。つまり、行かなければ何事もなかったかもしれませんが、行ったにもかかわらず、野菜のことばかり喋っていてロケットのことについて挨拶がない、というので、漁業組合は怒ったのでした。

そのうちに種子島発射場開設の披露宴をやることになりましたが、宮崎県漁業連合会の人びとが上京して、「誠意があるなら披露宴をやめて誠意の証を示せ。」と迫りました。当時の科学技術庁研究調整局長だった高橋正春氏は、「考慮しましょう。」と答えたようです。時の政務次官、始関以平氏も、「そんな状況なら考えなくちゃいけないな。」と答えたので、宮崎県漁連のメンバーは安心して帰路につきました。

ところがその直後、始関氏と高橋氏が新しい科学技術庁長官の有田喜一氏のところへ報告に行ったときから、事は意外な展開を見せることになりました。有田氏は、「事務局がどうしてもやりたいというのを、政治的配慮からやめろ、と大臣が言うのなら話は分かるが、役人の分際で政治的判断をするのはけしからん。」と言い張って聞きませんでした。

やむをえず高橋氏は、宮崎県の東京事務所に「予定どおり開所式を行います」と連絡、そこから大阪辺りまで帰っていた車中の漁連関係者に電報で報せました。

電報を受けた宮崎県漁連の一行が激怒したことは言うまでもありません。彼らは郷里に帰り、「絶対反対闘争」

の方針を固めました。「絶対」というのは、どんな条件を出しても、ロケット実験は決して許さないということです。高橋氏は八方手を尽くしましたが、紛争は拡がるばかり、そしてついに宮崎県漁連は、「科学技術庁だけではない、自衛隊の射爆も東大の内之浦のロケットも全部やめろ」と言い出しました。

すべての発端は、小さな建て前の問題から発したのです。

そこで科学技術庁は、「各省連絡会（種子島周辺漁業対策協議会）」を作り、文部省や防衛施設庁の関係者とともに対策を練り、事務次官や長官も現地へ足を運びましたが、吊し上げを食うばかりで、にっちもさっちも行きませんでした。

そこで自民党の宇宙開発特別委員会の要請を受けた鹿児島県出身の山中貞則代議士の登場となりました。彼は宮崎に出かけて精力的に説得活動を展開し、ついに絶対反対闘争を条件闘争にまで沈静化することに成功したのでした。つまり必要な補償措置を取れ、ということです。それは世に「鹿児島方式」と呼ばれています。

それまで各地でさまざまな紛争がありましたが、その補償なるものは金を払っても末端まで行くと消えてしまい、末端では「手拭一本」になってしまいます。そういう補償では国のためにもならないし、漁民のためにもならないので、いわゆる「個人補償」というものではなく、漁業組合ごとに、岸壁を修理するとか倉庫を建てるとかの「施設投資」をして補償に変えようということになりました。

この後でいささか紆余曲折がありましたが、ともかくこの鹿児島方式を基本として、1968年8月20日、総理大臣官邸において、文部省・科学技術庁・防衛庁各大臣と鹿児島・宮崎など各県漁連との間で調印式が行われました。

この間、1967年4月半ばから1年半後の1968年9月上旬まで、内之浦・種子島のロケット打上げは、すべて停止されていたのです。

そして、日本のロケット打上げは、1・2月と8・9月

に限るという、有名な「盆と正月に打ち上げる日本の宇宙開発」が始まったというわけです。ただし、H-2ロケットの登場によって日本の宇宙開発の商業化時代が開幕する勢いになって、この制限があると、とても国際市場には殴り込みをかけられない、という情勢が招来され、この期間の制限は、漁業関係者の協力もあって、現在はもっと緩和されています。

　こんな経緯から、毎年5月から6月にかけて、鹿児島・宮崎・大分・愛媛・高知の5つの県を、3機関の人びとが回っているわけです。機会があれば、その交渉がどんな雰囲気で行われるかもお話ししましょう。とりあえず、行ってきます。

5月 17日

漁業交渉 Q&A

　「漁業交渉」について先週お伝えしましたが、それに対し、読者の方から質問をいただきました。その項目のいくつかにお答えしながら、今週号の記事を書きましょう。

（1）外国でも漁業交渉はあるのか？
　外国では、日本におけるこの「妙な」交渉は、ありません。Japanese Special Negotiation なのです。
　先週お話したような経緯があるにしても、外国ではこのような交渉事項はそもそも成立しないということを聞いたことがあります。それは、サカナと漁業権に対する漁業者の伝統的な考え方の違いにあるというのです。
　外国では、政府からサカナをとる権利を与えられて（あるいは委託されて）漁業を営んでいるという考え方なのに対し、日本の漁業者は、本来サカナはだれのものでもなく、とった人の「早いもの勝ち」という考え方なのだそうです。ということは、外国では、その漁業権を委託している主である政府が、ロケットを発射するときに「この落下予想水域には立ち入らないように」というのであ

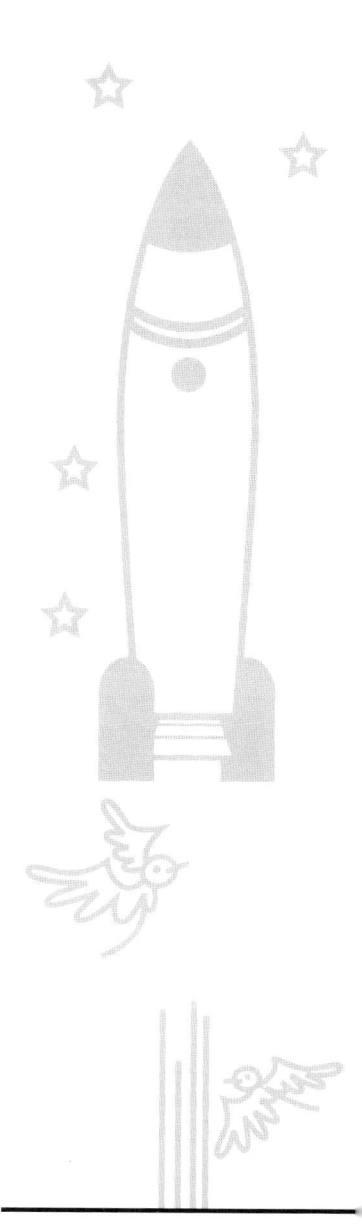

れば、それに従わざるをえないわけです。日本は、チャンスがあれば「本来」自分のものにできるサカナを、ロケットの所為でとれなくなるのですから、それに対する「本来」手にできたはずの収入を代償請求できると考えるのでしょう。

　では日本と同じ昔からの漁業国ノルウェーではどう考えているのか、まだ詳しく聞いたことはありません。6月に数人のノルウェー人と会う予定がありますから、訊ねてみます。

（2）広い砂漠や海のない国では、ロケットの発射はできないのか？

　地球は西から東に向かって自転しています。その表面のスピードは、赤道表面上で秒速約464 mです。それが日本の鹿児島付近では秒速400 mくらいまで下がります。この自転の表面スピードは、人工衛星の発射のときに利用しなければ損なので、東に向かって開けている場所がロケットの発射場として適していることになります。だって、西に向かって打ったら、初めからマイナスのスピードを背負って打ち上げることになるので、余分の燃料を使わなくてはならなくなりますものね。

　こうした事情で、東に向かって海や砂漠の開けていないところ、すなわち東に都市が比較的あるいは大変多く存在しているところでは、原則としてロケットを打ち上げているところはありません。例外は観測ロケットです。「観測ロケット」とは、人工衛星を打ち上げるロケットではなく、もっと小さなロケットで、上空へ行ってから頭のカバーを外し、機器を露出させて観測しながらやがて海に落下するタイプのロケットです。これは鉛直方向の距離つまり高度だけが問題となる観測を行うので、水平方向の地球自転速度は利用する必要がないわけです。こうした理由から、ノルウェーやスウェーデンなどでは、東に海や砂漠が開けてなくても、北や西北に向けて発射できる場所（アンドーヤやエスレンジ）を選んで、ヨーロッパの観測ロケット打上げ場に利用しています。

　ではヨーロッパの場合、人工衛星は一体どこから打っ

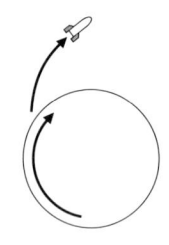

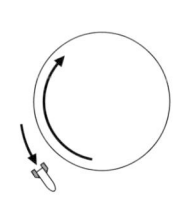

ているのでしょうか。だって、ヨーロッパには東に海や砂漠の開けているところなんて、想像できませんよね。ヨーロッパの人工衛星発射場は、南アメリカのフランス領ギアナにあります。ここから、現在商業ベースの衛星の半分以上のシェアを誇る「アリアン・ロケット」が打ち上げられているわけです。

それではまた次回にお会いしましょう。

3日間にわたる38度5分以上の原因不明の熱から立ち直ったYMより

5月 24日

未来を展望する宇宙ワークショップ

さる5月18、19日、つまり先週木曜日と金曜日に、つくば市にある国際会議場で「宇宙インフラストラクチャ研究会ワークショップ」が開かれました。「宇宙インフラストラクチャ研究会」とは、昨年5月に発足した日本の宇宙関係者の有志の集まりで、日本の宇宙開発を長期の視点で見た場合に、どのような基盤整備を構築しなければならないかを、推進・構造・制御など宇宙開発を構成する専門領域別に、専門家が集まって議論してきました。総勢300人に及ぶこのような組織を横断した討論は、日本の宇宙開発始まって以来の大がかりなもので、関係者の努力には頭が下がります。

このたび1年間の議論をまとめた報告書を出すにあたって、個別の領域に限定した報告だけでは物足りないので、もっと全体を包含した「日本の宇宙開発のビジョン」を含めるべきだとの意見が幹事会で提出され、今回のワークショップでは、1日目を5人のスピーカーによる「ビジョン」の発表と議論、2日目を各分野のロードマップの報告と議論という日程が構成されました。言うまでもなく2日目は専門的な色合いが濃く出ていたので、一般の方には理解しづらかったと思いますが、1日目は十分に議論の中に入っていただけたのではないかと思い

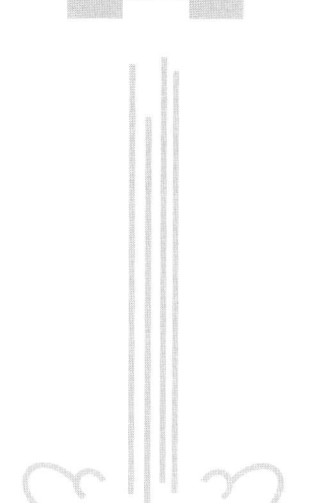

ます。

　結局参加者の数は合計400人足らずだったようですが、何といっても広報活動の不足も一因となって、宇宙関係者以外の参加の少なかったことが淋しい限りでした。1日目の議論は、単純化すれば「有人か無人か」の議論に帰着すると思います。

　「有人」は主として私が論じ、「無人」は主として同じ宇宙科学研究所の中谷一郎先生が論じました。私は、現在の日本の宇宙開発の直面している問題点を、次のように述べました。

　「……もうじき21世紀、折りしも大きな省庁再編を目前に控えて、日本の宇宙開発に大きな転機の可能性が芽生えている。その転機は、今それを利用しなければ、これから長期にわたってやって来ないかもしれないものであり、同時に、宇宙開発が日本の国の建設に重要な貢献をする絶好のチャンスを逃してしまうような性質のものである。

　1955年のペンシル・ロケットに始まった日本の宇宙開発は、関係者の努力を通じてめざましい発展を見せ、1993年には総予算が2000億円に達するに至った。しかしその後の予算の推移を見ると、実質上ずっとほぼ横這いの状態が続いており、そのレベルから大きく脱してひとまわり大きく抜け出る契機を見つけ出せないでいる。

　日本で現実に進められている宇宙活動の動機にはいろいろなものがある。気象・通信・放送・航行などの実用のものは、人びとの生活を便利にすることを目的としており、地球観測は環境破壊の実態を調査するという目的が掲げられている。翻って宇宙科学は、宇宙の謎を解明するという知的な目的に寄与している。いずれもそれなりに説得力のある目的を有しているが、それならば、その目的に沿った活動をさらに活発化するために、なぜ大幅な予算の増額がなされないのだろうか。

　その原因についてはさまざまな議論があろうが、最

も基本的な原因の1つは、宇宙予算の大幅増額が、日本の国の将来に画期的な影響を持つ活動にどのようにつながっていくかという点について、宇宙開発関係者が明確な展望を説得力をもって示すことができなかったことだろう。これまでの動機づけに止まっている限り、日本の宇宙開発予算が、国家予算の決め方の常道に乗って、これまでどおりの規模に止まり続けることは十分に予想されうる。21世紀を目前にした日本の宇宙開発は、今までに到達している段階でひとまずは満足して現在の規模を続けるか、あるいは新たな社会的貢献の展望を示し規模をひとまわり大きなものにすることをめざすか、二者択一の時期を迎えている。……」

このような問題意識は、おそらく明確に認識されているかどうかは別として、ここ数年のあいだ宇宙関係者の胸の中に渦巻いていたのだと思います。宇宙活動は、さまざまな動機づけの集まったものです。個人の好奇心や冒険心・功名心、企業の利潤への関心、政治家の人気取りなど、いろいろな動機があります。しかしこれまでの日本の宇宙開発は、どう見てもこの「動機づけ」が弱かったように思います。そして弱い動機づけだけに根ざしている限り、日本の宇宙開発は現在の段階を脱することはできないのです。

日本と世界が置かれている政治的・経済的・文化的状況を踏まえ、その壁を乗り越えるために宇宙開発がどのように貢献できるかという根拠を示し、それを多くの日本人が支持するという局面を作り出すことができなければ、日本の宇宙活動は飛躍的成長を遂げることはできない、というのが私の偽らざる意見です。

そこで、「基本的にはそのカギが、日本で有人活動を立ち上げ、無人活動とバランスをとりながら発展させることにある」と発表しました。一方「無人」を主張する人びとも、未来永劫に無人で行くと考えているのではなく、「当面は無人を主体とし、いずれは国際情勢も見ながら有人も取り入れる」という意見であることが、だん

だんと明らかになってきました。それは私も同意見なのです。いきなり無人を切り捨てて有人に切り替えるべきだと言うのではありません。

ただし、議論の中ではっきりしたのは、将来の輸送システムをめぐる意見の違いです。今日本の宇宙飛行士たちは外国の輸送機（主としてスペースシャトル）で宇宙へ運んでもらっていますが、一体いつまでこんな状況を続けるつもりなのでしょうか。ここに議論の最も鋭い対立点があると見ました。

日本には、宇宙科学研究所を中心として築き上げてきた世界をリードする「固体燃料ロケット」の力と、宇宙開発事業団を中心として獲得してきた「液体燃料ロケット」の系譜があります*。将来は、このような使い捨てロケットに加えて、宇宙へ行って戻ってくる「宇宙往還機」が「宇宙への車」の隊列に参入してくることは間違いないと言ってよいと思います。それは大量の人びとを宇宙へいざない、宇宙から地球を眺めることの素晴らしさを教え、世界のビジネスを変革する力になることでしょう。現在構想されている「スペースプレーン」では、東京からロサンジェルスまで2〜3時間で飛んでしまうのです。

日本では、未来の輸送システムの開発が、これまで主に3つの機関（宇宙科学研究所、航空宇宙技術研究所、宇宙開発事業団）で別々に進められてきました。それを統一した努力に変え、将来輸送システムについては"オールジャパン"の体制を作るべきだとの動きが出てきています。当然です。ただでさえ層の薄い日本の開発者たちの力がバラバラになっていては、とても本物の輸送システムが完成に向かうとは思えません。

現在のところ、このオールジャパンの計画のめざすシステムは「信頼性の高さ」に重点が置かれた青写真を描いています。そこに、私は「有人を志向する」という考えを一本貫くべきだと考えるのです。有人と無人では設計の思想が違います。無人で開発したものを、信頼性が増してきたから突然有人に切り替えることはたいへん難しいと思います。ロシアのプロトン・ロケットは、ソユー

*：ロケットの燃料が燃えるには酸素が必要である。ロケットに一緒に乗せて燃料が燃えるように酸素を発生するものを酸化剤と呼ぶ。固体燃料は燃料と酸化剤を混ぜ合わせこね合わせた合成ゴムの一種である。燃料のある場所がそのまま燃焼室になるので、構造が比較的簡単で取り扱いも容易である。反面一度火がつくと消すことができない。液体燃料ロケットの場合、燃料も酸化剤も液体の状態でそれぞれ別のタンクに入れられ、必要に応じてパイプを通して燃焼室に運ばれ、そこで一緒になって点火される。だからパイプで運ぶためのポンプやタービンなどが必要になり、どうしても構造が複雑になる。しかしパイプの途中に蛇口のようなものを取り付けておけば、流量を調節できるので制御は行き届く。どちらのタイプのエンジンも、日本は世界最高水準の技術を持っている。

ズ・ロケットのように人間を運ぶことはできないのです。

　そしてこのことは、宇宙開発が万人のものとして活用されるかどうかの、大変大切な分水嶺でもあると信じています。日本の宇宙開発は、これまで関係者だけのシコシコした活動と見られてきたのではないでしょうか。本当に日本の人びとの宇宙への憧れ、宇宙への好奇心、宇宙を利用したい気持ち、宇宙活動への期待に正面から応える「国民的活動」にはなっていなかったこと、先週木曜日の最後に科学ジャーナリストの中村浩美さん・中野不二男さんがおっしゃっていたように、「日本の宇宙は閉鎖系」という現状を深いところで認識しなければ、これからも日本の宇宙開発はひとりよがりになっていくことは否めません。広く人びとの支持をいただく基本が、「将来輸送システムをオールジャパンで有人を指向しつつすぐに開発にとりかかること」にあることが、私にははっきりと見えるのですが、みなさん、いかがでしょうか。

　ただし私のビジョンは、太陽系探査をふくむ宇宙科学の強化をもう1つの柱にしており、これはあくまで無人を建前とするものです。これは日本文化の発信という点からも非常に重要な観点なのですが、現在の日本の宇宙開発を何倍もの規模に発展させる上での起爆剤にはなりえないと思います。

　いずれ日本にも、宇宙科学が国民の大きな関心事になる時代がやってくると信じていますが、当面は政治家や官僚が宇宙科学の基本的な大切さを理解してくれるとは思いません。だから、有人輸送システムの開発を当面のリーディング・ファクターにしていくことが、宇宙開発のキャンペーンとしては最適だと思うのですが、みなさんいかがですか？

5月 31日

未来への視線

　今は第22回の「宇宙技術と科学の国際シンポジウム (ISTS)」という学会で、岩手県の盛岡に来ています。

2000年

国内で開かれる唯一の宇宙技術の国際学会で、ほぼ600～700人が参加する世界的にも指折りの規模のものです。1959年に糸川英夫先生の発案で始められ、初めは東京だけでやっていたのですが、今では2年に一度、一昨年は大宮、今年は盛岡というように、全国を巡回しながら行われています。今年の特別イベントには、宇宙飛行士として訓練中の野口聡一さんが駆けつけてくれました。

それはともかく、こちらの新聞の夕刊に、こんなニュースが載りました。

ISTSの野口飛行士（右）

> 神奈川県警が1996年、現職警部補の覚醒剤使用を組織ぐるみで握り潰した事件で、犯人隠匿罪に問われた当時の本部長、警務部長ら元同県警幹部5人の判決公判が5月29日、横浜地裁で開かれた。裁判長は、本部長に懲役1年6月、執行猶予3年（求刑懲役1年6月）を、警務部長ら4被告にいずれも懲役1年、執行猶予3年（求刑懲役1年）を言い渡した。

この事件は、私もよく覚えています。警察の「隠蔽体質」を露呈し、キャリアと呼ばれる警察庁採用の幹部警察官の資質や登用の在り方が根底から問われた点で、今も延々と続いている警察不祥事と信頼喪失の原点となったものでした。

人間はどうしても安易に生きる体質が抜け切れません。若いときに一生懸命苦労して何かをすれば、その「業績」の上に乗っかって、ある時期以降は楽に出世の階段を昇ればいいと考えたり、これまでの「慣れた」やり方ですべて事を運ぼうとします。現在の自分を取り巻く状況に真正面から向き合うことなく、「マンネリ」で生きていこうという安易さは、程度の差はあれ、厳しく見れば誰にでもあるものかもしれません。

上記の事件なども、戦後警察最悪の事件と言われ、警察再生の出発点となるはずだったのに、その後の経過を見ると、警察庁では全国の警察本部に対して、不祥事の「適切な処理」を指示し、これを受けて積極的に不祥事

を公開する機運が高まりました。全国で警察幹部が頭を下げる光景は日常茶飯事になりました。

どこかずれていないかと思ったのは、私だけではないでしょう。本部長自身が「不祥事ならばすべて発表すればいい」と安易に思い込んでいるフシがあります。これは心理を穿っていけば、「保身」以外の何ものでもありません。「警察を再生させるためにはどうすればいいのか」という根本的な点では判断が停止されているのではないか——私はそのように思いました。と同時に、私自身の生き方にも根本的にメスを入れなければならないと考えるようになりました。

60歳近くなって、まだ「生き方」「考え方」を云々している自分が惨めに思えることがないではありませんが、育ち、青春を生きてきた時代の影響でしょう。人間は社会を幸せにするために一生働かなければ、何のために生きているのか分からないという人生観を変えることができないのです。現在の日本で毎日毎日、これでもかこれでもかと現れる悲惨な少年犯罪や残虐な事件の数々は、「いのち」を粗末にする風潮が、まさに社会現象と呼ぶ段階に入っていることを報せてくれています。私たちは、職業の違いを越えて、それぞれの立場から、共通の問題意識をもって、この現象に正面から向き合い、取り組みを強めなければ、日本の社会の不幸と衰微は急激なものになるでしょう。

私は、「宇宙」という分野を原点に据えて、この問題で何とか貢献できる糸口を探したいと思っています。私が出席しているISTSという学会では、外国の状況も聞いてみようと考えています。そんな思いを持って、盛岡の町を歩いたりしていますが、それにしても北国とはいえ暑いですね。今度の土曜日に東京に帰ります。

6月 7日

6月5日には、高校時代の友人に頼まれて、日本建設機械化協会の記念式典の講演を広島でやらされました。

建設機械化協会の記念講演

大いに日本の宇宙開発の宣伝をやり、ともに希望を持って国づくりに励もうと訴えてきました。建築・土木関係も厳しい情勢のようですね。

フォン・ブラウンの不屈の楽天性

1957年10月4日、ソ連のセルゲーイ・コロリョフが設計した「R-7」という名のロケットがバイコヌール宇宙基地から打ち上げられ、90分後、搭載されたアルミニウム合金の球は、まだ発射の余韻さめやらぬバイコヌールの頭上を飛び抜けながら、元気のよいビープ音を送ってきました。ソ連が史上初の人工衛星「スプートニク」（84 kg）を誕生させたのです。世界のあらゆる国で、人びとはスプートニク衛星を見つけるために空を見上げました。日没直前か日の出直後、地上は暗いが衛星には日光が当たっている時間帯に、幸運な人はこの驚くべき人工の星の反射光を見たはずです。当時高校生だった私自身も、そうした幸運な人びとの仲間でした。

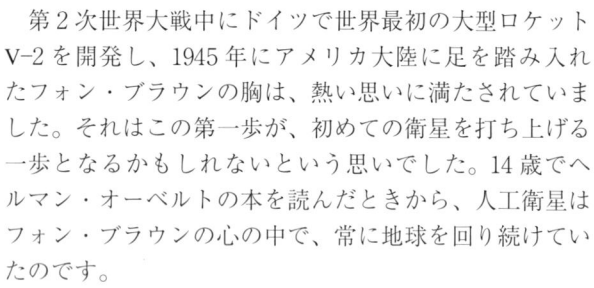

第2次世界大戦中にドイツで世界最初の大型ロケットV-2を開発し、1945年にアメリカ大陸に足を踏み入れたフォン・ブラウンの胸は、熱い思いに満たされていました。それはこの第一歩が、初めての衛星を打ち上げる一歩となるかもしれないという思いでした。14歳でヘルマン・オーベルトの本を読んだときから、人工衛星はフォン・ブラウンの心の中で、常に地球を回り続けていたのです。

その後フォン・ブラウンは「オービター計画」という衛星計画を作り上げますが、1955年8月、国防長官は陸軍に対し、衛星についての作業をすべて中止し、軍事用ミサイルの開発に専念せよとの命令を発し、フォン・ブラウンの夢は一時断念となりました。

このニュースがアラバマ州ハンツヴィルにいたフォン・ブラウンのチームに届いたとき、人びとの落胆は目を覆わんばかりでした。しかしフォン・ブラウンが会議を招集し、やがて彼が人びとの前に現れたとき、みんなは目を疑いました。フォン・ブラウンはいつもと変わらぬ笑顔で部屋に入ってきたのです。彼は、失望しないで

コロリョフ

フォン・ブラウン

ミサイルを建造する別の任務にすぐにとりかかることを訴え、「われわれに声がかかれば……もちろん私は必ずやそのときが来ると信じています……、すぐに誘導システムを改良し再出発しましょう。」

　何というカッコいいリーダーでしょうか。チームはあっと言う間に士気を高めて、新たに作業を再開しました。周知のとおり、アメリカは「スプートニク・ショック」の後に慌てて海軍が衛星を上げようと試みますが、失敗に終わり、陸軍のフォン・ブラウンのチームに出番が来て、翌年1月末にアメリカは初の衛星「エクスプローラー」を軌道に送り、辛うじて面目を保ったのでした。

　私は以前から、20世紀の宇宙競争の主役を演じたフォン・ブラウンと旧ソ連のコロリョフの同時進行ドラマを「歴史小説」に描きたいと思って資料を漁ってきました*。そしてその中で、このあらゆる意味で対照的な二人の共通点になっている「不屈の楽天性」にあらためて感動しています。そしてそれが自らの一生の目標が明確に定まっていることに由来していることに気づいています。「夢見ても叶わないかもしれない。時代が自分を呼べば、チャンスが来る。それは運命である」……二人のそんな思いが、資料の間からヒシヒシと伝わってきます。「人事を尽くして天命を待つ」って重い言葉ですね。

　人類の宇宙探査の歴史には、こんな胸が打ち震えるようなドラマがいっぱいあります。「不可能に挑戦することが最も魅力的である」……こんなセリフをどこかで読んだことがあります。確かイプセンの戯曲だったかな。21世紀の日本は、そんなワクワクするようなチャレンジに満ち満ちてほしいと願っています。

＊：的川泰宣『月をめざした二人の科学者——アポロとスプートニクの軌跡』(中央公論新社)。宇宙開発競争をくりひろげた冷戦期の米ソには、それぞれ強力なリーダーがいた。ソ連には、粛清で強制収容所に送られながら、後に共産党中央委員会を「恫喝」して世界初の人工衛星スプートニクを打ち上げたコロリョフ。アメリカには、「ナチスのミサイル開発者」と白眼視されながらも、アポロ計画を成功に導いたフォン・ブラウン。遠く離れた地にありながら、同じように少年の日の夢を追い、宇宙をめざした二人の軌跡。ずっと暖めていた構想をついに書き下ろすことができた。

6月 14日

少年たちの火星基地

　先日の土曜日と日曜日に、40人ぐらいの子どもたちの1泊2日の合宿のために岐阜に行ってきました。日本宇宙少年団が主催する「スペース・ブリッジ」です。メ

2000年

インテーマは「火星」で、みんなでミニ火星基地を作りました。「火星とはどんなところか？」という話を1時間くらいしたのですが、話の冒頭で、「なぜ火星基地を作るの？」という質問をしたところ、子どもたちから活発な意見が出ました。

「地球は環境破壊で荒れていて住むところがないので火星へ行く。」……まずオタッキーな子どもの意見。「じゃあなぜ月では駄目なの？」と聞き返すと、「だって月には空気がないもん。」「空気がないとどうして駄目なの？」「息ができなくなるじゃん。」「え？　じゃあ火星では宇宙服を着なくても息ができるの？」「それは……」

ここで「ハーイ！」と別の子が挙手。「地球が荒れてるって言うけど、みんな住んでるじゃない。もっと住みいいところにしなければならないんだと思う。まだ住めるとこはいっぱいあるよ。」素朴な意見が出ました。

「でも、人口爆発でいずれ地球は満杯になってしまうって、何かで読んだよ。」「石油や石炭などのエネルギーもなくなるらしいし、それに人口が多くなりすぎて住めない人が出てくるんなら、仕方ないから月や火星に行くって人も出てくるかもしれないけどなあ……。でも今の地球は、人間が自分で勝手に住みにくくしているみたいだし、そんなだらしないままで火星に行ったら、また火星が汚れちゃったりするんじゃないかなと思う。」

会場にいたのは3歳から高校生までの子どもたちです。これらの意見は主に小学生から出されたものです。真面目にこうした議論をするのは、小学校高学年から中学校低学年までと見受けました。この時期の子どもは宇宙が大好きです。ロケットの打上げの話をしたり、ブラックホールの話をしたり、宇宙人を話題にすると、目を輝かせて聞き入っています。この大好きな宇宙について語りながら、子どもの心に分け入っていくことは、彼らの自発的な思考と積極的な行動を呼び起こすものになりそうです。

だから、理科教育だけでなく、「これからの地球をどうしたらいいか」という、一見ロケットや人工衛星とは関わりのなさそうなテーマからでも、うまく問題提起す

れば真剣な議論を巻き起こすことができます。「こうしたことがそれぞれの家庭でやられたら、問題意識の高い、生きる意欲にあふれた子どもたちが、膨大に育っていくのになあ」と感じました。家庭でのしつけをほとんどやらず、子どもを甘やかし放題にしておいて、子どもの抱えているさまざまな問題の責任を学校や他人に押しつける風潮を、どこかで断ち切りたいものです。

　それにしても、今回集まった地域の子どもたちの素晴らしさ……お母さんやお父さんともお会いしましたが、「やはり大人が立派だと、子どもも元気になる」と実感した2日間でした。宇宙への知的好奇心を地球や「いのち」への限りない愛情を育む源泉にする事業を、みんなで始める必要を強く感じました。

6月 21日

佐藤文隆先生と「のぞみ」

　京都大学（現在は甲南大学）の佐藤文隆先生ってご存知の方は多いでしょう。私が最も尊敬する現代日本の物理学者の一人です。言わずと知れた宇宙論の世界的権威です。『アインシュタインの考えたこと』（岩波ジュニア新書）や『現代の宇宙像』（講談社学術文庫）など、数々の名著があります。先日その文隆先生がエッセイ集のような本『火星の夕焼けはなぜ青い』を岩波書店からお出しになりました。題名にさそわれて買ってしまい、一気に読み終えました。大変おもしろいものです。

　その第3部「生き物の星」に「内之浦へ」という項があり、宇宙科学研究所が1998年に日本最初の火星探査機「プラネットB」を打ち上げたときに、文隆先生が鹿児島の発射場を訪れた話が述べられています。空港から鹿屋という町を経て内之浦に着くまでの行程や打上げの際の印象が非常に興味深く語られています。

　打ち上げて軌道に乗ったプラネットBの命名のところに来て、「のぞみ」という言葉を予想していた私はびっくりしました。「はるか」と書いてあるのです。目をこ

佐藤文隆博士

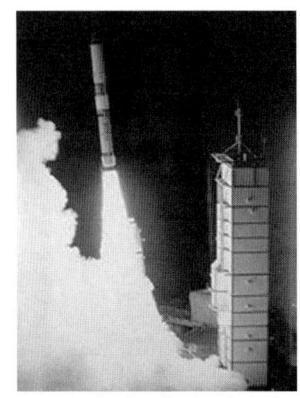

2000年

「のぞみ」の打上げ

＊：的川泰宣『宇宙科学の愉快な世界』（成美堂出版）：1998年7月、火星に向けて打ち上げられた日本初の火星探査機「のぞみ」には、一般の人びとから寄せられた27万人の直筆の名前がのせられた。子どもからお年寄りまで、名前にこめた想いが遙か宇宙を旅したのである。そんな夢いっぱいのドラマを演出した著者が、ロケット打上げの裏話や惑星の謎などを紹介。

火星探査機「のぞみ」

すってもう一度見ました。やはり「はるか」です。合計5ヵ所に「はるか」が現れています。「はるか」は、その前年に同じM-Vロケットで打ち上げたスペースVLBI用の電波天文衛星につけられた名前です。

その少し前に、私が書いた本『宇宙科学の愉快な世界』＊のときはもっと驚きました。初版が発行されて、私のもとに印刷の匂いのプンプンする数冊の本が送られてきたとき、その帯（文庫本には表紙にグルリと巻いてある宣伝用の帯がありますよね。読むときに邪魔になるから、しばらくするとどこかに捨てられてしまうアレです）の宣伝文に「日本初の火星探査機《めぐみ》」と書いてあるではありませんか。

ところがもっとびっくりしたのは、どこかの新聞社から、文隆先生の『火星の夕焼け……』の書評を私が依頼されてしまったのです。もちろん悪戯心に溢れた私が、このチャンスを逃すはずはありません。書評の一節に"のぞみ"が"はるか"になっていたのは、頭脳明晰な著者のような人でも、記憶の間違いがあるというホッとするような話である」と、ヤンワリと書いておきました。

まあご愛敬のような話ですが、真剣な面も持ち合わせている私としては、十分に反省しました。ここ数回の宇宙科学研究所の衛星名を列挙すると、「あすか」「はるか」「のぞみ」と女の子の名前が次々とつけられています。「spacecraft」という単語は女性として扱われ、これを代名詞で言うときは「she」を使いますから、いいと言えばいいのですが、しかし似たような名前ばかりつけているから、つい間違えられたんですよね。

そこで今年2月のX線天文衛星アストロEのときには、選考委員の先生方には、上のエピソードをあらかじめ紹介し、「ひりゅう」（飛龍）という男らしい名前を用意してあったのですが、ご承知のように残念なことになりました。

ところで「どうして火星の夕焼けは青いのか」って？それはどうか文隆先生の本を読んでみてください。物理学者というものが、私たちの身のまわりの何気ない事柄をずいぶんと細かく観察している様子がよく分かって、

ためになること請け合いです。まあ書評を書いた人間としては、これくらいのことは言っておかないと。

6月 28日

火星探査の近況

　アメリカの火星探査機「マーズ・グローバル・サーベイヤー（MGS）」の撮った火星表面の写真から、火星の表面またはその近くに液体の水が存在している可能性が高いという発表が行われました。ビッグニュースです。地球の地形と火星の地形を綿密に比較してなされた判断です。Morphology（形態学）の立場からの推定ですから、まだ直接の証拠ではありませんが、いずれにしても今後の火星探査に夢をつなぎました。

　もともとこの「火星の水」というテーマは、28年前にアメリカのマリナー9号が撮った写真に水路らしきものや渓谷が写っていたときから、人びとの意識に上って

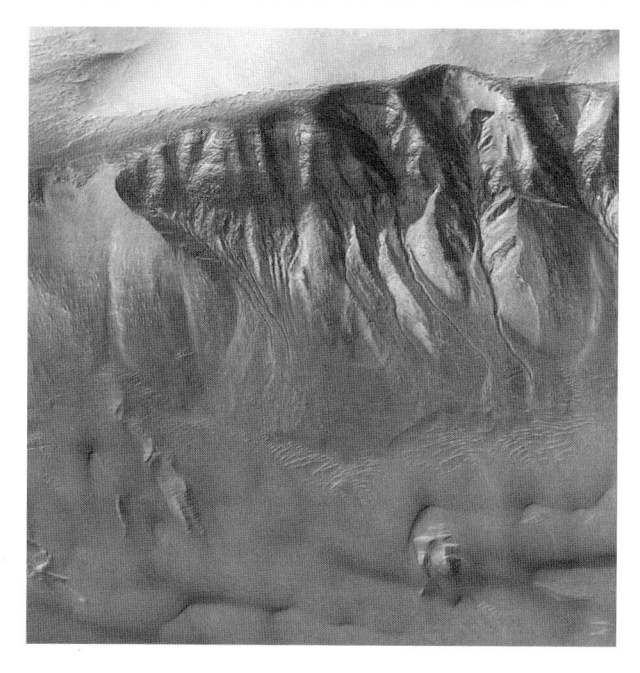

マーズ・グローバル・サーベイヤーが撮った火星表面

2000年

いたものです。あんなに水の流れた跡があるのに、その水はどこに消えてしまったのだろう。すべて蒸発してしまったという人もいれば、地下に潜ってしまったという人もいて、諸説紛々。しかし今回の「発見」で、火星の水は過去の問題ではなく、すぐれて現在の問題となって再登場したことになります。

1998年7月に打ち上げた日本初の火星探査機「のぞみ」は、途中の制御に不具合が生じて、到着が2004年1月にずれ込むことになってしまいました。この「のぞみ」によって、日本の惑星科学のチームは、主として火星大気及びその太陽風との相互作用を研究することになっていますが、目的の1つとして「火星の水が発見できるかもしれない」と考えていました。それはサウンダーという方法を使います。「のぞみ」から高周波のパルスを出して、跳ね返ってくる電波を調べることによって、相手の性質を研究するこの手法は、昔から電離層などに適用されている日本の得意技の1つです。それを火星表面に適用しようとしています。

今回のアメリカの発表で、ますます「のぞみ」の到着が楽しみになってきました。今回の間接的な推定をさらに確かなものにする観測が得られるといいなと思います。NASAのウェブサイトの英文を、以下に訳しておきましょう。

「マーズ・グローバル・サーベイヤー（MGS）の火星軌道カメラ（MOC：Mars Orbiter Camera）の高解像度の写真には、火星の崖やクレーターの壁に小渓谷がいくつか認められる。それらは、地質学的に見て近い過去に、液体の水が表面にしみ出たことを示唆している。小渓谷という地形は、昼間太陽光の当たらない傾斜した場所に通常見つかっており、その多くは南北両半球の緯度30度から70度くらいにある。太陽光と緯度の関係は、液体の水が蒸発するのを氷が防いでいることを示しているらしく、圧力が十分に高まると、それはカタストロフィックに解き放たれて傾斜を流れ下る。こうした地形の特徴が比較的最近できたものら

しいことから、そのいくつかは現在も進行中で、地域によっては液体の水が、火星の表面下500m以内の深さに今も存在しているかもしれないと考えられる。この最近の水の活動の証拠は、2000年6月30日発行の雑誌"Science"に発表される。このたび発見された小渓谷は非常に細いもので、MGS以前に火星を調べたマリナーやバイキングのカメラでは捉えられなかった。」

7月 5日

M–Vの事故原因「結審」間近

　今年2月10日に打ち上げたM–Vロケットの失敗について、宇宙開発委員会の技術評価部会が審議していましたが、やっと「結審」ということになりそうです。どうやら1段目のノズルに使ったグラファイトに、初めからあるレベル以上の内部欠陥があった可能性が高く、それが発射直後からグラファイトの部分的破壊を招き、燃焼の進行とともに破壊がどんどん伝播して、40秒ちょっと過ぎに全面的にグラファイトの脱落が起きたというシナリオが、消去法的に確認されました。

　グラファイトという材料は、これまで世界中でノズルのスロート（一番くびれた部分）に多用され、これまで飛翔中の事故は、日本では皆無であり、世界的に見ても1968年で打ち上げられたアメリカのスカウト・ロケットの3段目だけという、非常に信頼性の高いものでした。そのような信頼性の高い材料ですが、いわゆる脆性材料の常として、ひとたび破壊が始まると一挙に進んでいく恐さも持っていることは確かです。ただし飛翔実績も堂々たるものだけに、従来の検査基準を突破してさえいれば、安心して信頼を寄せていい部分だったのです。

　最近の1つの傾向として、耐熱性はグラファイトと同じくらいだが、グラファイトよりも粘り強い材料である「3D–C/C」（3次元のカーボン/カーボン）という材料への転換が徐々に図られていますが、これは1つには軽量

化の努力、もう1つはよりすぐれた機械的性質を持つものにしようという観点に立ったもので、決してグラファイトが致命的な欠陥を持っているからではありません。しかし3D–C/Cという材料に置き換えるには、非常に高価な設備投資が必要とされ、現在の予算の枠では、とても手が出るものではありません。

　そこで、2002年に打ち上げる予定のM–Vロケット5号機からは、まず2段目に3D–C/Cを地上燃焼試験を経て使い、国産するには高すぎる設備投資を必要とする1段目は、従来のグラファイトを使用しながら、時と予算を睨んで、チャンスがあれば3D–C/Cに転換するという戦略を採用したのでした。この方針を決定した際にも、グラファイトへの高い信頼性は揺らいでいた形跡はありません。

　加えて厄介なのは、グラファイトが、X線や超音波による検査が非常に難しい材料であるということです。結局のところ、内部欠陥が一定レベル以上に達するグラファイトを使った可能性が大変高いという指摘がなされてはみても、これからどうすればそれが防げるかという疑問への保証としては、前もってグラファイトの内部欠陥の様子を調べる技術・方法を探り確立するか、または3D–C/Cの採用に思い切って踏み切るかという選択肢が残されました。

　そして前者の方法が果てしなく時間を食いそうなのに対し、後者も地上燃焼試験などやらねばならないことは多いものの、2002年の小惑星サンプル・リターン・ミッションの打上げに間に合せるために、1段目のノズルに用いる3D–C/Cを外国から輸入するという決心を固めました。もちろん引き続きグラファイトの研究を深めるとともに、3D–C/Cを国産する難題（財政的に）にも取り組んでいくつもりです。そして検査基準や打上げ前のチェック、それに作業・製品の管理まで、油断のない体制を作り上げるつもりです。とにかく再び前を向いて走り始めた宇宙科学研究所に、どうかご注目ください。

7月 12日

コズミックカレッジへの応募の作文から

　今日ご紹介するのは、宇宙開発事業団が主催している「コズミックカレッジ」という子どもたちの合宿に応募してきた小学生の作文です。この「コズミックカレッジ」は、小学校5年生から中学校1年生までの児童が、作文または絵を通して約60人選ばれてやってきます。いつもながら素晴らしい作品の多い小学生の作文から、私が秀逸と考えたものを読んでいただきましょう。

　《2000年冬。釧路は25年ぶりの大雪だった。「チャンスだ。」父、母、僕の3人はスノーシューをはいて釧路湿原の中を歩きまわり、まだ未完成の釧路川の橋の上までやってきて驚いた。たくさんの青白く光る氷の固まりが、どんよりとした水の中を、シャリンシャリンと音をたてながら静かに流れていた。その様子は、大きな星が爆発して散らばり、小惑星になって宇宙を流れているようだった。僕は、ちっぽけな星になってこの惑星たちと一緒に宇宙をさまよっているような、そんな不思議な気持ちになっていった。

　宇宙って本当はどんな所だろう。この釧路湿原の氷の流れのように静かで時間も空気もピタリと止まったような所はあるのだろうか。僕の知っている宇宙は、百科事典ぐらいだ。それを見ていると宇宙の広さに感激したり、何でも吸い込んでしまうブラックホールにぞっとしたり、たくさんの天体の美しさに見いったりしてしまう。宇宙とはなんて不思議で色々な興味がわいてくるものなのだろうか。

　僕の一番興味のあるものはなんと言ってもスペースシャトルだ。スペースシャトルに乗って、直接自分のこの目で宇宙をながめ、直接自分のこの体で宇宙を感じてみたい。初めて体験する無重力、かっこいい宇宙服、とても重そうな酸素ボンベなど、どれをとっても僕にはとても魅力的だ。また、2000トンを越えるス

コズミックカレッジ風景

ペースシャトルを打ち上げる瞬間を思い浮かべると、胸がわくわくしてくる。

僕達の地球は、これから先どんどん破壊されていくような気がする。だから僕は将来他の星でも人が住めるように酸素を作り、みんなが幸せにくらせるようにしたい。地球もずっとこの宇宙の中で生きていけるように、そしてこの美しい釧路湿原がいつまでも残るように、地球も宇宙も守っていきたい。》

私は「コズミックカレッジ」の学長という重い任務をいただいています。この作文を書いた子どものように、科学者、宇宙飛行士、技術者、そしておそらくは詩人の心を豊かに持っているらしい未分化で底知れないポテンシャルに接すると、自分がこのままではいけないと、身震いがしてきます。この子たちの可能性が大きく伸びるように、そして21世紀を担う群像が生み出せるように、今年の夏も頑張らねば。

7月 19日

ジェームズ・ウェッブのこと

アイゼンハワーに代わって1960年11月8日に大統領になったジョン・F・ケネディは、2ヵ月後にジェームズ・E・ウェッブを2代目のNASA長官に任命しました。ウェッブは、さすがのアメリカでも滅多にいないような多彩な経歴の持ち主でした。弁護士として一家をなした後、ビジネスの世界に身を投じ、大企業の重役、科学教育の責任ある地位に就き、一転して航海士となり、さらにトルーマン大統領のもとでは財政局長や国務次官を務めました。アイゼンハワーの政敵も賛成するほどの猛者で、ラオスの政変、キューバ危機と続いた若い政権が、宇宙競争でのソ連からの遅れから立ち直るのに、これ以上の適役はいなかっただろうと言われています。

ケネディの就任後の最初の数ヵ月は、ラオスのアメリカ寄りの政権が共産軍の攻撃で危機に瀕しており、それ

ジェームズ・ウェッブ

をどう乗り切るかが生まれたばかりの政権の重大な試金石となっていました。とても宇宙の問題に目が向く時期ではありませんでしたが、宇宙の大切さを直感していたケネディは、とりあえず懸命に入念な調査を開始し、宇宙でソ連に勝つためのさまざまな意見に謙虚に耳を傾けました。

　ウェッブは、副大統領・軍・経済界などを介しないで、大統領と直接コンタクトをとりながら仕事をすることを望みました。彼の就任の2年前に、有人宇宙飛行が公式にはNASAの任務とされており、それを最も効率よく推進することを決意しました。

　ウェッブの就任直後の動き方は、見事なマネージメントの典型です。

　（1）まず、自分の意見を述べることはせずに、ヒアリング、質問、勉強、議論を徹底して行いました。ロバート・C・シーマンス局長からNASAの現状について詳しい講義を受けました。次いで、ロバート・S・マクナマラ国防長官と科学アカデミーの「NSB（国家科学評議会）」のロイド・バークナー議長との絆を確立しました。この二人は、アメリカが大型の宇宙計画を遂行することに賛成しており、その影響力からいってどうしてもサポートの必要な人物でした。ウェッブは、この段階では有人月飛行計画に対する自分の見解は一切公にしていません。しかしこの勇敢で巨大なプロジェクトについて、さまざまな見解とその主張者をできるだけ深く知ろうと努めたのです。マクナマラとバークナーとの絆は、NASAが有人飛行のリーダーシップを握ることに強い懸念の意を表明していた空軍や科学界との間に、一定の距離をおくことを可能にしました。かくて、ジョージ・ロー、ヴェルナー・フォン・ブラウン、ロバート・ジルルース、クルト・デーブスその他からの薫陶を得て、ウェッブは有人月計画について技術的にも細部にわたる知識を獲得しました。この時点で、ウェッブは、有人月計画が技術的に可能との判断をしたと伝えられています。

　（2）次に、NASAの職員、それぞれの局、委員会、

2000年

パネル、関係機関がこれから彼をサポートしてくれるよう態勢を整えました。それはある意味ではアメリカだからできるやり方だとも言えます。こういった重大な決定権を持つポジションに就くと、その個人に戦力的な信頼を置くわけです。だからNASAの場合でも、長官が新しくなると、キーとなる重要なポストの人事は一新されます。ウェッブは、有人月飛行を支えるのに適した人材を、広く全国から掻き集めました。

（3）さてウェッブ長官は、第三に、有人宇宙飛行に関して提出されていたさまざまな計画に優先順位をつけました。人間の月面着陸がそのトップにランクされていたことは言うまでもありません。

（4）第四に、実行したい計画と実行可能な計画の間の妥協点を定めて、自分の心のなかにしっかりした行動のプランを作り上げました。そして最後にその行動プランを大統領に提出したのです。

　背景を少しお話しましょう。
　ケネディが執務を開始してからわずか3ヵ月しか経っていない1961年4月12日、ソ連のセルゲーイ・コロリョフのチームがユーリ・ガガーリンを軌道に乗せて世界中の大喝采を博したとき、ケネディの行動には直ちに火が点きました。4月14日、彼は側近の大統領顧問と、ウェッブNASA長官及びヒュー・ドライデンNASA副長官との会議を招集し、ロシアに追いつき、追い越す方法について調査研究を命じました。それは人間を月面へ送る壮大な計画のプロローグでした。
　その2週間後にアラン・シェパードが「フリーダム・セブン」で15分の弾道飛行、さらにその20日後の1961年5月25日、ケネディは、アメリカと人類の歴史に記憶されるべき重大な決意を固めました。「国家の緊急の必要性」と題する、議会に対するその演説は述べています。

　「今や偉大な新しいアメリカの事業に大きく足を踏み出すときである。いろいろな意味で地球の未来を握

るカギとなる宇宙の偉業に、この国がきっぱりとした指導的役割を演じるときである。私はこの国が、60年代のうちに人間を月に着陸させ、無事に地球に帰還させるという目標の達成を目指すべきだと信ずる。この期間に、人類はこれ以上の感銘を与え、また宇宙の長期的開発にこれ以上の重要性を持つ宇宙計画は考えられない。そしてこれほど達成するのが困難で、金のかかる計画もないであろう。」

アメリカの議会と国民は、歓呼の声を上げて、この演説を迎えました。議会は憑かれたように活発な活動を始めました。まずこの新しい計画を実行する準備をするために、NASAに170億ドルの小切手を提供し、ウェッブ長官は、全米の産業界・科学界から最高の頭脳のスカウトを開始しました。彼の巧みだったところは、全米に広がった各選挙区に平等になるよう配慮しながら、多くの人材との雇用契約を結んだことです。そのためこの計画は、広範な人びとからの熱狂的支持を獲得しました。

2万人の出向社員、4万人のエンジニア、そして多くのマネージメントのスペシャリストたちが、NASAの求人需要に吸収されていきました。人間を乗せて月へ向かう巨大な「サターン・ロケット」の建造はすでにフォン・ブラウンに委嘱されており、有人月着陸の計画は「アポロ計画」と名づけられました。

月への着陸・帰還をめざすアポロ計画……しかしみなさん、考えてみてください。この時点で、アメリカ人は大気の外にたった5分間出ただけだったのです。アポロ計画を栄光の過去として追憶できる現在になってみると、第2次世界大戦中のドイツのV-2と同様に、アポロという巨大なプロジェクトの遂行には、「国家の決意」がいかに決定的な役割を果たしたかを感じます。

そしてこの両方に共通する1つの名前……ヴェルナー・フォン・ブラウンの一生を回顧するとき、世界の人びとを宇宙へ導いたこの巨人が、"ほとんど自分個人の憧れを実現するために働いたのだ"ということに思い至り、愕然とします。彼は文字どおり懸命に働き、素晴

らしい贈り物を人類に遺しましたが、それは誰よりも自分自身のための献身だったのです。

この競争はアメリカという国家にとって、真剣勝負でした。ところが、フォン・ブラウンの第一の競争相手であるソ連のセルゲーイ・コロリョフには、この競争を国家の重点施策にしてくれるケネディもジョンソンもなく、政治的障害と闘ってくれるNASAのジェームズ・ウェッブ長官もいませんでした。

さらに大きかったことは、コロリョフは行政上の責任と開発上の責任の両方を負っていましたが、アメリカの場合は、それらの責任をNASAのいくつかのセンターや多くの企業とで分かち合っていたことです。

それにコロリョフは、弾道ミサイル開発、R-7ロケットの3段式化と4段式化、ソ連最初の通信衛星モルニヤ、最初のスパイ衛星ゼニットの設計と実験、そして月・火星・金星の無人探査の仕事まで遂行していたのです。本音ではアポロ宇宙船そのものにも深く関係したかったフォン・ブラウンではありましたが、月への飛行を保証する大型ロケット・サターンⅤの開発・完成だけに専念できたフォン・ブラウンと、ソ連のあらゆる宇宙開発の分野でリーダーシップをとらねばならなかったコロリョフとは、はじめからハンディのある闘いをしていたのです。

かくてフォン・ブラウンのサターンは飛び、コロリョフのN-1は失敗しました。

現在の時点で振り返ってみると、ケネディとフルシチョフのやる気の違いに加えて、NASA長官としてのウェッブの役割がとても大きかったことが分かります。注目すべきことは、ウェッブは、長官に就任したときに宇宙に関するまったくの素人だったということです。しかし本当のマネージメントのプロというのは、その分野に造詣が深くなくても、適確な人たちから一定期間猛勉強すれば、大きな力が発揮できるのですね。任務が過去と不連続に革新的な場合は、むしろそのほうが、過去にとらわれない斬新なマネージメントができるのでしょう。

本当に価値ある人びとからしっかり勉強して目標を定

め、断固としてその目標を完遂するために大胆に行動するマネージメント……新しく宇宙開発事業団の理事長になられた山之内秀一郎さんに期待しています。

7月 26日

ワルシャワのカメラ強奪事件

　宇宙科学の学会があって、ワルシャワに行ってきました。火曜日の午後だけ時間があいたので、町をちょっと歩きました。下馬評では"割りと危険"ということだったので、パスポートや航空券などはホテルに置いて、カメラだけ持ってぶらり3時間ぐらい歩いたでしょうか、マリー・キュリーの生家が彼女の博物館になっていて、そこに寄った後でホテルへの道を急ぎました。

　人混みではカメラをポケットに入れて歩いていたのですが、帰り道で近道をして、人気のない通りを、いつのまにかカメラの紐を手首に巻いて、振り子のようにカメラを振りながらトボトボと歩を進めていたようです。急に後ろからカメラを引っ張られた感じがして、とっさにグッと前へ引き寄せたら、紐がブチッと切れてしまいました。途端に後ろでダダッと駈けだす足音。振り向くと二人の若者が一目散に公園のほうへと逃げていくところでした。20年も前なら追い掛けたでしょう。若いころは、私は100mを12秒ちょうどくらいで走り抜けていたのです。今では100mを完走する自信すらありません。元気そうに遁走する若者の後ろ姿を茫然と見送るだけでした。思い出のある愛用のカメラだっただけに、ガッカリしました。ちょうど24枚撮り終わったフィルムも入ったままだったし。強引なことをするものです。

　それはそれとして、学会のほうでは、世界の宇宙科学の戦略的な地図が大きく移り変わってきていることを痛切に感じました。今、気合いを入れて追い掛けなければ、宇宙科学はアメリカの一人勝ちになる可能性があると観ました。とにかくあらゆる分野に活力を取り戻しつつあ

るのです。かつてある程度元気だったロシアが今や見る影もなく衰え、そのロシアと結んでアメリカを牽制しながら宇宙科学を進めてきたヨーロッパは、今では日本に色目を使っていることは明白です。

　日本は宇宙科学の戦略的な要衝に位置していると言って過言ではありません。なかでも2月にM-Vロケットの失敗でX線天文衛星「アストロE」を失ったショックは大きく、一日も早く雪辱を期したいと考えていますが、それよりももっと強く感じたのは、日本の宇宙科学の「戦力的な希薄さ」です。国際協力ということは非常に重要ですが、それが本当に実のあるものになるためには、自立した力が大切なのです。そうでなければ「国際協力」の仮面をかぶった「国際追随」に堕してしまい、外国からは馬鹿にされるだけです。

　日本としてなぜ宇宙科学という営みをするのか、何を重点にするのか、長期的に何を獲得していくのか、それをTax Payersの国民にどのように訴えていくのか。長期的で分野横断的な方針づくりが、今こそ求められているのだと痛感しながら、ワルシャワを後にしました。

　帰ってきて片付けなければならない仕事が1つありました。向こうでも少し情報は入っていたのですが、現在稼働しているX線天文衛星「あすか」の調子が悪いのです。日本に帰って状況が一層はっきりしました。さる7月14日ごろ、活動期に入った太陽の表面で巨大な太陽フレアが発生し、その影響により「あすか」の姿勢が大幅に乱れ、電力供給にも影響が出たため、観測を停止した状態になっているのです。現在チームでは復旧に全力を傾けていますが、何しろご老体の衛星ですから、どうなることやら。

　次回はその辺の事情を詳しくお知らせしましょう。

8月 2日

人工衛星が受ける力

　宇宙科学研究所のX線天文衛星「あすか」が、活動

期に入った太陽の表面で起きた巨大な太陽フレアの影響で姿勢を乱し、観測を停止してから半月が経ちました。現在チームでは復旧に全力を傾けていますが、何しろご老体の衛星ですから、やはり手強いようです。少し噛み砕いて説明しましょう。

○衛星が受ける力

　地上から打ち上げられ軌道に乗った人工衛星は、普通「無重量状態」にあると言われます。地球の重力は常に働いているのですが、軌道運動することによって生じる遠心力とほぼ釣り合っていることを「無重量」と表現するのでしょう。しかしコトはそれほど簡単ではありません。

　衛星軌道にある衛星はさまざまな力を受けています。

（1）まず薄いとは言っても非常に遠いところまでひろがっている地球大気が、そのただ中にどっぷりと浸かりながら運動する衛星に、いわゆる空気抵抗を及ぼします。瞬時の動きでは無視できるほど小さいのですが、これは何年間も積分すると相当厄介なことになります。何しろこの空気抵抗のために、低高度の衛星は徐々に勢いを失って、ついには濃い大気圏に再突入して消滅してしまうのですから。特に高度が500 kmよりも低いあたりを飛んでいる衛星は、その影響を大きく受けるので、その軌道寿命が数年から十数年になってしまいます。それが嫌なら、軌道制御用の燃料を大量に積み込むか、スペースシャトルなどによって燃料補給をするかしなければなりません。

（2）衛星が受ける力の中で次に注目すべきは、地球の重力の変動です。遠心力に打ち消されている部分はいいとしましょう。地球の形が完全な球ではなく、楕円を回転させたような形であることはご存じでしょう。そのため、赤道半径は6378 kmなのに、極半径（南極と北極を結ぶ距離の半分）は6356 kmで、22 kmも違うのです。

　おもしろいことに、このことはいろいろなエピソードを生むことになります。地球上で最高の山はエヴェレス

X線天文衛星「あすか」

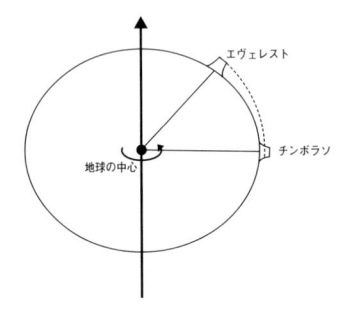

トと相場が決まっていますが、それは地球の平均海面から計った場合のことで、地球中心から計ると、実は南米の「チンボラソ」という山が一番高い山になるそうです。言うまでもなくチンボラソのほうがエヴェレストより低緯度にあるため、地球半径が大きいからです。

それはそれとして、地球は実を言うと厳密な回転楕円体ですらなく、西洋梨（pear）のように下（南）が少し膨らんだ形をしているらしいのです。この複雑な形の地球を周回する衛星には、働く重力も非常に複雑で、その結果衛星軌道は大きな影響を受けるのです。ただしその影響は、衛星の速度を減らすほうにはあまり注がれず、もっぱら軌道の向きや形を変化させるほうに結果するようですが……。

（3）ここでは詳しくは述べませんが、高度の高い衛星たとえば静止衛星などでは、月や太陽の引力も無視できない存在になります。

○地球の大気と太陽フレア

さて地球の大気はいつも不変かというと、当然予想されるようにそうではありません。成分から見ても、たとえば卑近な例がオゾンですね。私たちを太陽からの有害な波長の紫外線から守ってくれるオゾンの量が減っているという観測がなされているのは、周知の事柄です。ただし衛星への影響という観点から見ると、成分ではなくてやはり空気抵抗の大きさが大切ですね。空気抵抗というのは、大気の密度が大きいほど大きくなることは容易に想像できると思いますが、実はこれが時々刻々変化しているのです。これは地球を取り囲む大気の複雑な運動によってもたらされるものもありますが、それを凌ぐ大きな変化は太陽活動によって劇的に惹き起こされます。

太陽表面は普段は6000度くらいの温度を保っており、これくらいの温度では私たちの目で見える可視光線を主として放出しているのですが、時どき表面で大爆発（フレア）を起こしますと、そこは100万度から200万度にも達して、X線を含む大量の電磁波やプラズマが惑星間

空間に吐き出されます。その中の紫外線が地球の大気を急激に暖めるのです。暖まった大気は膨れ上がります。するとこれまで薄かった場所の空気は下から膨れ上がってきた空気に場所を明け渡して、密度が濃くなるのです。

　こうしたフレアに伴う放射線の大規模な放出は、私たちの地球周辺を非常に危険な環境に誘い込みます。地球を取り囲む磁場に悪さをして「磁気嵐」を起こしたり（つまり時どきテレビの画像を乱すアレですね）、船外活動をしている宇宙飛行士を危険な状況に陥れたりするのです。「郵政省通信総合研究所（CRL）」を中心に、こうした「宇宙天気予報」のネットワークが組まれており、非常に貴重な情報を流してくれています。こんなこと、ご存じでした？

　こうした太陽活動、特にフレアに伴う現象とその原因について、徹底的に観測を行っているのが、宇宙科学研究所の「ようこう」衛星です。1991年8月に打ち上げられて以来、9年の長きにわたってX線で太陽フレアを観測し続け、現在もなお大活躍をしている衛星です。この「ようこう」は、それまでの人類の太陽像を塗り替えてしまったとも言われるくらい革命的な成果をあげています。このことについてもっと詳しく知りたい方は、宇宙科学研究所のホームページ（http://www.isas.ac.jp）の「ミッション：ようこう」のページを見てください。

○「あすか」の場合

　さてその宇宙天気予報に責任を持っているCRLの小原隆博さんという人がおり、彼はかつて宇宙科学研究所の同僚でした。彼の話ですと、さる7月14日午前10時03分（UT：国際標準時）、太陽表面で巨大なフレアが発生しました。小原さんたちは早速宇宙天気予報を発しました。電磁波のスピードは光と同じですから、毎秒30万kmです。太陽と地球の距離である1億5000万kmを伝わるのに、8分ほどです。8分後に大量の放射線が届くぞ、と。

　ただしやはり太陽フレアに伴って電磁波とともに大量に放出されるプロトン（陽子）は地球まで来るのに数時

間かかります。大量のプロトンが届いたことは同日14時ごろに検出されました。ところがこの時点では「あすか」は何ともなかったのです。新聞にも報道された「あすか」の姿勢異常は、16日の早朝（JST：日本標準時）に起きました。電磁波（特に紫外線）やプロトンの影響としては、ちょっと遅いですね。

　このころ、実は強烈な磁気嵐が観測されているのです。この磁気嵐は、オーロラを乱舞させました。通常は高緯度地帯の上空を飾るオーロラが、7月15日の20時から21時ごろにかけて荒れ狂い、実にフロリダ半島の南端を越えて、カリブ海上から見えるほどになっていたのです。それは全天を覆うような真っ赤な妖しいオーロラでした。

　磁気嵐は大量の電流を大気中に流します。そのエネルギーが大気を暖めると、やはり空気は膨れ上がり、密度が濃くなって抵抗を一気に増します。それは外乱となって衛星に襲いかかりました。「あすか」はちょうどその影響を受けやすい高度440kmあたりを運行していました。大規模な磁気嵐の起きた7月15日の20時〜21時（UT）というのは、まさしく「あすか」が外乱による大きなトルクを不意に受けて姿勢を乱した時刻と見事に一致しています。

　これは衛星としては初めての経験でした。これまで太陽フレアが起きて、紫外線が大量に襲来して空気抵抗が急増し寿命を縮めた衛星はありましたが、磁気嵐が原因となって衛星の運動に影響が出ることは予測できませんでした。どうも調べてみると、アメリカの軍事衛星には、公表されてはいないけれども、そのような衛星があったらしいとの噂は流れていますが……。

　それにしてももうちょっと高度が高ければ、磁気嵐による大気膨張の影響も小さかったろうと思われるのですが、これも仕方ありません。「あすか」は1993年2月に打ち上げられて以来、X線で宇宙を見続け、打上げ直後に出現した超新星からのX線を検出、数々の超新星残骸の観測（特に鉄輝線の発見）、銀河系中心のホット・ガスの観測、X線背景放射の正体の解明、ダークマター

の構造についての示唆的観測、太陽の 100 倍近くの質量を持つブラックホールの発見などなど、世界をリードする日本の X 線天文学の面目躍如たる大きな成果をあげながら、さすがに長年の空気抵抗との闘いに疲れ、高度を少しずつ下げてきていた。そんなときに磁気嵐が襲って来たのです。

　今年の 2 月には「あすか」の後継機「アストロ E」がデビューするはずだったので、「あすか」は余生を楽しく送りながら、あと 1 年くらいで濃い大気圏に突入、消滅という大往生を迎えるはずでした。「アストロ E」の打上げ失敗があったために、少しでも長生きしてほしいという気持ちが関係者の偽らざる心境だったのですが、かわいそうなことになりました。まるで臨終間際に、生まれるはずの子どもが生まれないまま大地震がやってきたような……。

　でも「あすか」チームは果敢に復活をめざして努力をしています。衛星に外から力が働くと、一番慣性モーメントの小さい軸まわりに回転しやすくなるので、今は衛星の長軸まわりに回転しています。それに軸自身のみそすり運動まで加わって複雑な様相を呈しているのです。だから太陽電池パネルが太陽に正対する時間が非常に短いため、バッテリーを充電することができないのですね。観測機器もすべてスウィッチ・オフしながら、今しばらく頑張ってみるそうです。私たち"親戚一同"もその床のまわりに集められています。辛抱強く待つ以外はなさそうです。

8月 23日

「息子がスポーツに夢中になる」といって困るお母さん

　最近あるお母さんから「ウチの子はテニスにばかり夢中になっていて、宇宙や科学に興味を持たない」という愚痴を聞かされました。その男の子は中学生で、もっと小さいころには、家庭で宇宙のことをお母さんと楽しそ

うに話していたのが、テニスを覚えてからは、スポーツ一筋の生活になってしまったそうです。お母さんは「科学を学ばなければ試行錯誤して物事を成就することの素晴らしさを実感できない」とおっしゃるのです。

スポーツを一生懸命やれば、間違った方法で「理科」の勉強をするよりもはるかに、努力することの素晴らしさが身につくと思います。テニス少年・青年・中年だった私の実感です。このお母さんが子どもの将来を心配していることはよく分かりますが、お母さんのイメージを子どもに押しつけるだけでは、まず絶対に子どもは「なびいて」くれないでしょう。あくまで出発点は子どもの心にあります。子どもが本当にやりたいことを邪魔しないことが特に大切だと思います。

でも多くの子どもは、家庭・学校・社会のいずれもから、自分の感情や意志と無関係な押しつけ教育に会い、本当は自分が何をしたいかを見失っていくのです。そんな子どもたちの心をじっと見つめながら、潜在している子どもの能力、時どきにしか輝いてこない子どもの才能を辛抱強く見つめ掘り起こし続けることは、忙しい現代人には難しい課題には違いありません。しかしそれをしない限り、日本には独創的な将来はありえないと思います。

先ほどのお母さんの子どもがどんな子かも知らないで、そんな無責任な……と言われる側面があることは否めませんが、そのお母さんは、「お子さんがテニスの試合で優勝して帰ってきたら、どうされるのですか」という私の問いに対して、「本当は嬉しくないけれど、息子があんまり嬉しそうな顔をするので、一応誉めてやります」と答えたそうです。私は、そんな上辺の対応は、じきに見破られてしまうだろうなと感じました。しかし「息子があんまり嬉しそうな顔をするので」のところに、このお母さんが依拠できる愛情が存在しているようです。このままこの子どもが母親の心に愛情を感じとることができなくなったとしたら、この子は心を癒す大きな泉を失うことになります。

今日本の多くの家庭で、母の愛情、父の愛情を感じる

ことができないまま、その不満を学校や社会に未成熟な方法でぶっつける若者が増えています。先日読んだ『ざけんなよ』(集英社)という本には、そうした若者の群像が、本人の手記や警察の調書などをもとに生々しく描かれています。しかし一方で、もっと小さい子どもたちには、自然や星や宇宙をいとおしく思う鮮やかな感性が満ちていることも確かなことです。警察の厄介になってからでも遅くはないでしょうが、できれば小さいうちから素晴らしい力を見つけてやりたい。理科嫌いを克服するのは、科目としての理科を教えることではないのです。

　先日も触れましたが、「宇宙って本当はどんな所だろう。この釧路湿原の氷の流れのように静かで時間も空気もピタリと止まったような所はあるのだろうか。……みんなが幸せにくらせるようにしたい。地球もずっとこの宇宙の中で生きていけるように、そしてこの美しい釧路湿原がいつまでも残るように、地球も宇宙も守っていきたい」という素敵な作文(小学校5年生)に出合いました。この子のように、科学者、宇宙飛行士、技術者、そしておそらくは詩人の心を豊かに持っているらしい未分化で底知れないポテンシャルに接すると、自分がこのままではいけないと、身震いがしてきます。この子たちの可能性が大きく伸びるように、そして21世紀を担う群像が生み出せるように、みんなが頑張らねば、と。

8月 30日

木星のエウロパに大きな海

　木星の衛星エウロパの表面は、びっしりと氷に覆われています。NASAは先週、そのエウロパの氷の下に、どうやら巨大な海があるらしいという発表を行いました。ここしばらく話題を呼びそうなので、その衛星エウロパの概略を述べておきましょう。

　エウロパは1610年にガリレオ・ガリレイによって発見されました。そのとき彼は最初木星に望遠鏡を合わせていて、偶然その惑星を周回する4個の小さい「星」を

木星の衛星エウロパの表面

2000年

見つけたのです。この発見は、地球を「宇宙の中心」という位置から永遠に追放しました。

エウロパは、ガリレオの発見した4つの衛星のうち最も小さく、地球の月よりもわずかに小さいくらいの大きさです。50年前、ジェラルド・カイパーは、エウロパの赤外線スペクトルの記録に成功したときに、この小さな衛星に水の氷があるに違いないと考え、その後30年間にわたる観測によって、エウロパの全表面が氷の層で覆われていることが示されたのです。

この推論は、1979年のボイジャーの接近により確かめられました。ボイジャーに搭載されたカメラは、エウロパの表面が氷で覆われているばかりでなく、明暗の筋で十字模様になっていて、明らかに衝突クレーターのないことを示しました。この観測は、エウロパの姉妹衛星ガニメデとカリストに多くのクレーターが存在することと考え合わせると、エウロパの表面が比較的若く、35億年をやや下回るくらいに違いないことを証明しています。

ボイジャーがエウロパのそばを通過するときの軌道の解析から、エウロパの密度は、地球の月よりわずかに小さいことが分かりました。もしこの衛星が岩石から成るとすれば、そのように低い密度であるために、氷の層はおよそ100 kmの厚さでなければならないことになります。ボイジャーによるイオの活火山の発見は、エウロパもまた、潮汐力により温められているのではないかとの考えを浮き彫りにしました。エウロパは、イオよりも木星からさらに離れているので、潮汐力による発熱は急速に減少します。しかし、下に埋まっている岩石層と接触している氷の底の部分を溶かすくらいにはなっていることでしょう。エウロパの氷の殻の下に、水の大洋が隠されている可能性は強いと、このときに推定されました。

ボイジャーから16年経った1995年の末、ガリレオ探査機が木星系に到着し、この巨大惑星を回る軌道に乗りました。エウロパへの接近を繰り返して、ガリレオのカメラは20 mの細かさまで表面の細部を撮像しました。ボイジャーにより読みとられた明暗の筋は、氷を横切っ

て数百 km までのびている、ほとんど直線の二重や三重の隆起した地形であることが分かりました。

　ガリレオの画像は高い解像度を持ち、カバーする領域もより広いので、ボイジャーが見たよりももっと多くのクレーターの姿を浮き彫りにしました。1 平方 km あたりのクレーターの数は、表面が若いことを示しています。どのぐらい若いのかということが今議論されています。これは、地殻の下に、大量の水が存在しているかどうかを結論づけるための、これまでの重大な論点でした。

　いくつかの暗い溝に沿ってスパッター・コーン（溶岩滴丘）が分布しているのが見つかりましたが、これは深部で流体の活動が行われていることの新たな証拠と考えられます。また他の場所には、混沌としたひび割れた領域があって、ところどころに孤立した氷の部分があり、この氷の平らな表面には地球の大陸で見られるのと同じ隆起と溝の模様がついています。これらの孤立した部分は、横に押しのけられ、近くの地塊のまわりに回転させられてきたものです。このことはこの孤立した部分を乗せていた塊が、混濁液に浮いていたことに相違なく、このためその塊が主水塊から切り離されてもとの位置からねじり取られた、ということなのでしょう。

　しかし、どのぐらい前にこれが起こったのでしょうか。今日もまだこの混沌とした表面の下に液体の水があるのでしょうか？　ガリレオ・ミッションは続いているので、科学者たちはこれらの疑問に答えが出ることを期待しています。

9月 20日

観測ロケットの大切な意味

　小さな観測ロケット MT-135 の打上げのために、内之浦へ行ってきます。これは気象観測用のロケットで、MT とは、"Meteorological　Test" をもじったものです。7 年ぐらい前から世界で展開されている「オゾン観測キャンペーン」の一環として打ち上げてきているもので、高度

50 kmくらいまで上昇し、ロケットから分離後に搭載機器がパラシュートでゆっくりと下降しながら、オゾンの分布などを調べるのです。

日本という国が、太平洋の西側、ユーラシア大陸の東側という特殊な位置にあるので、データとして非常に貴重になってきます。これまでにコンスタントに打ち上げられ、ずいぶんとデータを蓄積してきています。

人工衛星という長時間軌道をめぐりながら観測を続ける手段と異なり、観測ロケットというのは、打ち上がった後、頂点付近で頭を開いて観測機器を露出ないし脱頭して、観測を続けながら海上に落下するものです。だから観測時間と言えばわずか数分といったところが相場です。観測機器を、MT-135のようにバルーンをつけて緩降下したり、時にはペイロードを海上で回収したりする場合もあります。データ量は人工衛星に遠く及びませんが、何といってもコストが低く、融通のきく宇宙ミッションとして、世界で重用されています。

ところが日本の宇宙科学では、ロケットが大型化し、衛星が大きくなっていくわりには予算が伸びないために、年々の宇宙科学の予算のほとんどを「Mロケットで科学衛星を打ち上げる」という事業のためだけに捻出しなければならず、観測ロケットはワリをくう一方です。私が大学院に入ったころは年間20機も30機も内之浦から打ち上げていた観測ロケットが、今では年間3～4機が精一杯というところです。観測の成果もさることながら、こうした小さなロケットは、駆け出しの若い研究者・技術者が生身のロケットに触れて親しみながらさまざまなことを身につけていく上で素晴らしい助っ人になるのです。

人工衛星打上げ用のロケットは、非常に複雑なシステムですから、まだロケットにあまり慣れていない若者が手に負える代物ではありません。ですから勢いオドオドと手を拱いてベテランのまわりをウロウロするだけで、自身が体で覚えるような体験をできないのが通例です。そんな貧弱な修業から始まれば、ロクな技術者に成長できないことは目に見えてます。ですから観測ロケットは、

確かな腕を持った後継者を養成するためにも大切な要素なのです。何とかこのような小さな観測ロケットが再び活躍できるよう、努力をしてみるつもりです。それでは行ってきます。

9月 27日

高橋尚子選手のこと、ゲルマン・チトフ飛行士の死

　先日の日曜日は、久しぶりで寛ぐことができ、シドニー・オリンピックの女子マラソンにおける高橋尚子選手*の走りを堪能しました。団子になっていた第1集団の人数をふるい落とすための20キロあたりでの最初のスパート。みるみるうちに先頭は、市橋有里とリディア・シモン（ルーマニア）との3人に絞られました。

　そして30キロあたりで仕掛けるかなと注目していたら、少し早く27キロ過ぎで高橋の腕の振りが大きくなったように感じました。ここで市橋が脱落。レースはシモンとの一騎打ちに。あの世界選手権で弘山晴美の大きなリードを土壇場で逆転したシモンの驚異的な粘りが脳裏をかすめます。高橋は恐怖にも似た感情で走り続けたに違いありません。

　35キロ過ぎ、高橋は一気に勝負に出ました。シモンの姿が見えなくなっていきます。しかし高橋のシモンへの恐れを表していたのは、レース中に後ろを振り返ることが滅多にない彼女が、時どき後ろを振り向いていたことでした。そしてそのまま11万人の観衆の待つスタジアムへ。

　スタジアムでは大スクリーンに自分の走っている姿が映ります。それを見た高橋は愕然とします。すぐ後ろにシモンが迫っているではありませんか。そのとき、高橋は以前シモンが語っていた「どうせ人間死ぬのは一度なんだから」という言葉を思い出したそうです。死ぬ気でスパートをかけている人に怯えた高橋の顔が急に歪みました。実際には高橋が思っていたほどすぐ後ろにいたわけではないのですが、最後の高橋の逃げ切りの苦しそう

＊：たかはし・なおこ。1927年5月6日、岐阜市生まれ。中学で陸上競技を始め、県岐阜商、大阪学院大では無名。小出義雄監督を慕って95年リクルートに入社、97年4月に積水化学に移籍。初マラソンの97年3月に大阪国際マラソン大会で7位。98年3月には名古屋国際マラソンで2時間25分48秒の日本最高記録で優勝。2000年にシドニー五輪で金メダル。国民栄誉賞を授与される。

高橋尚子選手のゴール
[写真提供：共同通信社]

2000年

な表情には、心から拍手を送りました。

人生最高の舞台で名伯楽の小出監督と手を取り合って喜ぶシーンも素敵でした。まだ28歳です。次のもっと高い人生の目標を設定して前進してほしいと願っています。

さて、先週の金曜日に、あるテレビ局のモスクワ支局から電話がかかってきました。ゲルマン・チトフが亡くなったというのです。ご存じでしょうか。1961年にユーリ・ガガーリン飛行士に次いで、人類2人目の宇宙飛行をした人です。ガガーリンはわずか90数分の旅でしたが、チトフのほうは1日以上も宇宙に滞在して、人間が無重量でも立派に生きていけることを強力に証明してみせました。

宇宙飛行士というのは悲しい仕事だなと思うことがあります。それは高橋選手のようなスポーツ選手と同様に、人生最高の舞台に立っている時間が極度に短いからです。その「最高の舞台」は、普通の人よりは文字どおりうんと「高い」ところにありますが、そこにいるのはせいぜい長くて1年、短い場合は数日といったところでしょうか。

ゲルマン・チトフの場合は、公の報道に彼が姿を見せたのは、あの1961年の飛行のときだけだったと思います。私は1992年にモスクワに行ったとき、レセプションに出席したチトフに会ったことがあります。私の記憶の中では、1961年当時の若々しい彼のイメージだけが生き続けていたので、いきなり目の前に現れた皺の多い小さな中年紳士を見て、一瞬呆気にとられました。皺はともかく、初期の飛行士は宇宙船の大きさのせいもあって、体が小さかったのですね。彼は英語を話しません。ロシア人の通訳を介しての話の中から、彼が飛んだときの最高加速度が11Gだったことなどを初めて聞いてびっくりしたことを思い出します。

チトフは、木曜日にモスクワの自宅のサウナに入っていて、夜10時過ぎに一酸化炭素中毒で亡くなっているのが発見されたそうです。死亡推定時刻は夕方5時過ぎ。いずれもモスクワ時間です。つい先日、「チトフさんは、

ケネディ大統領とチトフ飛行士（右）

1990年代になってからは、共産党の国会議員として活躍している」との噂を聞いたばかりのことでした。これで宇宙を飛んだ飛行士として最も古い人は、アンドリアン・ニコラーエフとなりました。この人は、あの世界最初の女性飛行士、「私はカモメ」のテレシコーヴァと結婚した人です。確か女の子が一人できたけれど、後に離婚したとか聞きました。

　何はともあれ、ゲルマン・チトフさんの御冥福をお祈りいたします。

10月 18日

若田光一さんの快挙に思う

　若田光一さん、やりましたね。彼はNASAの飛行士の中でも、マニピュレーターの操作にかけては1、2を争うほどの人ですから、当然と言えば当然ですが、ペイロード・ベイが停電している中で、スペースシャトル内のモニター画面の画像だけを頼りにした作業は大変だったでしょうね。シャトルに乗り込むときの手を振った姿を見ながら、「アレ？」と思ってよく見ると、髪を短くしたんですね。私は長い髪の女の人が髪をショートにしても気がつかないようなセンスのない人間ですから、私が気づくというのは大きな変化なんですね。おかげで、それでなくとも丸顔の若田さんは、もう地上を飛び立つときから「ムーン・フェイス」になっちゃったみたいで……。

　さてロシアのサービス・モジュール「ズヴェズダー」が飛んで、そして今度若田さんのミッションが終わると、やっと国際宇宙ステーション（ISS）の建設も文字どおり軌道に乗っていけそうですね。今のところ2006年に完成予定だそうで、日本の宇宙飛行士たちの出番もこれから目白押しというところでしょうか。子どもたちに夢を与える活躍をしてほしいです。

　私はよく思い出すのですが、3年前に日本初の火星探査機「のぞみ」（打上げ前は「プラネットB」）のために

仕事中の若田光一飛行士

2000年

「あなたの名前を火星へ」というキャンペーンをやったとき、ある小児マヒの中年の方からメッセージをいただいたことがあります。いわく

「私は今45歳になりました。4歳のときに小児マヒになってから、あまり希望のない人生を送ってきました。だから毛利さんが飛んでも、向井さんが飛んでも、私のような人間には何の関係もない世界だと思って、何の関心もありませんでした。でもこのたびの《あなたの名前を火星へ》というキャンペーンを新聞で拝見して、私のような者でも（たとえ名前だけだとしても）火星へ行けるんだと思い、感動してはがきで応募することにしました。どうか、私の名前を火星をまわる軌道に送ってください。お願いします。」

このメッセージを初めて読んだときにあふれてきた涙を、私は一生忘れないようにしようと思います。

でも時どきこのメッセージを思い出すとき、別の話を同時に思い浮べます。それは私が小さいときに読んだもので、アメリカ大リーグのベーブ・ルースが足の不自由な子どもと約束した日にホームランを打ったという話です。詳しい展開は忘れましたが、何かとても感動的なエピソードだったのです。そしてふと、火星のキャンペーンにメッセージを出してくださった上記の方は、毛利さんとか向井さんへの「あこがれ」に似た気持ちがなかったのかなとも思うことがありました。そして結局、「動く広告塔」としての宇宙飛行士の意味は大きいと思いますが、それが、子どもたちの「ミーハー」的な気分に寄り掛かってなされたとしたら、底の浅いお笑いテレビ番組のようになってしまうのだろうなという実感が出てきました。

子どもたちの中には、本気で飛行士になりたいと思っている人がいっぱいいます。そうした子どもは頑張ってくれるでしょう。しかし宇宙と教育という問題はそんなに単純ではありません。学力低下がこんなに叫ばれる時代にあって、子どもたちの宇宙への興味と関心は伸び続

在りし日のベーブ・ルース

ける一方に見えます。この子どもの心を原点に据えて日本の教育カリキュラムを全面的に見直すことが非常に大切になってきていると感じます。「ユーザー」をその気にさせることは、販売の鉄則です。教育のユーザーである子どもをその気にさせる素晴らしい動機を提供してくれる宇宙には、現在の日本が失いつつあるたくさんの宝のような素材が眠っています。もう1つ言うならば、バイオでしょうか。それは「いのちの大切さ」とつながる重要な視座を私たちに与えてくれるからです。何とかして「宇宙といのち」というキーワードを生かした教育活動を広い規模で興したいと考えて、準備に入っています。

11月 1日

マリナー10号の裏話

　先週の金曜日に、「NASA（米国航空宇宙局）」が火星探査の長期計画を発表したことが報じられました。一見派手なアメリカの惑星探査のキャンペーンに隠れていますが、ヨーロッパも野心的な計画を立てています。たとえば、太陽系の最も内側の惑星である水星を探査する「ベピ・コロンボ」（BepiColombo）という計画がそうです。

　ヨーロッパの国々は、アメリカに対抗すべくESA（ヨーロッパ宇宙機関）という連合体を組織していますが、そのESAは数年に1回の周期で全力をあげる「コーナーストーン」という大計画を持っています。ヴァータネン彗星にランデブーする「ロゼッタ計画」がその1つであり、太陽系の探査では、その次に「ベピ・コロンボ」が位置づけられています。

　1960年代から精力的に進められた米ソの太陽系探査も、土星探査機カッシニの打ち上げ以降は、大型ミッションが影を潜めているようです。アメリカも「ディスカバリー・ミッション」という"Faster, Better, Cheaper"のシリーズに入ってからは、かつて日本の宇宙科学研究所のお家芸だった"Small but quick is beautiful"を地で

行く方針に切り替えました。そんな中にあって、アリアン・ロケットを使ったヨーロッパのミッションが、新鮮な印象を与えているわけです。

さて、金星・地球・火星に月を加えたいわゆる「地球型惑星」(月は惑星ではなく衛星なのですが、図体が大きいので惑星的な意味があるそうです)は、比較しながら検討すべき数多くの研究課題を持っています。その点忘れられがちなのが、一番内側を回っている水星です。水星は1970年代の初めにマリナー10号が3回にわたって接近飛行したのが、これまでの探査機による観測のすべてです。アメリカでも「メッセンジャー」という比較的小規模なミッションが検討されています。もちろん日本でも、現在水星へ行こうという気運が盛り上がりつつあります。

現在日本にカリフォルニア工科大学のブルース・マレー教授が来ています。3年前までは、宇宙科学研究所の客員教授なども務め、毎年のように来日していたのですが、奥さんの病気で少し間があき、再び念願かなって来日したというわけです。

ブルースはマリナー10号の探査計画を作る際のささやかなエピソードを、話してくれたことがあります。彼は後にボイジャーやバイキングを打ち上げたころ、ジェット推進研究所(JPL)の所長を務めた人ですが、マリナー10号の当時はJPLで働く一介の地質学者でした。ブルースから聞いた話を2回に分けてお話しましょう。

1968年のこと。すでに「UCLA(カリフォルニア大学ロサンジェルス校)」の卒業生であるJPLのマイケル・ミノヴィッチが、1970年と1973年に金星のスウィングバイを使えば水星に接近できることを見つけていました。ブルースは「人類初の水星探査のチャンスを逃すべきではない」と心に決め、ソ連が同様の計画があるかどうかの調査を「CIA(アメリカ中央情報局)」に依頼しました。

さてバージニア州ラングレーのCIA本部の一室に、大統領科学評議員会(PSAC)の宇宙科学技術パネルの

メンバーとともにやってきたブルースは、高慢ちきな CIA のメンバーに案内されて入ったのが何の変哲もない普通の部屋だったことに少なからず驚きを覚えました。「映画に出てくるハリウッドのスパイ映画とはずいぶん違うな……」

　普通の旧式の OHP プロジェクターを使って CIA の専門家がソ連の一連の金星探査計画について報告し始めました。金星への打上げチャンスは、19ヵ月ごとに訪れます。CIA の専門家によれば、1961 年以降すべてのチャンスをソ連は活用しようとしていました。この CIA の会議の前にも、ヴェネーラ4号が初めて金星の厚い大気を直接調べることに成功しています。ブルースが訊ねたのは、1970 年の金星フライバイの際に、ソ連が探査機をスウィングバイを使って水星に向ける可能性があるかどうかの一点でした。

　ところが CIA は意外なことを言いました。1969 年にソ連が水星を狙っていると。ブルースは目を剥いた。1969 だと？　JPL の同僚の計算にはそんなチャンスはなかったはずだ。わが優秀なる同僚がこの打上げチャンスに気づかなかったというのか。執拗なブルースの質問に、CIA はもっと詳細なデータを取り寄せました。そのデータには、金星への可能な軌道計画がリストアップされており、金星スウィングバイのときの金星中心からの距離が掲載されています。

　1970 年と 1973 年のものはブルースの見慣れたものでした。問題は 1969 年のものです。その行に目をやってブルースは驚きました。金星中心への接近距離が金星半径より小さいのです。何だこれは？　金星の地表の下を通ってスウィングバイをするって？　ここに至ってブルースには、JPL の同僚がこれをスキップした理由が分かりました。しかし CIA ともあろうものがこんなミスを犯すとは？　答えは簡単です。大統領の最も信頼する CIA は、大統領に最大の祝福と人気をもたらすアポロ計画に一級の人物を配し、無人の惑星探査では二級の調査員を配していたのです。

　まずは CIA の御粗末の一席。来週は本題の「ベピ・

コロンボ」です。

11月 8日

ヨーロッパのベピ・コロンボ計画

　1965年まで、水星は常に太陽に同じ面を向けていると考えられていました。ところがプエルト・リコのアレシボにある直径305mのお化け電波望遠鏡を使った観測で意外なことが分かってきました。アレシボから電波を出して水星の表面で反射させてそのエコーを再び受けるというオペレーションを想像してください。

　水星表面といっても、地球に一番近い点で反射した電波と、見えている水星の面の端に近いところで反射した電波とは、時間も異なりますし、おまけに水星の東側では水星の自転のために表面が地球から遠ざかる向きに運動しており、西側では表面が地球に近づく向きに運動しています。このドップラー効果によって、水星の自転の様子が推測できるわけです。その結果、アレシボの観測に携わった研究者が、水星の自転はそれまで思っていたよりも速い、言い換えれば、自転周期は59日くらいであり、公転周期の88日よりも短いと結論したのです。

　そしてその年の末までに、イタリアの著名な天体力学者ジウゼッペ・コロンボが、力学的な考察から、この新たに見つかった59日というのは、公転周期の88日のちょうど3分の2になっているはずだとの見解を発表したのです。その推定は、他のレーダー・アンテナによっても確かめられました。コロンボ博士は、あのガリレオ・ガリレイが教鞭をとったイタリアのパドヴァ大学の教授でした。専門とはいえ、見事な理論付けでした。

　さてそのコロンボ博士は、その水星ともう一度因縁を持つことになりました。先週紹介したブルース・マレー博士が、金星のスウィングバイを経て水星に到達するミッションが可能だとの計算をして、JPLがその計画にのめり込もうとしていた1970年の2月、カリフォルニア工科大学において、この水星ミッション（マリナー

ジウゼッペ・コロンボ博士

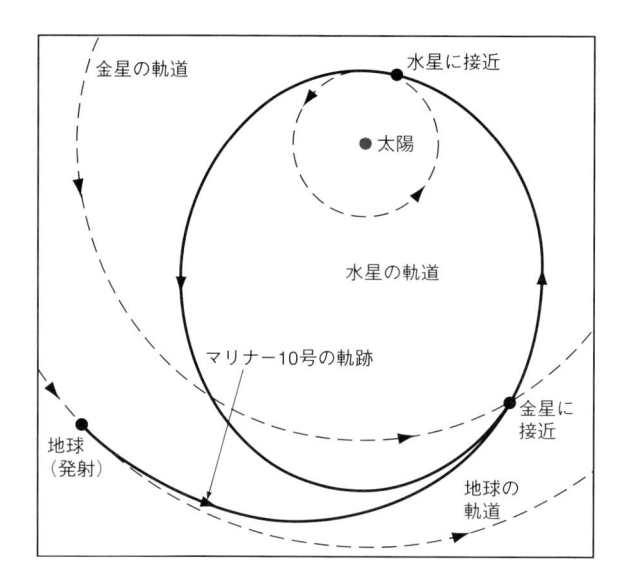

マリナー 10 号の軌道

10号）についてのワークショップが行われました。

　会議が終わってサヨナラの直前、コロンボ博士がブルースのところにやってきて言うには、「ブルース、イタリアに帰る前に是非訊ねたいことがある。」何しろ天下のコロンボ博士です。ブルースは襟を正しました。「この探査機が水星に接近してから後、太陽を周回する周期はどれくらいかね？」ブルースは書類を見て答えました。「えーと、176日です。」コロンボ博士「そうだよね。だからマリナーは、もう1回水星に戻ってこれるんじゃないかな。」「エッ？　戻ってくるですって？　本当ですか？」「そうだよ。176日と言えば公転周期のちょうど2倍じゃないか。なぜチェックしてみないんだ？」

　図星でした。詳しく計算してみると、わずかな軌道制御によって、マリナー探査機は一度ならず二度も水星に戻ってこれることが判明したのでした。コロンボ博士の貴重な助言によって、1973年11月3日にアトラス・セントール・ロケットで打ち上げられたマリナー10号は、1974年から翌年にかけて三度にわたって水星に接近し、人類初の鮮明な水星表面の画像を送ってくれることに

なったのでした。

　そして日本ではあまり知られていないコロンボ博士の貢献を記念して、ヨーロッパが計画する初の水星ミッションに、彼の名前が冠せられたわけです。彼のファースト・ネーム「ジウゼッペ（Giuseppe）」は愛称を「ベピ（Bepi または Beppe）」というのだそうで、計画名も「ベピ・コロンボ」ということになりました。人の名前をミッション名にする習慣は、日本では決して定着しそうにないものです。まあ文化の違いと言えばそれまでですが、深い根源がありそうですね。

11月 15日

東奔西走（武雄→津→名古屋）

　先週は金曜日に佐賀県の武雄市に行きました。翌日の土曜日に宇宙科学研究所の行事「宇宙学校」を開催するためです。宇宙科学研究所では、毎年4月に「宇宙科学講演と映画の会」をやっています。これはトピックをとりあげて講演し、みなさんに聴いていただくイベントで、高校生以上を対象にしているものです。

　小・中学生相手だと、どんなに頑張っても2時間以上にわたって話を聴いてもらうのは不可能なので、6年前にふと「小・中学生をターゲットにしてQ&Aばかりの教室をやったらどうかな？」と思って始めたものです。典型的なプログラムとしては、1時限目に天文、2時限目に太陽系、3時限目にロケット・人工衛星という設定で、講師が各時限に2人ずつ登場し、5分程度の導入的な話をした後、1時間くらいのQ&Aを行うものです。1時限に20〜30個の質問が出て、講師が次々に答えていきます。

　この宇宙学校は、毎年東京で1回、相模原で1回、そしてその他で1回の計3回やっています。この「その他」の部ではいろいろな場所を選んで開催していますが、これまでに札幌・神戸・金沢・出雲・桑名とやり、今年初めて九州にやってきました。これまでの感じでは、大都

市の子どもたちから出る質問は比較的ひねくれたものが多く、小都市のほうが素朴でいい質問が来ます。今年の「宇宙学校・武雄」でも、いい質問が連発されました。

武雄での好例を少し挙げれば、

「光には重さがあるんですか？」
「太陽風はどうして地球をよけるんですか？」
「月は何色ですか？」
「宇宙から帰ったカエルは飛べるんですか？」
「人工衛星に貼ってある金色の膜は何？」
「スペースシャトルの中の空気はどうやって提供されているの？」

など。日ごろ考えてどうしても分からなかった質問や、会場でいろんな話を聴いて誘発された質問など、なかなか手強いものもありました。「木星はガスでできているそうですが、火を点ければ燃えますか？」など、アッと言う質問もありました。

私は、その宇宙学校が終わってすぐ三重県に移動すべく会場を後にしました。四日市のホテルに着いたのは深夜12時。翌日（日曜日）は津市の三重大学で「宇宙科学会議」。NASAから来た4人の科学者・技術者、宇宙開発事業団の樋口清司さん、三重大学の小林さんと一緒に、宇宙開発の過去・現在・未来についてパネル・ディスカッションをやりました。

岩手県立大学学長の西沢潤一先生のリードのもと、NHKの高柳雄一さんが司会進行を引き受けてくれました。三重大学の大学生が大勢参加して、大変盛り上がりました。特に、学生さんから「日本の宇宙開発ではNASAのような教育プログラムを持っているのですか？」と質問を受けたときは、樋口さんともども、もっと系統的・計画的な教育計画を策定する必要を感じました。

さて私は再びすぐに名古屋に移動。翌日（月曜日）は漁業関係の人たちとの会議。めまぐるしい移動ばかりの毎日から解放されて、火曜日にやっと帰ってきました。

11月 29日

スウィングバイの原理を学ぼう

　アメリカとヨーロッパの共同ミッションである探査機「カッシニ/ホイヘンス」が、一路土星への旅を急いでいます。でもこのままの軌道では土星までたどり着けません。途中で出合う（というよりも出合うように軌道を設計された）木星のそばを通って、ぐーんとスピードアップさせなければ、土星まで届く速さを得られないのです。そこで今年の12月30日、カッシニはその木星スウィングバイを敢行するのです（木星最接近は日本時間午後7時3分）。

　このように大きな天体のすぐそばを通過することによって、スピードや方向を大きく変える技術を「スウィングバイ」と呼びます。一般にスウィングバイの説明としては、「重力を使って速度を大きくする」と表現されていますが、実はそんなうまい話が宇宙に転がっているわけではありません。このメールマガジンの読者の方には、ぜひともスウィングバイの本当の原理を知っていただきたいと思います。今世紀最後の宇宙イベントとなる「カッシニの木星スウィングバイ」を楽しんでいただくためにも、それは必要です。

　さて、スウィングバイの説明の前に1つだけ準備があります。

（1）影響圏ということ

　惑星は太陽を中心としてほぼ円軌道を描きながら運動していますが、それぞれ自分自身の重力を持っています。だから探査機カッシニは、太陽の重力も、また惑星の重力も受けながら運動しているはずですね。だから厳密には、太陽・地球・火星・木星・土星……、といろいろな天体の重力をインプットして探査機の運動を計算する必要があるのですが、ごくはじめの見当をつける段階では、そのような面倒な計算をしなくてもよいのです。

　なぜなら、まず地球のすぐ近くでは地球の引力に比べ

て太陽の引力は大変小さくなり、探査機の運動には影響しないからです。地球のごく近くでは地球の引力だけを考えていればよろしい、というわけです。しかし地球を出発してしばらくすると、地球の引力はどんどん小さくなっていき、代わって太陽の引力が卓越してきます。そうなると今度は地球の引力を無視して太陽の引力だけを考えて計算すればいいのです。

このように、惑星探査の軌道を設計する場合には、まず「円錐曲線接続法」という手法が用いられます。たとえば地球から土星に行く場合を考えると、まず地球のまわりに「影響圏」という領域を設け、その内側では太陽の引力を無視し、地球だけの引力のもとで探査機が運動することにする。そしてこの影響圏の外に出ると、今度は地球の引力を無視し、太陽の引力だけの影響を受けて運動していると考える。さらに探査機が土星の近くに到達した場合には、やはり土星のまわりに影響圏を設け、その内側に探査機が進入したときから、土星の引力下で運動を解いていく。そして地球・土星のそれぞれの影響圏の境目で、探査機の位置と速度がスムーズにつながる、という具合に、軌道を次々と「接続」していくわけです。

カッシニの場合は、その途中で木星に接近するように軌道が計画されているので、途中で木星の影響圏も考慮しなければなりません。この影響圏の大体の大きさ（R）を、各惑星から太陽までの平均距離（D）、各惑星の赤道半径（r）とともに示すと、

	R（km）	D（億km）	r（km）
水星	112000	0.579	2439
金星	617000	1.082	6052
地球	925000	1.496	6378
火星	578000	2.279	3397
木星	48141000	7.783	71398
土星	54774000	14.294	60000
天王星	51755000	28.750	25400
海王星	86952000	45.044	24300
冥王星	35812000	59.151	2000

となります。

(2) スウィングバイ

　さて 1997 年 10 月に地球の影響圏を脱出したカッシニは、太陽中心の軌道を経て、いよいよ 2000 年の暮れに、V_a という速度で木星の影響圏に進入します。カッシニは、双曲線の軌道を描きながらどんどん速度を上げ、木星に最も近づく点（近木点）で最高速度に達し、もしブレーキをかけなければ、次頁の図①のように、それまでと対称な軌道を通って再び影響圏の外へ、V_e という速度で脱出してしまいます。木星の強い重力を中心とする双曲線軌道をたどるので、木星から再び脱出したときは進入時と大きく方向が変わっていますが、V_a と V_e とは、実はスピードの大きさはまったく変わっていません。

　ここで「あれ？」と思うみなさんがいるかもしれません。この理屈から考えると、木星のそばを通ったからといって特にスピードが増加するという効果はないみたいだけど？　方向は確かに変わったみたいだけれど……？

　そうです。一見、探査機のスピードは進入時と脱出時とでは変化しないように見えるのです。では、そのスピードは誰に対してのスピードだったのでしょうか。それは実は木星に対するスピードなのです。V_a は「木星から見た進入速度」、V_e は「木星から見た脱出速度」なのです。でも地球から木星、木星から土星と旅をしているときのカッシニの軌道は、実は太陽中心のものですよね。これは、新幹線で旅をしている人が列車の内部で走っているのを、新幹線の外から眺めているようなものです。新幹線でじっと眠っている人でも、外から見ると猛烈なスピードで動いているわけですね。

　それでは、木星の影響圏を外から見る、つまり太陽からその動いている新幹線ならぬ木星の影響圏を見るとどうでしょう。太陽から見ると、この「木星新幹線」は秒速 13 km で走っています。そのとき、「木星新幹線」の中で走っている人のスピードはどのように見えるのでしょうか。それは、その人の「木星新幹線」の中でのスピードに、「木星新幹線」自身のスピードを加えればいいでしょう。

　こうして、木星の影響圏に入ってきた探査機のスピー

惑星の公転軌道

惑星

惑星の公転速度

影響圏

太陽

① 脱出速度 V_e

V_p

最接近

進入速度 V_a

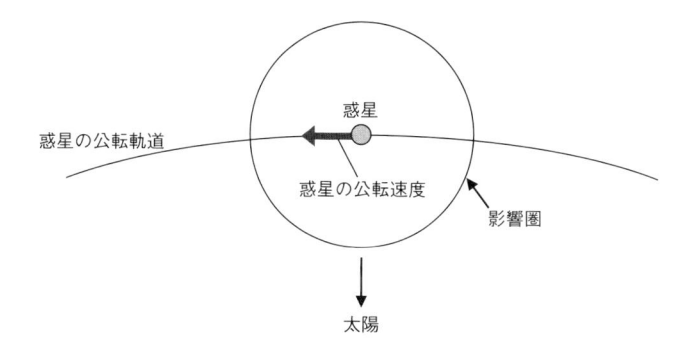

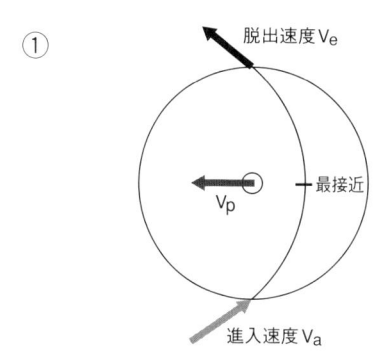

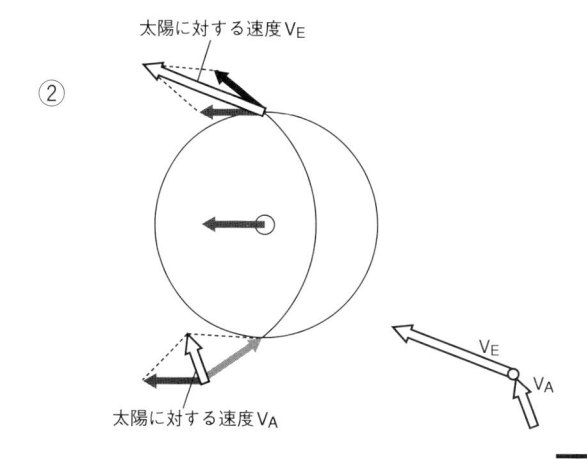

② 太陽に対する速度 V_E

太陽に対する速度 V_A

V_E

V_A

スウィングバイの原理

ド（進入速度と脱出速度）を、太陽から見たスピードに換算することができます。前頁の図②を見てください。木星に対するスピード V_a, V_e に木星自身のスピード V_P を加えると……あーら不思議。進入時の V_A に比べて脱出時のスピード V_E はだいぶ大きくなっていますね。これぞスウィングバイの真髄！ 太陽から見ていると、木星の影響圏を通過しただけで、探査機はグイッと方向を変え、なおかつグンとスピードアップも行っているわけです。

　宇宙空間でこのような加速や方向転換をしようと思えば、一般的にはロケットを噴かさなければなりません。そのためにはかなりの量の燃料やガスを積まなければならないので、その分重くなります。もしこのスウィングバイで燃料を使わないで加速できれば、燃料を積む代わりに観測機器を余分に積めるので、大変得をしたことになるわけですね。

　いまや原理は分かりました。カッシニのスウィングバイをお楽しみに。

12月 6日

極北のロケット打上げ

　今週の月曜日（12月6日）、ノルウェーのスピッツベルゲン島にあるニーオルスン発射場から、宇宙科学研究所のロケット SS-520 が打ち上げられました。実は実験班はすでに11月半ば過ぎには現地入りし、11月25日から打上げのチャンスを狙っていたのですが、打上げ条件がなかなか整わなくて、順延を繰り返し、ついにこのたび打上げに至ったというわけです。白夜ならぬ「黒夜」の続く中での連夜の作業で、宇宙科学研究所の同僚たちも相当消耗が激しい様子でした。それだけに、無事打上げを終えた現地の喜びが見えるような気がします。

　なぜそんな北の果てまでわざわざ行って打上げをしたのでしょうか。まずその理由から説明しましょう。

　1989年に宇宙科学研究所が打ち上げた磁気圏観測衛

星「あけぼの」の観測結果によれば、大量のイオンが地球の極域から逃げ出していることが分かっています。普通は地球の重力に強く引かれているはずのイオンが上層大気から脱出しているというのは不思議なことです。そんな現象が起きるためには、イオンに対して何か特殊な加速・加熱のメカニズムが働いていなければならないでしょう。「あけぼの」の観測は数千kmの高度で行われたものですが、イオンを加熱するメカニズムが働き始めるのはもっと低い高度からであろうと考えられています。

そのイオンの加熱の起きている場所が、磁気圏の「カスプ」と呼ばれる領域らしいのです。「極域カスプ」と呼ばれる場所は、昼間側の磁気圏境界面と磁気的につながっているところで、そこには太陽風プラズマのエネルギーが上層大気に直接降り注いでいます。カスプ近傍のイオン加熱機構の研究というのは、現在ホットな研究課題の1つで、すでにNASAも高度1400kmに達するロケット実験を行い、確かにイオン加熱が起きていることを観測しました。NASAのロケット実験の結果から、1400kmよりも低い高度から加熱現象が起きていることは明らかで、宇宙科学研究所では、1000〜1200kmの高度が重要と考え、そこへ直接ロケットを打ち込んで調べようとしたわけです。

ちょっと難しくなりますが、イオンの加熱機構として最も有力視されているのは電流駆動型のプラズマ不安定によって励起される静電波動を媒介とするものです。でも、この現象の時間的・空間的変化が非常に激しいので、従来の観測結果ではいまだその詳細は明らかにされていません。ヨーロッパにおける地上の「非干渉散乱レーダー（EISCAT）」による最近の観測結果によれば、カスプ近傍の数百kmの高度からイオンの上昇流があることが分かってきています。そのため、EISCATのグループもこのたびの宇宙科学研究所のロケット実験に大きな関心を寄せており、本ロケット実験はEISCATとの共同研究として実施することになりました。

SS-520というロケットは、宇宙科学研究所が従来から使っている単段式の観測ロケットS-520の上にもう1

つロケット・モーターをつけた2段式のロケットで、高度1000 kmをクリアできます。しかし発射角が水平から約85度という条件のため、関係者は容易には打ち上がらない、と考えていました。というのは、発射上下角がこれだけ大きいと、飛翔経路の横のずれが非常に大きくなる可能性があるので、風のプロファイルが大変重要になります。これは打上げ前に風見のためのバルーンを何度も飛ばして様子を見ました。

またもう1つは観測対象である磁場の条件が整う必要もありました。これは現地で、我々の同僚の宇宙プラズマ物理学者が監視していたわけです。

ところが風が弱い日は磁場が整わず、磁場がよければ猛烈な風が吹くといった塩梅で、なかなか打上げの絶好日はめぐって来ませんでした。タイム・リミットは12月15日なので、そろそろあせりが出始めた月曜日、ついに暗闇を衝いてSS-520は北極の空へ轟然と昇っていきました。時に現地時間2000年12月4日10時16分(日本時間同日18時16分)でした。ロケットの飛翔はまったく正常で、データも順調に受信され、発射後600秒に高度1040 kmに達し、約1100秒にノルウェー海に落下しました。詳しい解析は帰国後に行われますが、良好なデータを得た感触のようです。

今年2月にX線天文衛星「アストロE」の打上げに失敗して以来、久しぶりの日本のロケット打上げでした。記者クラブ及び各社への打上げ結果報告を投げ込みました。しかし例によって、このような成功のニュースに対しては、日本のマスコミは知らんぷりを決め込んでいます。あるテレビ局の記者が電話口で「成功しましたか。よかったなあ」と絶句したのが、私にとっては涙の出るほど嬉しかった唯一の対応でした。

12月 13日

ぜひ冬の星空を楽しみましょう

冬の夜空で「オリオン座」を見つけることのできる人

は多いと思います。12月半ばの今ごろは、ちょうど夜中の0時ころに中天にかかっています。ですから7時か8時ころだと南東の空に少し傾いた形で見えています。そのすぐ西（右上）には「おうし座」があります。「おうし座」の方角には今大きな惑星が2つもあります。木星と土星です。キラキラと絶えず点滅を繰り返す恒星たちに交じって、うんと明るくて点滅しない2つの星を見つけてください。明るいほうが木星、ちょっと暗いほうが土星です。

　さて私がみなさんにお薦めしたいのは、双眼鏡を準備していただくことです。双眼鏡は三脚がつけられるようなものでなくてはいけません。三脚をつけた双眼鏡を木星に向けてください。木星が見えるのは当たり前ですが、よく見るとそのすぐそばに、木星の衛星たちの愛らしい姿に気づくはずです。ただし双眼鏡で見えるのは、ガリレオ・ガリレイが約400年前に見つけたいわゆる「ガリレオ衛星」、すなわちイオ、エウロパ、ガニメデ、カリストの4つだけです。

　ガリレオは、これを毎夜毎夜観察してスケッチし、このガリレオ衛星がまぎれもなく木星のまわりを回っていることを証明してみせました。そしてこの「ミニ太陽系」のような姿によって、地球が太陽のまわりを公転していることに確信を持ったと言われています。ガリレオ衛星のうちでたまたま木星の向こうに回りこんでいるものは見えません。

　さて、双眼鏡を覗くみなさんの目に飛び込んでくるのは、いくつのガリレオ衛星でしょうね。どの黒い点がどの衛星かという疑問が湧くでしょう。どうしても知りたい人は、本屋さんに行って、『天文年鑑』とか天文雑誌などで調べてください。それぐらいを確認するなら、立ち読みでもいいでしょう（私が決めることじゃないか？！）。

　私が小学校5年生のときに、父から買ってもらった天体望遠鏡で見た最初の天体は、鮮やかな「お月さま」でした。そのときの感動は今でも忘れられないほどのものでした。そのころに見た可愛らしいガリレオ衛星の姿(3

2000年

木星と
ガリレオ衛星

個でした）も、網膜に焼き付いています。どうかお子さんやお孫さんにも見せてあげてください。一生の思い出になること請け合いです。木星やガリレオ衛星についての知識を得る前に、生身の姿を瞼に焼き付けることの意味は大変大きいと思います。

さてその木星に、もうじき（12月30日）アメリカの土星探査機「カッシニ」が接近します。木星の重力（と運動エネルギー）を利用してスウィングバイし、一路土星へ向かいます。そのスウィングバイのターゲットと旅の終りの惑星が仲良く並んでいるというのも、何だか微笑ましいですね。というわけで、たまには「惑星の夜」としゃれてみませんか。

12月 20日

ついに20世紀もあと10日を余すのみとなりました。拙い文に毎週時間を割いておつきあいいただき、ありがとうございました。時には宇宙開発や惑星探査たちについて解説めいたことも書きましたが、大部分は繰り言のような内容で、読み返しても呆れるばかりです。

今年の私の生活は、S-310という観測ロケットの

100％見事な打上げから始まったので、幸先は最高だったのですが、2月のM-Vロケットのつまづきをきっかけに、何だか後処理に追われる1年になってしまった感があります。みなさんはこの1年にどんな感想をお持ちですか？

　このままいくと2005年3月に定年を迎える私[*]にとって、この師走はきわめて感慨深いものでした。あまり気の向かない同窓会などに出席すると、かつての若々しい仲間たちはそのほとんどが第二の人生を歩んでいます。私が数少ない「現役」というわけですが、そのこととは関係なく、私の心が「生涯現役」を貫くべきか、老後は「悠悠自適」を決め込むかについて、自分の心を深く掘り起こしてみる毎日が続きました。

　ここでの「悠悠自適」は、私にとって決して後ろ向きの考えがあってのことではありません。思えばそのほとんどを生徒会の仕事に捧げた高校生のころから、馬車馬のような生活をしてきたこれまでの人生は、いつも全力で走りながら栄養を補給するような毎日でした。じっと心静かに充電してみることによって、社会や科学や文化の別の様相が見えてくるかもしれないとの予感がするからなのです。

　好きで入ったロケットの道は、自力開発、理学とのパートナーシップ、国際競争・国際協力、漁業交渉、子どもたちとの出会い、そして政治の風と、めまぐるしい経験へと広がりを見せました。これらのどれもが、今、波瀾含みで私の前にあります。

　その中でこの数年、「あなたの名前を火星へ」キャンペーン、宇宙学校、コズミックカレッジ、日本宇宙少年団その他、私の関係している宇宙普及教育活動の中から、いくつかの感動的な体験を聞くことができました。体験したことを、高い確固とした目標に照らして吟味していくと、それらは珠玉のような輝きを見せ始めるのですね。年末は、自分の一生と最近の貴重な人びととの接触をもとに、21世紀に私に残された余生の方向と勢いを決める大切な数日を過ごしたいと考えています。そう、「世紀末」という呼び方にふさわしい日々になるように。み

＊：まだ統合前で宇宙科学研究所時代には、教授の定年は63歳の誕生日の次にやってくる3月31日だった。その計算だと、私の定年は2005年3月末である。

なさんも、慌ただしい残りの10日間が、来世紀への大きなステップにされるよう、期待しています。

　気高く、勇気のあるスクラムが組める状態になって、来年またお会いしましょう。

　よいお年を！

おまけのコラム：「ペンシル・ロケット」

　1945年8月15日の敗戦後は、連合軍総司令部（GHQ）によって、航空関連のすべての研究事業が禁止された。1951年9月8日には、対日平和条約が締結され、1952年3月14日には、GHQが約6年半ぶりに航空関連の禁止措置を解除した。

　このような状況のもと、東京大学生産技術研究所（東大生研）において1954年初めに発足したのがAVSA（Avionics and Supersonic Aerodynamics：：航空電子工学と超音速航空工学連合）研究グループであり、その最初の成果がペンシル・ロケットの水平発射であった。

　ペンシルは、長さ23 cm、直径1.8 cm、重さ200 gで、3月11日、東京都下国分寺でその水平試射が行われ、次いで4月12日には関係官庁・報道関係者立ち会いのもとに、公開試射が実施された。

　ペンシル・ロケットは、長さ約1.5 mのランチャから水平に発射、細い針金を貼った紙のスクリーンを次々と貫通して向こう側の砂場に突きささった。ペンシルが導線を切る時間差を電磁オッシログラフで計測し、ロケットの速度変化を計る。スクリーンを貫いた尾翼の方向からスピンを計る。高速度カメラの助けも借りて、速度・加速度、ロケットの重心や尾翼の形状による飛翔経路のずれなど、本格的な飛翔実験のための基本データを得た。

　この水平試射は4月12、13、14、18、19、23日に行われ、29機すべてが成功を収めた。これらのペンシルには推薬13 g（その半分の6.5 gのものもあった）が装填され、推力は30 kg前後、燃焼時間は約0.1秒。尾翼のねじれ角は0度、2.5度、5度の3種で、機体の頭部と胴部の材質には、スティール、真鍮、ジュラルミンの3種類が使われた。また重心位置が前後の3ヵ所に変化するようになっていた。速度は発射後5 mくらいの所で最大に達し、秒速110～140 m程度であった。

　このささやかな実験が、その後の日本のロケット開発の基礎となった。ペンシルの模型は、現在ワシントンのスミソニアン航空宇宙博物館に展示されている。

国分寺のペンシル実験風景

2001年

■ この年の主な出来事

- ・実習船「えひめ丸」沈没事故
- ・タリバン、石仏破壊
- ・サッカーくじ「toto」発売開始
- ・イチロー、米大リーグで大活躍
- ・池田小学校児童殺傷事件
- ・明石市花火大会で将棋倒し事故
- ・国内初の狂牛病
- ・アメリカ同時多発テロ
- ・米国、アフガニスタン空爆開始
- ・ノーベル化学賞に野依良治教授
- ・愛子さま誕生

2001年

1月 17日

明けましておめでとうございます

　新世紀は「禁酒」の2文字とともに始まりました。体重を計れば、ちょうど100という3つの数字が並んでいます。「何キロ減ったか、すぐ計算できて便利だ」などと負け惜しみを言いながら、糖尿病・肝臓病追放のために、1年間の節制を実行し始めました。どこかで会っても、酒は勧めないでください、お願いします。

　新年早々、宇宙科学研究所の所属機関が「文部科学省」という名前になりました。文部省と科学技術庁とが合併した結果です。英語名は、「Ministry of Education, Culture, Sports, Science and Technology」と長いので、頭文字を並べるとMECSSTとなりますが、それを少し変形してMEXTと略称するそうです。これはヒットですね。

　MEXTの研究開発局にはいくつかの課があり、その中の宇宙政策課に「宇宙科学研究所（ISAS）」と「国立天文台（NAO）」が、また同じ局の宇宙開発利用課に「宇宙開発事業団（NASDA）」と「航空宇宙技術研究所（NAL）」が属することになりました。NASDA、NALと宇宙科学研究所は、今まで従兄弟のような関係だったわけですが、これからは兄弟のような感じになるわけです。

　みなさんは、どのような事件とともに新年をお迎えになったでしょうか。年頭の11日（木）と12日（金）に神奈川県相模原市の宇宙科学研究所キャンパスで、「宇宙科学シンポジウム」という大きなシンポジウムが開催されました。いやあ実に充実した2日間でしたよ。決して宇宙科学研究所の人間ばかりではありません。日本中の宇宙科学のあらゆる分野の老若男女が集まって、提案されたミッションは24個に及びました。

　さすがと思われたのは、各ミッション提案とも、それぞれの分野の世界の動向が念入りに考察されており、その中から日本の先進性・独自性を出すように計画が練られている点です。その発表の元気に溢れていること、これが「閉塞状態」の囁かれている日本の宇宙かと言いた

くなるほどでした。宇宙科学研究所の狭い会場は2日間にわたって終始いっぱいで、座席はびっしりと立っている人に取り囲まれていて、ちょっと遅れてきた人は、会場に入れない有様なのですから。

　私はここで2つのことをお伝えしておきたいと思います。

　1つは、日本の宇宙科学を担う若手研究者が意気天を衝く元気さであること。それも一人よがりではありません。世界各国（と言っても今はアメリカとヨーロッパ諸国ですが）の状況をよく研究し、日本の生きる道を冷静に見定めつつ、熱い夢を下敷きにした計画を練っているのです。

　こうした熱気に満ちた若者が日本にいっぱいいるということは、それほど外の世界には知られていないと思います。今回も、マスコミはシンポジウムについて知っていたにもかかわらず、取材はありませんでした。記者会見でもやれば少しは報道された可能性はありますが、このような専門性の高いシンポジウムを「元気な若者たち」という観点を堅持した懐の深い取材をする姿勢があれば、記者たちは当然会場に来ているはずではなかったかと悔しい思いがします。青少年の心の荒廃が叫ばれている今日、日本中の目立たないところで展開されている若者たちの未来に向けた力一杯の動きを、つぶさに報道することは、現代日本のジャーナリストに課せられた大きな責務であると信じます。そのような周波数でアンテナが張られていないのです。

　とはいえ、ないものねだりはやめましょう。やはり宇宙科学のチームが、このような素晴らしい動きをもっと知ってもらうために、閉鎖的にならずもっと努力することが大切なのでしょう。2日間の興奮が覚めた後、反省頻りな私でした。これが私のとりあえず言いたい2番目のことです。

　でも若い仲間のファイトに触れて、おかげで私も元気になりました。正直言って、1日1800キロカロリーというのはこたえます。ハラが減って、体の底から元気が湧いてこないのです。1月6日に衛星放送で私の姿を見

2001年

た人は、異口同音に「何だか元気がないみたいだけど……」と声をかけてくれました。そのたびに「ハラが減って……」と言うのが面倒で、「いやあ、それは年相応の落ち着きというものでして……」と抗弁したのですが。

1月 31日

ミールの落下論議

　ロシアの宇宙ステーション「ミール」の落下が論議を呼んでいます。新年早々に文部科学省に専門家チームが結成されました。といってもロシアがそれほど詳しいデータを提供してくれているわけでもないので、現在分かっている範囲で状況を分析するにとどまっていますが、私としては、まあ日本に危険が及ぶ確率は非常に低いと考えています。ただし、日本さえ大丈夫ならいいわけでもないので、特にアジア地域に対しては、いろいろと情報を送ってあげたほうがいいのではないかと思います。

　でも万一日本に危険が及ぶ確率が高い事態に陥ったら、おそらくは内閣府が危機管理の責任を負うことになるのでしょう。内閣府は他省庁に依頼をしているようです。

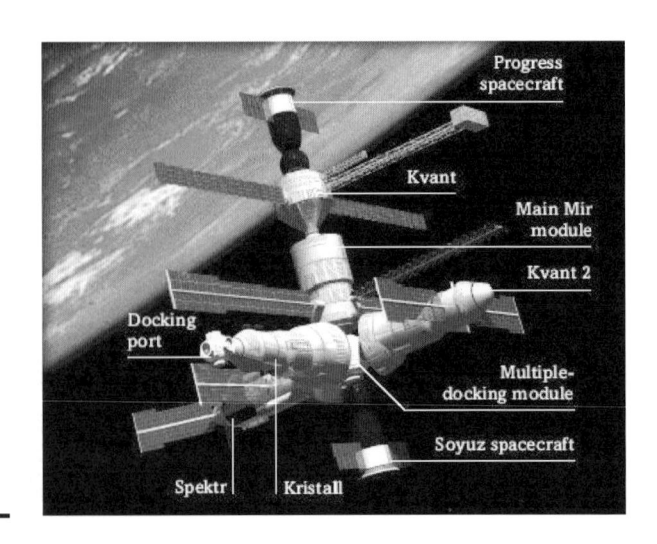

軌道上のミール

たとえば外務省には、ロシアあてに、できるだけ詳しい情報を他国に提供するよう働きかけを強め、文部科学省には専門家による分析結果を寄せろといった具合に。こうなった場合に、文部科学省としては面子にかけても何か情報を可及的速やかに内閣府に送付しなければと意気込みます。次から次へと情報が流れれば、いかにも仕事が進んでいるように見えるでしょうが、しっかりとした確かなデータに基づく解析結果でなければ、まずい対症療法になってしまう危険もあります。

さる1月24日に補給船プログレスの打上げが行われ、ミールとのドッキングを無事成功させたことで、まずは最初の難関を突破したと思います。この無人ドッキングをやり遂げたことで、ロシアの高い宇宙技術が再確認された感がありますが、いずれにしろ、ドッキングに成功した背景には、ミールの姿勢制御が正常であることを意味しているわけで、軌道から離脱させるときに必要な制御はうまくいく見通しのあることをうかがわせます。

このあとミールは3回にわけてブレーキをかけ、近地点の高度を100 km内外まで落とし、おそらくはアフリカ上空あたりで最後のブレーキをかけて南太平洋上に燃えがらを落とす計画になるのでしょう。その軌道を最も正確に追っているのは、当のロシアを除けば「NORAD（北米防空司令部）」でしょう。ここが主として軍事的な配慮から世界の人工衛星を1つ残らず追跡しており、その軌道情報は、NASAゴダード宇宙飛行センターを経由して、インターネットで見ることもできます。NORADは1ヵ月前から始まって、人工天体の落下予報を出しているのですが、前日出した落下時刻予報さえも1〜2時間はくるうことが多いようです。それは主として大気密度の変動が激しいからで、加えて落下のときの姿勢などにしっかりした予測ができないからです。だから、ロシアがブレーキをかける標準的なシーケンスとして選定し、あらかじめ発表した時間割りがあったとして、その落下寸前の軌道が日本上空を通過する見通しだったとしても、落ちる時刻が1〜2時間もずれると、それは日本上空を通らない周回になる可能性もあるのです。

ミールの部品の中で、一番溶けにくいものはチタン合金ではないかと思いますが、チタンといえども、一定の重さの範囲ならば、落下のときの空力加熱で消滅してしまいます。ミールは大きすぎるのです。過去にアメリカのスカイラブや旧ソ連のコスモス衛星が地上に落下したのも、大きすぎて溶けきれなかったからです。そんなに大きな構造物は、今のところそれほどたくさんは軌道に乗っていません。軌道にある人工衛星は、大気の抵抗が徐々に働いて、結局は濃い大気に突入する運命にありますが、ほとんどは完全に消滅してしまいます。大気中を落下する際には、最終的には平衡速度といって、雨粒のスピード（秒速30〜60 m/秒）くらいになって落ちるわけですが、大きなクレーターができるようなスピードではないとしても、もちろん人に当たれば死にます。ロシアが南太平洋を落下地点に選んだのも、人口稠密地帯を避けたのでしょう。ロシアのオペレーションが完璧なら何も心配することはないのですが……。

新世紀の初めに人騒がせな話ですが、何しろ文部科学省始まって以来の大事件だそうで（そりゃそうだ、文部科学省は今年の1月6日に発足したばかりなんだから）、ともあれ怠りなく準備を整えて監視を続けていきたいと考えています。

2月 28日

加熱気味の「ミール制御落下」対応

ロシアの宇宙ステーション「ミール」の落下は、落下のタイミングが近づくにつれて、マスコミの対応がどんどん加熱気味になってきました。実はさる1月に、新発足した文部科学省に「ミール落下についての検討会」が設けられ、私もその専門家チームの一人に加えられてしまいました。「加えられた」という言い方は、事態が事態だけにいけないことなのですが、正直に言えばこんなに厄介な問題はないのです。モノが外国の宇宙ステーションだけに、使われている材料など詳細なデータが手

元になく、こちらがアクティブに軌道制御のできる可能性はゼロということで、計算も対策もすべて受け身の性質のものに限られているわけです。

おまけに2月も末になって、文部科学大臣のもとに「ミール情報収集分析センター」なる組織も発足して、私がそれの報道対応を引き受けるハメに。

"太平の眠りをさますステーション
　　　　たった1機で夜も眠れず"

としゃれてみても、私のオフィスの電話と携帯電話は、呼び出し音の頻度が増す一方。「ミールよ、早く落ちてくれ！」の心境です。

このマガジンの愛読者のために、これまでに明らかにされているロシア航空宇宙庁の基本的な軌道制御のイメージをご報告しておきましょう。

まず全体的な印象としては、日本への落下の危険は、あなたが道を歩いていて上から何ものかが降ってきて死ぬ確率よりも低いと考えられます。一応そういった状況にあることを心においていただいて、冷静に以下の説明を読んでください。そしてまわりの人に分かりやすく解説してあげてください。

1. ミールは現在270 km（2月26日現在）のほぼ円軌道上を回っており、大気抵抗によって少しずつ高度を下げつつある。
2. ミールの高度が250 km程度になったときに軌道離脱オペレーションを開始する。ということは現在は高度250 kmになるまで待っているということ。
3. 高度250 km程度になると、モスクワ近郊のコロリョフ市にあるミッション・コントロール・センターから指令電波を送って、補給船プログレスのエンジンを噴かす。これによってモスクワの裏側（南太平洋上空）におけるミールの高度を落とす。
4. 何回かに分けて噴射を実施して徐々にミールの

近地点高度を下げ（その間、遠地点も高度が230 kmくらいに下がる）、近地点高度が150 kmくらいになったら、西アフリカ上空あたりで最後の噴射を行い、一挙に落とす。
5. 最後の噴射が終わってから30分くらいで、ミール（及びドッキングしているさまざまなモジュール）は、急激な空気力学的加熱によって溶けながら落下し、溶けきれなかったものは南太平洋上に落ちる。

2月27日現在でロシア側の言い分に従えば、高度250 kmに達するのが3月9日ごろ（誤差±4日）。落下に向けてミールの姿勢を整えた後、軌道制御を3月11日を第1回として3回に分けて実施し、3月13日に南太平洋に落とすというシナリオを持っています。ただし、この数字は、太陽活動のレベルとそれに伴う地球大気の密度の変動によって変わってきます。

太陽活動が激しくなると、太陽から大量の紫外線が吐き出され、それが地球を包む上層大気を温めて膨らませるので、ミールが飛んでいるあたりの大気も密度が濃くなってしまいます。すると当然大気抵抗が増すので、人工衛星の落下は早まっていくわけです。反対に太陽活動が沈静化していくと、逆に落下は遅くなっていきます。現在は11年周期の太陽活動の最盛期になっているのですが、そうした大きな周期の中に、もっと短いスケールの変動が起きるわけで、実はここ1ヵ月くらいは太陽活動が比較的静かになっています。つい3週間前に、軌道制御の開始予定を3月5日あたりと言っていたロシアが、今は3月11日に改めたのも、発表がいい加減なわけではなくて、この太陽活動による高度の降下の状況を真面目にモニターしている所為と思ってください。これからも、軌道制御の方法は変わらないでしょうが、関わっている高度や日付など数字については、発表のたびに動いていくことになるでしょう。

さて危機管理の観点から見ると、制御の様子に対応して3つの場合が考えられます。

第一は、制御が予定どおりに完璧に行われた場合。この場合は、日本には決して落下せず、少なくとも日本の国土は心配ありません。

　第二は、上記の3と4がまったく行えなかった場合で、このときはミールは自然落下とあいなります。この場合、ミールの飛んでいる北緯約50度と南緯約50度の間のどこに落ちるかは、長期予報としては見当がつきません。

　第三は、この2つのケースの中間の場合で、制御エンジンが噴射はしたものの、予定よりも噴きすぎたり噴き足りなかったりした場合です。過剰に噴くと早めに落下するわけで、もし最後の噴射の際にそれが起きれば、落下点が南太平洋から日本のほうへずれてくることになります。ただしどの周回で最後の噴射を実施するかによって、日本がまったく関係なくなることもあるでしょうが。そして最後の噴射が噴き足りないと、落下点は南米のほうへシフトします。

　ミールは全体で130トン強ですが、そのうち溶けきれないで地球表面に届く物体は、700 kgから500 kgくらいの物が2個、100 kg程度以下の物が1500個ぐらいで、合計すると20トンくらいと発表されています。それらがミールの進行方向に6000 kmくらい、それと垂直方向に200 kmくらいの領域にまたがって、バラバラに落ちてくるわけです。

　いずれにしろ最後の噴射が終わって落下までの時間が30分ということになると、その最後の噴射のころに異常が報告されても、それから緊急に退避行動をとれないでしょうから、内閣府、文部科学省、外務省その他の関係省庁の、連携した綿密に考え抜かれた危機管理の態勢づくりが急がれています。

　赤ん坊の時代を空襲警報のただ中で過ごした世代の私としては、何かやるせないことになってきました。のんびり屋の私には不向きな仕事なのです。意味もなく楽天的な私の前から、早く無事に姿を消してほしいミール。でも20世紀の宇宙開発に不滅の金字塔を築いた宇宙ステーションなんですよね。大過なく英雄的な最期を遂げてほしいと祈っています。

3月 14日

「日本の宇宙科学の父」小田稔先生が急逝

　さる3月1日（木）の午後2時過ぎ、X線天文学の雄にして「日本の宇宙科学の父」、小田稔先生が急逝されました。2月24日に78歳の誕生日をお迎えになったばかりでした。3月3日にお別れ式、3月5日に告別式が、いずれも四谷のイグナチオ教会で執り行われました。私にとっては、かけがえのない心の師でした。

　専門分野がまったく異なるにもかかわらず、親しくお声をかけていただいたのは、小田先生がMIT（マサチューセッツ工科大学）から創設間もない東京大学宇宙航空研究所に赴任されたのが、奇しくも私が大学院生として糸川研究室に入った翌年だったという「ほぼ同期」という縁、宇宙研のロケット発射場のある内之浦での定宿が同じだったという縁、お酒が好きでアルコールづけで無数の教訓をいただいたという縁などさまざまでしたが、後年になって先生の半生記『星の王子さま宇宙を行く』* を書かせていただいたことで、私が勝手に「片思いの」親しさを感じた所為があったのでしょう。

　お別れ式の帰りには、四谷界隈を涙が止まるまであてどもなく歩き回りました。先生が小さいころに、「なぜ鼻くそは大きくなるのか」と疑問を抱いて、箱の中に自分の鼻くそをいっぱい入れて観察し、箱を開けたお母さまが仰天された話をはじめとして、じかに膝を接して語っていただいた数限りない話が、呆然とした頭に次から次へと浮かんできて、私は道ゆく人びとの雑踏の中で孤独に歩を運び続けました。

　昨年12月に足の手術で入院されたという噂が流れてきましたが、数年前から時どき杖をつかれていることがあったので、「ああ、少しお悪くなられたのかなあ」と考えていましたが、年賀状をいただいたときに、ちょっと筆跡がいつもと違うなあと感じた程度で、じきにお元気な姿を拝見できると信じていました。ところが、「足の不具合は脳から来ている中枢神経に問題があるからで、

小田稔先生のスケッチ

＊：的川泰宣『星の王子さま宇宙を行く』（同文書院）。小田稔先生の半生記。先生と奥様との語らいの中で、楽しく書かせていただいた。

首にメスを入れて簡単な手術をすれば、もとの元気な足に戻れます」と言われて行った手術が、予期せぬ展開となって、1月末に病状が急変し、約1ヵ月後に取り返しのつかぬ事態になってしまったということです。第三者の医師の立ち合いのもとで病理解剖が行われ、死因は「髄膜炎」ということでした。やらずもがなの手術だったようで、悔やんでも悔やみ切れません。

　告別式で参列者のほぼ末尾についた私がご家族の前に進んだとき、知枝夫人、長男の克郎君、長女の玲子ちゃんの前で、私は心の準備ができていなくて立ちすくみました。突然体の奥から湧いてきた涙の向こうで、奥様が「あ、的川さん。たくさんの楽しい思い出をありがとうございました」、玲子ちゃんが「おひさしぶりです。長い間ありがとうございました」と心丈夫に話しかけてくださるのに、小さくうなづくだけで精一杯でした。「これでは立場が反対ではないか」と思いつつも、他に為す術もなかっただらしない自分に、後で腹が立って仕方ありませんでした。

　小田先生は、1960年代の初めにX線が宇宙から飛来していることをMITのブルーノ・ロッシ博士らがロケット観測で発見したX線天文学の草創期から、ロッシ、ジャコーニたちとともに活躍されました。日本に帰って来られてからは、初々しい学問分野だったX線天文学とご自分の発明である「すだれコリメーター」をひっさげて、続々と後に続いた若い研究者を育て、日本のこの分野を世界で並ぶものなき地位にまで引き上げられたのでした。同時にそれは、永田武先生率いる地球物理学とともに、日本の飛翔体観測を大きく発展させる原動力となったのでした。

　「すだれコリメーター」のひらめきは、ボストンのペットショップで「ハツカネズミ」の篭車を風邪気味のボーッとした目で眺めていたときにやってきたこと、それが偶然にもケネディ暗殺の日（1963年11月22日）だったこと、……。20世紀に飛躍的な成長を遂げた宇宙の科学の高い加速段階で仕事をされた小田先生の多くのまぶしいばかりのエピソードは、『星の王子さま宇宙を行く』

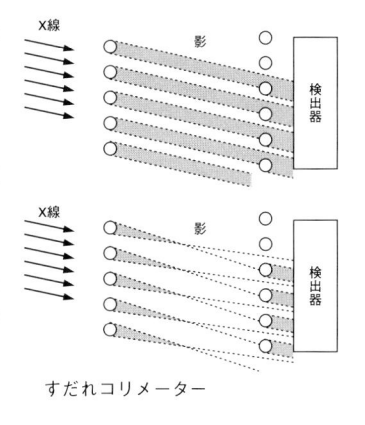

すだれコリメーター

2001年

におさめました。どうか1人でも多くの方に、（本屋で注文してでも）読んでいただきたいと願っています。

内之浦の宿で、「ボクはむかし星の王子さまと言われたんだぞ」と話を向けられ、「へえー、今では星のおじいさまですね」と答えたジョークが、私が先生にお返しできた唯一の気のきいたプレゼントになりました。素晴らしい先達を失って、心に大きな空洞ができた実感があると同時に、小田先生のいらっしゃらない状態でこの悲しみを乗り越えていかねばならない、と決意を固めつつあります。

小田先生の古稀のお誕生日の寸前に誕生し、華々しい活躍で世界に雄飛した宇宙科学研究所のX線天文衛星「あすか」が、先生の亡くなった日の翌3月2日、ソロモン諸島上空で地球大気圏に突入・消滅し、8年の生涯を大往生で飾りました。告別式で先生の愛弟子である東大の牧島一夫くんが述べたように、「はくちょう、てんま、ぎんがという日本の歴代のX線天文衛星とともに、あすかが先生と語らいの時を持ってくれるでしょう。」

今は21世紀の日本の宇宙科学が、20世紀を怒涛のように駆け抜けた小田稔先生の時代に負けない重厚な実績をあげてくれることを祈るばかりです。合掌。

「はくちょう」を見送る小田先生（上右から2人目）

3月 28日

「ミール」落下がのこしたもの

ミール落下の大騒ぎが終わりました。いやもう参りましたね、今回は。日本が被害を受ける確率は非常に低い、といくら言っても、過剰な熱気に包まれた取材はエスカレートするばかり。文部科学省に設置された「ミール情報収集分析センター」につめての仕事は、「他人様のことで何でこんなに」というほど時間がとられて大変でした。飛行機事故よりも危険の可能性が低い事件についてこれほど騒ぐならば、羽田からの発着便はすべて大騒ぎすべきです。厚木基地などの周辺住民は、朝から晩まで軍用機を心配そうに見上げていなければなりません。

116

やっと解放されたのですが、すぐ月曜日にはパリへ。その準備が全然できないままで「ミール」に巻き込まれたので、あまり振り返る暇がないのですが、ミール騒ぎでよかったことだけを簡単におさらいだけしてお伝えします。

1．苫小牧の科学センターに展示されている「ミール」の実物模型がみんなに知られたこと。この20世紀最高の人間宇宙滞在を可能にした貴重な文化遺産を、どうかみんなで大切にしてください。
2．ロシアの宇宙技術の優秀さが人口に膾炙したこと。アメリカに比べて、ロシアの宇宙技術は不当に低く見られていたと思います。日本の宇宙の遅れをもっと自覚すべきです。「ゆうじん」の「ゆ」の字も始まっていない現状を、国民のみなさんはどう見ているのでしょうか。新しい時代を始めなければ、日本はこの数十年の間に、見事な宇宙の落ちこぼれになっていきますよ。
3．このたびの騒ぎは、原子力潜水艦と首相のゴルフという事件*の余波もあったのでしょうね。でも「危険」とか「危機」というものについて、ある程度定量化した議論を開始すべきであることに気づいた人は多いでしょう。その努力を、熱の冷めないうちに始めましょう。宇宙分野では、問題提起をするつもりです。
4．一部の新聞・テレビの取材は、完全に「センセーショナル志向」でしたね。「日本には絶対と言っていいくらい落ちないですよ」と言ったら「何だ、そうですか」と電話口でがっかりした記者もいました。でもおもしろいことに、マスコミの狂騒曲にもかかわらず、日本人は全体として冷静とお見受けしました。少し心強い気がしています。

今回の出張は、パリで「IAF（国際宇宙航行連盟）」の委員会、次いでロンドンに飛んでハレー彗星探査15周年の記念会議に出席して戻ってきます。パリのほうは定例のものですが、ロンドンは昔のなつかしい人たちに

＊：2001年2月9日、ハワイ・オアフ島沖で宇和島水産高校の実習船「えひめ丸」が米原子力潜水艦に衝突され、沈没するという事件が発生した。当時の森喜朗首相は、その事故の発生を戸塚カントリーゴルフ場でプレー中に知らされたにもかかわらず、その後2時間以上もプレーを続行したというので、マスコミからも厳しい糾弾の声があがった。おまけに、森首相が、1985年ごろに「戸塚カントリー倶楽部」の会員権の無償譲渡を知人の会社社長から受けていたとの疑惑も報じられた。

会えるので楽しみです。そこで発表する論文の準備が、ミールの騒ぎのために遅れていたのです。睡眠と土曜日を返上して何とか完成しました（秘書さんも休日返上で頑張っていただいて）。思えば、今回テレビにたびたび登場したモスクワ郊外にあるミールの管制センターを私が初めて訪れたのは、15年前のハレー探査のクライマックスの時だったのです。帰ったら、お土産話をします。

4月 11日

日本の宇宙科学の将来構想

　何だかずいぶんとご無沙汰したような感じがします。以前は毎週お目にかかっていたのですが、原稿も毎週だと大変だろうと同情してくださった日本惑星協会の幹部の方々が、隔週にしてくださったのですが、私はどうも忘れっぽいせいで、隔週だと、「えーと、今週は書く週だったかな、書かない週だったかな？」といつもいつも悩んでいるような始末です。そこで思い切って、また「やはりできるだけ毎週書いてみようかな」と決心しかかっています。

　実は、今年の初めからダイエットを開始しています。大好きなお酒はいっさい断ち、毎日のカロリーを1800kcalに制限しているのです。おかげで1月1日にディジタルのヘルスメーターで100.0kgだった体重は、たとえば今朝の計量では94.2kgを記録するまでになりました。一応1年間だけという「触れ込み」で始めたダイエットなのですが、確かにつらいものはあります。特にここ1ヵ月は横這いが続いていたので、「がまんがまん」と自分に言い聞かせる日々でした。

　私は、兄が2人ともひどい糖尿で苦しんでおり、お医者さまからは「血糖値が129だし、家系が家系だから、体重を落とさなければ、取り返しのつかない糖尿病になることは目に見えている」と「脅し」を受けていたので、ダイエットを始める機会をうかがっていたのです。それが思いもよらず区切りのいい元日に、100.0という「お

めでたい」数字を目にしたものですから、生来の悪戯ごころ（？）から、「こりゃあ引算が楽だわ」ということで、とりあえず始めたわけです。あんまり周囲に「ダイエットする」と言い回ったもので、もう引っ込みがつかなくなって、今ではその「しばり」を大事にしながら実施しています。どなたか競争しませんか？

　さて、宇宙科学研究所では、しばらく前から20年くらい先までの将来計画を策定すべく、全国の研究者たちと議論を進めてきましたが、このたび大筋で合意に達し、近くパンフレットにまとめるための作業に入っています。大きくは「天文観測」と「太陽系探査」から成っていますが、一足先に、太陽系探査の部分だけエッセンスをご紹介しておきましょう。

　1970年代以降にアメリカや旧ソ連が中心になって行ってきた月・惑星探査によって、我々の太陽系の理解は格段に進展しました。月惑星探査によってこの数十年間に得られた知識量は、ガリレオ・ガリレイが初めて木星に自作の望遠鏡を向けて以来、数百年の間に得られた太陽系に関する知識量を大きく凌駕していると言われています。この時代は「太陽系への大航海時代」であったと位置づけられます。

　これらの月・惑星探査によって、冥王星を除く惑星すべてについてひととおりの偵察的探査が終了しました。またこの間に、理論・室内実験・宇宙物質（隕石、月の石、惑星間塵）科学等の惑星科学の飛躍的な総合的発展が見られました。これらの発展を基盤に、これからの太陽系探査は「偵察的探査」から、「調査・研究の探査」という新しい時代に突入することでしょう。すなわち、惑星科学の基本的問題を解明するうえで重要な成果が得られる探査が可能となりつつあるのです。

　一方わが国においても、地球電離層ロケット観測から始まった宇宙空間観測は、X線天文学などの天文観測はもとより、「あけぼの」から「ジオテイル」による地球磁気圏観測で着実に進展し、「さきがけ」「すいせい」によるハレー彗星探査に始まったわが国の太陽系探査も、その後、「ひてん」「のぞみ」「MUSES-C」「LUNAR-A」

「SELENE」へと展開しつつあります。すなわちわが国においても、惑星科学の基本的問題に挑戦できる体制が整いつつあると言えるでしょう。

太陽（惑星）系の生い立ちは、宇宙の構造、物質究極の姿、生命の起源とともに古来より人類の追い求めてきた謎の1つです。しかしその研究の歴史は、天文学、物質科学、医学生物学にくらべ圧倒的に浅く、初めて「惑星起源論」が著されたのはニュートン力学確立の後、18世紀半ばになってからのことです。

そして本格的な太陽系起源の研究が始まったのは、星の誕生と進化、銀河系での物質循環に関する理論的・観測的研究が大きく発展し、それらを基礎に日、米、ソの研究者がこぞって新たな太陽系起源の理論を展開し始めた1970年代になってからです。あまり知られていないかもしれませんが、この新たな研究展開にあって日本の研究者が果たした役割は非常に大きいのです。

太陽系起源の理論構築においては、京都大学の林忠四郎教授を中心に精力的研究が進められ、一連の研究を集大成した「太陽系形成に関する京都モデル」は今日「太陽系形成の標準モデル」として世界に広く認知されています。また、太陽系物質の蒸発・凝縮過程、衝突過程の実験的研究も世界に先駆けて研究が進められました。特に「太陽系形成の標準モデル」は、地球型惑星・小惑星・木星型惑星の起源について統一的な描像を与えるなど、1970年代以前と比べ、我々の理解を深めるのに大きく貢献しました。

しかし真の理解からは未だほど遠いものがあります。なぜ惑星は9個なのか、なぜ惑星はボーデの法則*で近似されるような軌道にあるのか、といった根源的な疑問、月はどのようにして生れたか、彗星もまた惑星と同じように生まれた兄弟なのかそれともまったくの他人なのか、といった素朴な疑問、生まれたばかりの地球はどのような姿をしておりどのように変遷してきたのか、といった身近な疑問、我々はこのような疑問に答える術を持ち合わせていません。

ここ20年というもの、原始星、Tタウリ型星観測の

＊：1772年にドイツの天文学者ボーデが提唱したもの。惑星の平均軌道半径 r（天文単位）が次のような簡単な式で表せることを発表した。
$$r=0.4+0.3\times 2^n$$
n の値と各惑星についての計算結果と実測値を記すと、

n	惑星	ボーデの法則による値	実測値
∞	水星	0.4	0.387
0	金星	0.7	0.723
1	地球	1.0	1.0
2	火星	1.6	1.524
3		2.8	
4	木星	5.2	5.203
5	土星	10.0	9.555
6	天王星	19.6	19.218

$n=3$ の惑星がなかったが、1801年にイタリアのピアッツィによって、ほぼその距離に小惑星ケレスが発見され、また $n=6$ のところにも1782年にハーシェルによって天王星が見つけられた。

飛躍的な発展、コンピュータの性能向上、理論的な解析手法の進展などによって、太陽系起源論は大発展を遂げたと言えますが、にもかかわらず極めて根源的な、素朴な疑問に答えられないまま留まっているのは、太陽系起源の研究に実証科学的側面が決定的に欠落しているためです。

　地球をはじめとする太陽系諸天体は多様な構成物質から成り立ち、多様な構造を持っています。また、研究対象となる時空間は広大です。それゆえ、系のもつ自由度は極端に大きく、かつ複雑な多段階・長時間の過程を通して変遷してきたものと考えなければなりません。いかにコンピュータが発展したとはいえ、このような多自由度・多段階・長時間過程を解明するには、理論と室内実験だけではとても無理です。理論的な立場からのみでは決定しがたいパラメータが多々あり、また、室内シミュレーターでは原理的に超えることのできない時空間の高い壁があります。太陽系諸天体の本質的な構造とそこに隠された過去の記録をひもとき、理論的・実験的な知見とつぶさに対比することによって初めて真の理解に達することができるのでしょう。この意味で、月・惑星探査は太陽系起源の研究にとって欠くべからざる要素を担っています。

　惑星科学における探査の重要性についてもう少し強調しておく必要があるでしょう。研究手法として理論・実験・探査と数え上げれば、単に3頂点の一端を担っているに過ぎないとも受け取れます。しかし惑星科学における探査はそれ以上に重い分担を担っています。太陽系起源の研究は必然的に進化学・歴史学を包含していますが、それにかかわる歴史的事実を発掘し、太陽系起源の研究に基盤を与えるのが探査に課せられた役割です。他方、発掘された歴史的事実の間を明解につなぎ、物理・化学素過程の積み上げとして理解する（さらには普遍化する）のが理論の役割であり、実験の役割です。この意味で太陽系の起源と進化の研究、あるいはもうちょっと大げさに言えば「惑星科学の研究」の鍵は、月・惑星探査の進展が握っていると言っても過言ではありません。

2001年

　一方、アポロ計画、ルナ計画など月探査を皮切りに、過去30年間にわたり多くの探査機が種々の天体を訪れました。既知の枠を超える惑星や衛星の姿を捉えるべく計画されたこれらの一連の月・惑星探査は、その期待に違わず想像をはるかに超えた諸天体の多様な姿を目の当たりに見せてくれました。同時に惑星探査の威力を再認識させるものでもありました。これら探査の諸成果は、「太陽系の起源と進化の解明に迫る」というよりは、むしろ皮肉なことに、「発見の時代、探検の時代の必然的結果」として太陽系に関する以前より圧倒的に多くの謎を提供する結果となりました。私などの世代は、自分の青春時代のほとんどがこの「発見の時代」と重なっています。

　惑星探査は今、「発見の時代」から真の意味での「探査の時代」へ移ろうとしていると言えます。過去30年の探査によって、すでに我々は「太陽系のガイドブック」を手にすることができました。これからは太陽系の起源と進化の研究に迫る物的証拠を求めて大局的かつ総合的な惑星・衛星の構造を見定め、過去の重大事件を記憶した種々の化石を探し出す時代に入りました。

　ただ、月・惑星探査の実行には長年月にわたる巨額の経費と多数の要員を投入する必要があります。国際的には米国のディスカバリー計画のように短期間の開発で惑星探査機を開発しようとしているものがありますが、米国にはこれまでの長年にわたる技術的な蓄積があり、さらに先進的な技術開発が絶え間なく行われているからこそ可能なのです。しかし、発見の時代から真の科学探査に移っていくこれからの時代において、日本の研究者が主体的に目標を定め、取得したデータを自在に扱えることは重要ことです。

　また、ESA（ヨーロッパ宇宙機関）のコーナーストーン計画に代表される大型ミッションは、国際協力で実施しようとする傾向にあり、日本にも協力要請があります。その場合、日本が他国（特に惑星探査先進国）と対等に参画するには、ミッション設定、打上げ、運用、データ解析、科学的成果の抽出という一連の手法を、わが国と

しても習熟しておく必要があるのはもちろんで、さらに言えば、独自の優位性を持てるものを育てておくのが望ましいと言えます。このような国際情勢の中で、長期的な視野に立って日本独自の太陽系科学探査戦略を構築しておくことが必要でしょう。

　今週は、将来計画を策定する上での基本的な現状認識について説明しました。来週からは、計画の中身に立ち入ってご紹介することにしましょう。ダイエットと同じで、「できるだけ毎週」と言い触らすことにしましょう。

4月 25日

太陽の光で惑星間飛行

　「ソーラー・セイル」について、「詳しく説明してほしい」という依頼が来ました。これは「太陽光帆船」とでも訳すのでしょうか。まるで洋上のヨットが風を受けて進むように、太陽の光を巨大な帆で反射しながら宇宙を航行する方式の宇宙推進です。よく「太陽風を力のもとにしている」と言われますが、これは間違いです。太陽風は太陽が吐き出す高速のプラズマの流れですが、とても密度の薄いもので、とてもそんな推進力は出せません。ソーラー・セイルが頼りにしているのは、他ならぬ「光の圧力」なのです。ピンと張った打てば響くような帆に太陽からの光子が衝突すると、わずかながら力を及ぼします。跳ね返ると当然光子の運動量の向きが逆転するので、運動量保存の法則によって帆は新たな運動量を獲得し、加速されるわけです。

　さてソーラー・セイルは、現在世界中で使われている固体燃料や液体燃料のいわゆる「化学燃料」を使わない新方式の推進方法として、すでに20世紀の初めごろから提案されていたものです。ロシアのフリードリック・ツァンダーやコンスタンチン・ツィオルコフスキーなどが言い出しっぺと言われています。原理そのものは上記のように非常にはっきりとしており、これまでにも、1980年代のハレー彗星へのソーラー・セイル計画（NASA・

ソーラー・セイル
イメージ図

　JPL）や 1990 年代の国際的な月ヨット・レースなど、注目を集めたことはあります。このようにソーラー・セイルを用いる探査計画は枚挙にいとまがありませんが、太陽引力から受ける加速度の大きさが、地球近傍では重力加速度の 1000 分の 1 程度なので、それより一桁小さい 1 万分の 1 G（G は地球表面の重力加速度）の加速度を宇宙船に与えることができれば、十分に太陽引力の束縛から少しずつ逃れることができ、太陽系内を自由に航行できる状況となるのです。

　それでは、なぜ今までソーラー・セイルのミッションが実現されなかったのでしょう。それにはおそらく以下のような状況があったのでしょう。それは逆に現在再び注目され始めた理由でもあります。

1. ソーラー・セイルは、実は大幅な速度増加を必要とするミッションに適しているのですが、そのような巨大な探査計画が検討にあがってこなかった（ないしは、初めからあきらめられていた）こと。
2. この 10 年ほどの間に、帆として使用する材料の開発がかなり進歩したこと。それは、ポリイミド系の材料を非常に薄い膜に仕立てることが可能になったこと、長尺ものの連続製造技術が開発さ

れてきたこと、溶着技術の進歩があったこと等が考えられる。
3. 軌道上におけるオペレーションに新たなアイデアが提出され、外惑星までの飛行を見通すような探査計画への応用がより現実的になったこと。太陽からの距離が地球近傍くらいのところで温度上昇を抑えて加速できる技法はその一例である。

また惑星間飛行では、言わばゆったりとした航行になるので、帆船の姿勢を変更するレートを小さく抑えることができるのですが、この帆船向きの惑星探査に注意が向かず、どちらかというと、地球まわりでの運用や間近なお月さまなどに注意がいきがちだったこともその理由かもしれません。

幸いにして今日では、軽量で高温に耐えうるポリイミド系の膜材の製造性と溶着性が飛躍的に向上しており、太陽光帆船のための帆に関する見通しはかなり明るいものとなっています。ミッションとして的確なものさえ提起できれば、実現は近いと思います。宇宙科学研究所でも、こうした展望のもとに遂にワーキンググループが発足しました。そのワーキンググループが宇宙科学研究所に提出した報告書に基づいて、その検討課題にしているミッションを2、3紹介すると、

1. 小惑星の多数回ランデブー、サンプル・リターン：小惑星を4個以上めぐる場合、総増速量が10 km/sを超えると、イオン・エンジンでは耐久性の問題も顕在化し困難になるでしょう。
2. 太陽系脱出ミッション：短期間ではるかに太陽系を脱出させる方法としては、ソーラー・セイルが唯一の手段であろうと思われます。実はこれは、現在激しく議論されているNASAの「冥王星・カイパー・エクスプレス」のバックアップとして検討されていた時期があります。
3. 黄道面脱出ミッション：木星スウィングバイを利用するとすれば、出来上がり軌道は周期5〜6年の楕円軌道になります。総増速量が30〜40 km/s

にも達するので、他の推進機関では不可能です。

"The Planetary Report"で紹介された米国惑星協会のソーラー・セイル実験も大変おもしろいものですが、もし日本で本格的な惑星探査ミッションに適用されると、NASAは慌てるでしょうねえ。本気で検討するグループが出てきたことは、うれしいことです。

5月 9日

日本の宇宙科学ミッションはどのように決まっていくのか

いくつかの新聞に掲載されたように、宇宙科学研究所では日本初の金星探査計画を真剣に検討しています。特に金星の大気に重点を置いた探査です。すでに1980年代ころからの夢だったのですが、やっと計画の中身も円熟してきて、ついに今週の理学委員会で審議されるところまで漕ぎ着けました。すでに評価委員会では高い評価を受けました。

宇宙科学研究所の場合、新しい衛星プロジェクトを立ち上げるときは、まず国内の有志で小さな研究がしばらくの間続けられ、次いで「ワーキンググループ」というものが設置されて本格的に衛星計画を練っていきます。通常そのワーキンググループでの活動は2〜3年でしょうか。そして中身に自信が得られたら、宇宙科学研究所の評価委員会にかけられ、いくつかの他の計画をライバルにして、衛星計画として適当かどうかの判断が下されます。これに勝ち抜いたら、いよいよ理学委員会で審議され、最終的に「ゴーか、ノーゴーか」の決定が下されるのです。「ゴー」ならもちろん予算要求に進みます。

「ゴー」か否かの判断の基準としては、以下の4つが設定されていると言えます。

（1）第一級の科学目標を有していること。ミッションとして宇宙科学における本質的問題の解明に

おいて重要な成果が期待できるものでなくてはならない。
（2）ミッションの科学目標と実現手段が高い独創性を有していること。諸外国で行われている、あるいは行われようとしていることの追随ではなく、ミッションの形態・観測機器・観測方法などで、日本独自の創意と工夫が盛り込まれていることが必要。
（3）技術的・予算的に高い実現可能性を持っていること。これは上記の2つと相反するものになる場合もあるが、必ずしも技術的に野心的・挑戦的なミッションを否定するものではない。限られた予算の中で遂行しようとすれば、どうしても現実的な考慮が必要となる。
（4）ミッションの自主性と国際性に関すること。小型のミッションは別として、大型のものは何らかの国際協力になることは避けられない。その際、ミッション全体の開発、科学観測、オペレーションのいずれにおいても、「日本が主動的立場で実施できる」ことが肝要。

　金星は、旧ソ連とアメリカが特に固体表面に興味を持って多くの探査機を送ってきましたが、その大気についてはいまだに多くの謎を残しています。詳しくは、理学委員会の議論が終了したらお伝えしますが、日本は、その米ソが手薄だったテーマを徹底的に研究しようとしています。特にこのミッションでは、30代の若者たちが大きな役割を果たそうとしています。私は、これを宇宙科学の新しい波として、大きな期待をかけています。アメリカのマーズ・パスファインダーでやはり若い世代が大活躍したと聞いています。日本の若者たちの野心と気概と実力が、手強い世界的レベルの「おじさんたち」を相手にする今週の理学委員会で試されます。

2001年

5月 16日

日本の金星探査計画「プラネットC」

　金星は、地球に最も近い惑星であり、大きさや重さも地球と同じくらいなので、生まれたばかりのときには地球と双子のような惑星であったと考えられています。しかし現在の金星は、大気の成分は二酸化炭素がほとんどで、気温はセ氏470度、気圧は90気圧もあり、惑星全体を硫酸の雲が覆っているという地獄のような世界であることが、今では分かっています。

　多くの研究者が金星に興味を持ち、金星には米国やソ連によっていくつも探査機が送られてきましたが、金星の環境の物凄さは、徹底した調査の邪魔をし続けています。

　新たに提案されている日本の金星探査計画は、金星の「大気大循環」の解明を最重要課題に掲げています。そもそも惑星の気候を左右しているのは、惑星全体をめぐる風です。惑星全体を大規模なスケールでめぐっていく風は、エネルギーや化学物質を血液のように惑星のすみずみまで送り届け、気候に大きな影響を与えているのです。このような大気の流れを「大気大循環」と呼びます。

　地球を例にとって考えてみましょう。日本に住む私たちは、数日おきに天気が悪くなって雨が降るのを当たり前のように感じていますね。これなども「地球の大気大循環」のせいです。大気大循環に伴って、低気圧のような大きな渦が、亜熱帯の暖かく湿った空気を温度の低い高緯度地帯に運び込むために、天気が悪化する原因となるのです。

　地球は1日で1回自転します。大気大循環に伴う渦の振舞いも、この自転の影響を色濃く受けていることは言うまでもありません。これに比して、金星の自転ときたら、周期が243日という非常にゆったりとした回転です。しかも地球とは逆まわりの自転です。だから、金星の大気が地球よりも分厚いことや、雲で覆い尽くされていることや、自転が極端に遅いことなどによって、私たちが

日本の金星探査機プラネットC

もし金星に住んだとしたら、地球上とは随分と違った気象の洗礼を受けそうですね。
　金星にはどのような渦ができているのだろう？　そしてその渦は、大気のどのような大循環で惑星を旅しているのだろう？　雲はどのように作られるのかな？　雷なんかは起きるのだろうか？　さまざまな疑問と興味が湧いてきます。また金星には「超回転」（スーパー・ローテーション）と呼ばれる大きな謎があります。金星の表面速度は、たとえば赤道上でもわずか秒速2m強なのに、上空を覆う雲は自転の60倍にも達する毎秒100mを越えるスピードで東から西へ吹き荒れているというものです。地球上では、こんな風は地面との摩擦で止まってしまうのが常識なのですが、これはどんなメカニズムになっているのでしょうか。現象は分かっていながら、世界の叡知を結集しても何十年も原因が分からないのですから、これはもう解決したくてうずうずしてしまいます。
　こんな金星の大気や気象の謎を解き明かしたくてたまらなくなった日本の若者たちが、M-Vロケットという強い味方を得て、世界に先駆けて挑戦の火の手をあげたのです。
　気象というのは大きな広がりを持っていますし、現象の構造そのものが3次元的ですから、1ヵ所に降り立つだけのランダーでは調べられません。それは日本の気候変動を見るだけでは地球全体の大気の流れが分からないのと同じ理屈です。やはり気象衛星「ひまわり」のように、オービターとなって惑星全体を見渡すリモート・センシングを遂行しながら、渦巻く大気の流れを立体的な広がりにおいて観測しなければなりません。
　金星では分厚い大気や上層の雲が光を遮るために、そのような観測ができなかったのですが、1990年代に、ある種の赤外線を使えば宇宙から透視できることが発見されました。これを利用しないテはありません。この赤外線カメラを搭載し、金星を周回しながら下層の雲や微量な気体成分の分布を全体にわたって連続撮影し、大気の運動を詳しく観察できるでしょう。さらに紫外線など別の波長の光でも同時に観察して別の高度のデータも集

めれば、大気の3次元の流れを手にとるように眺めることができるに違いありません。また、大気を構成する分子や原子が宇宙空間へ逃げ出していく現象を調べたり、活火山を検出することも試みたり、他にも野心的な観測が計画されています。

　太陽系には多くの惑星がありますが、地球以外ではこんなに気象観測を真正面からやった惑星はありません。今度の日本の金星探査計画は、金星のことをよく知るに止まらず、「惑星気象学」という新しい学問分野を創り出すこともめざしているのです。アメリカや旧ソ連が過去に行った探査とは異なるアプローチで、日本は一躍惑星探査のトップレベルに躍り出ようとしています。これが30代の若者たちを軸にした日本の若々しい頭脳のチャレンジであることを、私は誇りに思っています。

　現在提案されている計画では、2007年に打ち上げ、2009年9月に金星周回軌道に入り、近金点高度300 km、遠金点高度6万kmの長楕円軌道に入ります。曲がり角にあると言われる日本の宇宙開発に、多くの「世界初」をひっさげて、日本の若々しいパワーが登場してきました。この計画は、最大の難関と見られた宇宙科学研究所の「理学委員会」の厳密な吟味を経て、国からの認可へと向かっています。

5月 23日

日露の定期協議（宇宙）

　さる5月18日に、日本とロシアの宇宙協力についての定期会合が外務省で開かれました。毎年交互に主催して行われているもので、来年はモスクワで開催されます。ロシアからは、ロシア航空宇宙庁のメドヴェーチコフ副長官をはじめとして8人が出席し、日本は宇宙に関係した活動をしている各省から、合計30人くらいはいたかな。

　席上日本側の代表（外務省のお役人さん）から、日本とロシアの宇宙協力があまり活発でない理由が、日本で

はロシアについてあまり知られていないことや、言葉の障壁の問題など、長々と述べられ、はじめからやる気のなさが見え見えの会議となりました。なんて失礼な対応だろうと思っていたら、ロシア側のメドヴェーチコフさんは、「いろいろな難しい問題はあるだろうけれども、努力が大切」と誠意のある発言でした。あれほど世界の注目を集めたミールの制御落下についても、外務省としては一言も言及せず、後に文部科学省の審議官が少し触れたにとどまりました。

　席上、私の紹介を「NASDA」とやったり、何だか準備も認識も不足していた印象が強く、いろいろと考えさせられる会議でした。

　日本とロシアの協力関係は、実は宇宙科学ではすでに長い歴史があります。1980年代にはハレー彗星の探査で、アメリカ・ヨーロッパ・ロシア・日本という4極構造の宇宙科学上未曾有の規模の協力があり、その後毎年「宇宙科学サミット」ともいうべき「IACG（Inter-Agency Consultative Group）」が4極持ちまわりで開かれてきています。日ソ、後には日ロという形の2国間の付き合いも頻繁かつ親密に行われ、私個人としても非常に多くの友人がロシアにはいます。ウォッカやキャビア入りの思い出も数々あります。

　ソ連が崩壊したころのことです。ある会議で「IKI（ロシアの宇宙科学研究所）」の所長アレクセイ・ガレーエフ（世界的な宇宙プラズマ物理学者）から、ひところ1万人を優に超える組織だったIKIが今は5000人もいない苦しい状況になっているなどの悩みを聞かされ、身につまされてつい「あなたが宇宙科学研究所に来てくれるなら、喜んで客員教授のポストを開けて待っているけど……」と提案したところ、「私はロシアの人間だよ。祖国がこんなに苦しい状況にある今こそ、この国にとどまって若い人たちを励まし導いてやらなければならない。今私が長期に日本に行ったりしたら、それは若者たちに対して、どのような模範を示したことになるというんだ？」と、きっぱりと断られました。

　私は、ガレーエフの立場もわきまえず何て浅はかなこ

ロシアの宇宙科学のリーダー
アレクセイ・ガレーエフ博士

とを言ったのだろうと、自分が恥ずかしくなりました。同時に、こんな芯の強い立派なリーダーのいるロシアの宇宙科学陣の底力を知らされる思いでした。「祖国」という言葉が、ロシアの歌にはしばしば登場します。日本では死語になりつつあるこの言葉の懐かしい響きが、私の全身を電撃的に鞭打ちました。同時に、世界のトップをめざして闘い続けるライバルであればこそ、真の協力関係も芽生えるものであることを強く思い知らされました。

　今回の通り一遍の日ロ会議で、「こんなに素晴らしいロシアの人びと」について発言すればよかったと、別の会議のために中途退席した私は悔やむことしきりです。「4島返還の論議」も、それぞれの小さな領域でこんな熱の篭もらない話し合いしかやられていない状態では、合意に達することは到底不可能です。トップの人たちがかけひきや恫喝や腹芸だけで外交をしようとしても、大切な問題が解決に向かうはずはありません。多くの両国の人びととの誠意と友情を基礎にした付き合いがあって初めて、「国と国」というばかでかい規模の「友好」が、意味を持ってくるものではないでしょうか？

5月 30日

来るべきH-2Aの打上げをめぐって

　今日は少し過激にいきたいと思います。過激に問題を投げ込むべき時期に、日本の宇宙開発は来ているのです。ですから、今週の私の意見は、必ずしも何から何まで私の見解ではありませんが、挑発しなければ議論が活発化しない状況があるので、敢えて思い切って極端に走ってみようと思います。どんどん意見をください。

　戦前、開発のレベルにおいて、おそらくはドイツに次ぐ位置を占めていたと思われる日本のロケット開発は、戦後に連続的に引き継がれることなく、1955年のペンシル・ロケットから再出発を余儀なくされましたが、その後は世界の誰も予想しないペースで、日本の宇宙活動

は国際舞台に躍り出ました。そしてペンシルから約半世紀、ようやく日本の宇宙開発は大きな曲がり角に来ていると言えます。

　この夏に迫ったH-2Aロケットの打上げは、今後の日本の宇宙開発にとって非常に大切な試金石であることは言うまでもありませんが、だからといって「宇宙の興廃、この一戦にあり」という、まるでこれが成功しないと日本の宇宙がもう絶望的だと言わんばかりの言い草は、いかがなものでしょうか。

　考えてもみてください。子どもたちの大部分が「自分は宇宙飛行士にならなくても宇宙へ行ける」と信じており、宇宙に首をつっこんでいる企業に就職する若者の半数以上が「宇宙をやりたい」という志向を示し、「あなたの名前を火星へ」というキャンペーンには27万人もの人が応募し、毎年宇宙科学研究所の一般公開には、1万5千人から2万人を越える人びとがつめかけているのです。「世論」は「宇宙をやるな」と言っているのではなく、「宇宙に携わっている人よ、しっかりしてくれ」と言っているのです。

　宇宙科学とそれを支えてきた宇宙科学研究所の工学グループの学問的な力は大変高いものだと考えていますが、問題はあります。それは以下のような事情です。

　理学は宇宙そのものが課題を提供してくれるので、それを世界の研究者と同じレベルで判断できる能力があれば（彼らにはある）、日本として独自の道を見いだすことができます。しかしそれが実行できるかどうかは、予算によります。つまり天地人のうち地と人のみあるのです。この場合、「天」は政府です。「地」は国民です。そして「人」である研究者は夢もあり、パワーもあります。いつかも書きました。年頭の宇宙科学シンポジウムを見てください。その溢れるような夢は、宇宙科学研究所のホームページで窺うことができます。ぜひご一覧ください。

　さてこのように理学の人びとは元気いっぱいなのですが、工学のほうは、実はそう単純ではありません。これまで宇宙科学研究所の工学チームは、理学が世界の舞台

2001年

で活躍するのを、ロケットや衛星の設計・開発・製作・打上げ・追跡のあらゆる局面でサポートし、それをまた日本の工学の独創的で自立した発展に活かしてきました。しかし今やその最新鋭機であるM-Vの一段上の固体燃料ロケットをめざそうにも、学問的な意味でブレークスルーのある課題は、そう多くありません。宇宙科学研究所の工学チームは、まったくの宇宙大好き野郎たちですが、ただ大きければいいという「マニア」ではありません。未来につながる工学としての課題の上でも斬新な目標がなければ、エネルギーを注ぐことはできないのです。ではこれからの革新的な方向はどこに求められるか。少なくともその重要な1つが「将来輸送系」にあることは明らかなようです。この場合、オールジャパンとしての計画しか有効ではありません。シコシコ基礎研究をやる時代は過ぎ去ったと言えるでしょう。宇宙科学研究所や航空宇宙技術研究所や宇宙開発事業団の、個々の機関としての基礎開発は、すでに限界にきています。この分野には「地」のみあります。「人」は、燃えるようなリーダーの不在に一抹の不安を感じます。「天」も決定打に欠けますね。

　しかも1970年代以来華々しい勢いで築いてきた日本の宇宙科学の国際舞台での地位を、陰に陽に支え続けてきた工学の力は、今後も必要条件の1つであることは、火を見るよりも明らかです。人によると、宇宙科学研究所の工学ではなく、メーカーの工学でもかなりやれるという意見もあるでしょう。これまでの赫々たる業績を無駄にしないために、日本の宇宙科学の火を絶やしてはいけません。それをさらに発展させるために、今後宇宙科学研究所の工学チームの力が本当にどれくらい必要かは、慎重かつ厳密に吟味されなければならないでしょう。拙速で判断して、後で「ごめんなさい」では、取り返しがつかないものです。このような「将来輸送系」や「宇宙科学」も含め、日本がこれからの20年くらい何をやるかの戦略目標をしっかりと作らなければ、日本の工学の行方は打ち出せないと思います。

　商業化の展望を、ロケット・衛星の両面で探る努力は

どれくらいやられているのでしょうか？　日本で宇宙産業の匂いを持っている企業の方々のご意見を、ぜひ拝聴したいと考えています。「曲がり角」に来ているのは、国民が未来に夢をつなぐことのできるビジョンを打ち出せない宇宙開発チームの発想の貧困（もちろん私も含めて）が原因であり、宇宙活動の成果を新たな産業の創出にレベルアップさせることのできない政府・企業の体質が大問題なのだと思います。こうした大きく基本的な問題は、H–2A の打上げが成功したからといって免罪されるわけではないし、また失敗したからといって何もかも放棄できるわけのものでもありません。

　繰り返しますが、H–2A が成功しても、それだけでは日本の宇宙開発の再生はありえません。それは、H–2A が夏に失敗しても日本の宇宙開発を建て直してほしいという声がなくならないのと同じことです。「とりあえず H–2A の成功を！」という気持ちは、痛いほど分かりますが、その「とりあえず」の気持ちを引きずりながらでは、日本の宇宙開発の百年の大計を論じることは不可能です。

　日本の宇宙開発は何を目標と課題に掲げるべきなのでしょうか。その課題をやり遂げるためには、現存の組織のどの部分に依拠し、どの部分を切り捨てなければならないのでしょうか。そして国策・科学・商業化と大きく分類できると思われる宇宙開発の諸分野をすべて文部科学省のもとに置いていて、本当にこの国は世界と競争ができるのでしょうか。こうした決断をする上での、企業の関わり方はいかなるものなのでしょうか？　いま口角泡を飛ばして議論しなければ、21世紀の日本は、20世紀の負の遺産に押し潰されるままになっていくでしょう。今こそ「百家争鳴」の時期だと思います。

　そして最後に、今日のテーマにはしませんでしたが、宇宙活動の果たすべき役割の中に、日本の「子どもたち」の夢と生きる力を育て上げる素晴らしいパワーが潜んでいることを強調しておきましょう。

2001年

6月 6日

カナダの極地で「火星体験」をしている人たちがいる！

　カナダ領なのですが、北極からわずか1500 kmのところに「デヴォン島」という島があります。ここは、およそ2300万年前に起きた隕石の衝突事件で20 kmもの大きさのクレーターができ、島の生き物が絶滅してしまい、まるで異星に来たかのような錯覚に陥るような光景だけが残されました。実はここで、NASA（米国航空宇宙局）の科学者チームが、有人火星探査のシミュレーションをやっているのです。

　これは「火星協会」という団体の提案に基づいて行われているもので、ここに作った基地で、研究者たちは、有人火星ミッションで出会うのと同じような経験をしながら、水のリサイクルとか宇宙服などの衣食住にまつわるテストを野外で実施できるし、デヴォン島の地質や微生物の研究スタイルも身につけることもでき、その間にたとえばどれくらいの水が必要になるかなどのことも実験的に会得できるというわけです。

　有人火星探査は、飛行士とロボット（ローバーを含む）

デヴォン島の光景

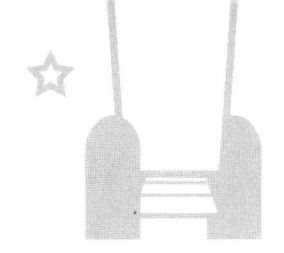

の効率的な仕事のすみわけが必要になるでしょうが、どんな作業手順でやれば最も効果が出るかとか、厳しい環境の中でも生活と仕事のやり方を、このデヴォン島で大いに学ぶことができます。

　すでに昨年の初めに、直径約 8 m のドーム形の円筒の基地を作り上げようとしたのですが、米海兵隊の輸送機 C-130 からパラシュートで部材を運んでいるうちに、積み荷の一部が地面に激突してしまい、居住施設の床部分（ガラス繊維）とか、トレーラー、クレーンなどが完全に壊れてしまったために、建設作業が中断されてしまいました。この円筒形の基地は、NASA が提案している 6 人用の火星基地モジュールと同じ構造になっており、内部にはそれぞれの天井が 3 m ほどの高さになっている 2 段のデッキがあります。

　しかし火星協会の科学者たちは、ボランティアの人びとと一緒に当座の建設チームを新たに編成して果敢に基地建設を再開し、肌も凍る冷たい雨の中で、ポンコツの手荷物カートの部品を使ってトレーラーを自作し、数百 m も散らばった数々の部品を 1 ヵ所に集めて、さながら「古代ローマの時代の作業」のごとき方法で、不屈に基地を作り上げました。デヴォン島では秒速 80 m 級の強風がしょっちゅう吹いてくるので、非常に危険な作業だったらしいのですが、奇跡的な好天にめぐまれる中で、3 日間にわたる不眠不休の働きのおかげで、ついに基地は出来上がりました。疲れで取り付けのうまくいかなかった足場が崩れて九死に一生を得るなど、まさに決死の覚悟だったようです。

　完成したのが 2000 年 7 月 28 日。建設が大幅に遅れたために、火星探査シミュレーションに残されたのはわずか 4 日間となったそうですが、それでも NASA の研究者の指揮のもとで、6 人のクルーが、厳密に定められた一連の探査スケジュールをこなし、火星用の宇宙服のモデルを実地にテストしました。この間、デンバーに実験用のミッション管制センターを設け、地球・火星間の交信を模擬して、20 分の遅れを挿入した交信を行い続けたそうです。

デヴォン島の基地は8月4日に冬支度のため閉鎖され、現在2001年夏の8週間にわたるミッションを実施するために準備をしている最中です。NASAの有人火星ミッションは、テキサス州ヒューストンのジョンソン宇宙センターにいる研究者たちが中心になって進められている研究計画ですが、その技術的な実現性云々はともかくとして、このように本気で死を賭した夢に挑む姿に、私などはひどく感動してしまいます。現代の日本の中にも、こうしたひたむきな努力は津々浦々で続けられているはずです。浅薄で派手で安易なテレビ番組やショーなんかにはない、人間の可能性を限界まで追求していく人びとの姿勢を、もっともっと青少年に提示していかなければ、この国は無残なことになっていくでしょう。「これまでこうしてきたのだから、とりあえずこうしよう」という考え方を、今は大幅に徹底的に吟味するべきときのような気がします。

6月 13日

再使用ロケットのテスト迫る（能代）

将来の宇宙輸送システムが各国で検討されています。先に次世代スペースシャトルの最前線にいたアメリカのX-33が液体水素タンクの材料開発の蹉跌が原因でキャンセルされ、それに代わる機種を探ることになりましたが、これまでの技術の蓄積から見て、この分野ではアメリカが圧倒的にリードしていることは疑いありません。しかしアメリカの空白の時期になっても、日本ではまだ将来輸送系に大きな予算がつく動きは見られません。そんな中で、将来の再使用型のロケットをめざす地味な実験機が、秋田県能代で飛び上がります。

宇宙科学研究所では、将来の輸送システムとして、繰り返し飛行が可能な完全再使用のロケットの開発研究を行ってきましたが、その一環として、スケール・モデルによる離着陸と飛行の実験を行うのです。一昨年3月に続く実験となります。

能代ロケット実験場

　この小型実験機は、機体の全長が3.5 m、重量600 kg、搭載した推進剤の重さは60 kgです。機体の円錐形のフェアリングの内部には、まるで「団子三兄弟」*のように3つのタンクが縦に配置されており、上から姿勢制御用の窒素ガス、酸化剤の液体酸素、燃料の液体水素が入っています。

　垂直に離陸した後、20 mくらい上昇して水平に飛翔しながら制御を行い、最後は垂直に着陸するというシーケンスです。この間の時間は20秒くらい。はじめに地上燃焼試験をした後に三度の飛翔実験（6月18、20、22日）を試みる予定になっています。近くの人は見学に行かれてはいかがですか。800 mくらい離れたところから見ることができます。

　完全再使用の宇宙輸送システムを実現させるカギは、

　　1．エンジンの性能向上、
　　2．機体の構造・材料の軽量化、
　　3．再使用に耐えるシステム構築

という3つです。こうした技術要素を開発するために、宇宙科学研究所の若手グループが中心になって研究試作したのが、今回の機体です。

　実験の重点目標は、

　　●ロケット・エンジンによる高度制御・着陸誘導に必要な技術

＊：1999年にNHK教育テレビ「おかあさんといっしょ」で「1月の歌」として放送された歌。放送直後から全国の幼児たちの間で大人気となった。作詞が佐藤雅彦・内野真澄、作曲が内野真澄・堀江由朗、編曲が堀江由朗。歌ったのは、速水けんたろう・茂森あゆみ・ひまわりキッズ・だんご合唱団。

- 効率的な再使用を実現するための推進システムの構築と運用に必要な技術

の2つの課題です。

　限られた予算で懸命に未来をめざす若者たちの姿に、ぜひとも注目していただきたいと思います。すでに「観光丸」という宇宙旅行のための宇宙船プランがありますが、今回の実験はそれにつながるものとしても興味が持たれています。

　なおこれ以外にも、宇宙科学研究所では、「親亀の背中に子亀」方式の宇宙往還機の「親亀」の候補として、空気吸い込み式の「エアターボ・ラム」ジェット・エンジンを開発してきました。これも相当開発は進んでおり、できるだけ早く飛翔試験をしたいなあと考えています。いずれにしろ、日本の国として有人飛行につながる信頼性の高い宇宙輸送システムを開発する意欲・闘志を、関係者の中でもっともっと高めていかなければなりませんし、同時に「中国が近いうちに有人飛行を成功させたら必ず巻き起こるであろう有人飛行論議」を、政治家やお役人は、先取りして始めていなければならない時期になっているのです。がんばれ、ニッポン。

6月 20日

宇宙開発の国民的目標について

　8月に宇宙開発事業団のH-2Aの1号機が打ち上げられる予定ということで、「背水の陣」などとマスコミその他が騒いでいます。確かにいつもの打上げに比べて重要度の高い打上げには違いありませんが、「これが失敗なら日本の宇宙開発はおしまい」という雰囲気の議論はいかがなものでしょうか。

　現在最も大切なことは、長期を見通した「宇宙開発の国民的な目標」を策定することだと思います。その際、過去の「宇宙開発政策大綱」などに描かれている基本的な宇宙開発の意義として、「知的好奇心」「活動領域の拡

大」「生活のための宇宙開発」など、きれいに整理された「理念」をいくら並べ立てても、宇宙開発の国民的目標を記述したことにはなりません。

　宇宙開発に限らず、「国民の目標」というものは、特殊な歴史的状況と社会的状況のもとで存在せざるをえず、時間的に変化していくものです。第2次世界大戦後の日本は、敗戦の中から立ち上がり、とりあえず世界の一流国になることを（どこで公に確認されたわけではないが）めざしてきました。これが過去半世紀にわたる日本と日本人の「国民的目標」だったと言えるかもしれません。ある分野ではそれが達成され、ある分野ではまだ達成されていません。こうした情勢に鑑みて、現在の日本に一般的な意味においても「国民の目標」なるものが存在するのでしょうか。国民の大多数が、今、日本と日本人が目標として掲げるとよいと考えている事柄は何でしょうか。それを探ることが、「宇宙開発」という特殊な活動の「国民的目標」を論じる出発点です。ここでは、試論（私論）として展開してみましょう。幅広い議論が展開されることを祈っています。

1．閉塞状況からの脱却……国民的目標を提示することの意義

　小泉内閣の爆発的人気*は、多くの人が、日本全体を覆うバブル崩壊の閉塞状況からの脱却を求めている証左である。この首相がこの閉塞状況を脱却する道を提示できるかどうかは、具体的な政策に結実しなければ明らかにはならないが、少なくとも国民の大多数は日本に明るさと活気が戻ることを願っていることは確からしい。ではどうすれば活気が戻るかという点に関しては、諸説紛粉であり、決定的な解答は見いだされているとは言えない。

　日本人が展開している数々の活動領域のなかにあって、宇宙開発は、国民の求めている閉塞状況脱却に前向きの展望を示すことができる分野だろうか。それは日本人共通の夢と言いうる宇宙活動のビジョンを高く掲げることによってのみ可能である。現実はそのようには進行して

＊：「自民党をぶっ壊す」と宣言して総裁選に勝利、発足時の内閣支持率は戦後最高。聖域なき構造改革をとなえて非自民層からの支持も厚く、「派閥の支持を得ないで首相になった戦後初の首相」と自負。短い言葉、フレーズを多用することが多く、「ワンフレーズ・ポリティックス」とも言われた。

いない。H-2Aの成功が日本の宇宙開発の帰趨を決定するかのような錯覚が、政府にもマスコミにもそして宇宙関係者の間にも蔓延している。どういう宇宙活動のプランをどれくらいかけて達成するかという国民の前進する力を鼓舞する目標と戦略を持たなければ、たとえH-2Aが成功しても展望は開けない。それはH-2Aが失敗しても日本の宇宙開発の発展を願う人びとが底流においては大勢いることと同じである。今そのような目標設定の議論をしなければ、その底辺で宇宙開発を支えようとしている人びとの声が、政府とマスコミと宇宙関係者自らによって抹殺されてしまう危険がある。

1957年10月、スプートニクの電波が世界を席巻したとき、アメリカは、打ちのめされた敗北感の中で、まずスプートニクの後を追う動きを組織し、そしてそれまで三軍ばらばらに進められていた宇宙開発を一丸とし、さらにNASAという新たな組織を創設して長期にわたる宇宙の活動と競争に耐える体制を作り上げたのだった。その背景に、決してソ連に負けたくない政治家の野心と、祖国を屈辱から救いたい技術者のプライドがあったことを示す多くの証拠がある。

現在の日本に最も要請されているのは、この閉塞状況を脱け出すために、過去のあらゆるやり方にとらわれない変革を志向することである。宇宙関係者には、理念なき省庁再編・戦略なき宇宙開発構想の枠を超えて、宇宙開発の国民的目標を創造することが求められている。その目標が何かを議論する前に、それが不可欠であることをまず確認することが重要である。

2．「いのち」の復権をめぐって

では現在日本の人びとが最も関心を抱いている事柄は何であろうか。その1つが、少年犯罪の増加に象徴される「いのち軽視」の風潮にあることは明らかだろう。そうした心理を助長する要素が、この日本社会の状況の中に存在する。未来を担う子どもたちを巻き込んでいくこの社会現象を、職種・立場を超えて日本の大人たちが真正面から見つめることが強く要請されている。

宇宙開発は、「いのち」の問題に胸を張って問題提起ができる分野に属する。20世紀の宇宙科学は、ビッグバンから私たちの「いのち」までの歴史を概略ではあるが一貫した筋の通ったものに仕立て、「いのち」の系譜に大まかな科学的根拠を与えた。歴史的に見た「いのち」の「貴重さ」と「平等な尊厳」を証明しうるのは、宇宙科学のみと考えてもいいほどである。日本人にとって、あるいは世界的に見ても、非常に大切な「いのち」の系譜を明確にする事業に、日本人の力の大切な部分を投入することは、現在の日本と日本人の国民的・国際的責務である。

　ペンシル・ロケット以来、宇宙理学者と宇宙工学者がダブルス・プレーで築いてきた世界的水準の宇宙科学の成果とパワーの蓄積を全力で守り、さらに高い寄与ができるようなビジョンを生み出すことは、日本国民の知的誇りを高めるためにも重要である。これまで「大好きな宇宙の科学」に取り組んで来た人びとの輪を、さらに増えつつある若者の隊列で強化し、「一層社会的自覚の高いチーム」として育てていくことは、十分に「国民的目標」になりうるのではないか。

　その際、20世紀の宇宙科学者たちが遺した成果とこれからの日本にとっての課題を、「いのち」の復権に役立つ形で組み直し、分かりやすい形で国民の前に提示する普及面・教育面に重点を置いた広報活動が要請される。我々の前には、1月11、12日に開催された「宇宙科学シンポジウム」の熱っぽい議論の成果がある。これをどう整理して解釈し直せばよいのか、その議論から始めることが妥当であろうか。

3．豊かな生活と宇宙活動

　すでにお茶の間深く進入している天気予報・テレビ中継・国際電話・カーナビその他の宇宙開発の実利用は、日本人にとって、好むと好まざるとにかかわらず、後戻りのしづらいレベルに達している。これらの一部は外国の衛星に頼らざるをえない段階にあるが、国民の多面的な要求に弾力的に応じるためにも、可能な範囲で自立的

な実利用のできることが望ましい。

　実用的な宇宙活動のもう1つの側面は、宇宙開発を舞台にした商業活動である。国民の経済活動に大きな影響を及ぼすことのできるこの分野の活動は、これまではもっぱら「親方日の丸」あるいは「護送船団方式」で行われてきた。その意味で日本の宇宙開発は、国民にとって「頼んでもいないのに国が勝手にやっている活動」だったのである。宇宙輸送システムや衛星技術が世界的水準にやっと達した現在、担当省庁の見直しと民間活力の導入を大胆に取り入れながら、スーパー301条項等に立ち向かう姿勢など、経済活動の基本を見据える立場で課題を設定しなければなるまい。

4．環境・エネルギー問題への国民的・国家的寄与

　20世紀の遺した問題の中でも、地球の環境・エネルギー問題は最大のものとして認識されている。閉塞状況を前提にしても、先進国の仲間入りを果たしたという自覚は、この環境・エネルギー問題の解決に日本が世界の先進国をしのぐ貢献をしたとき、初めて国際社会の中での明確な誇るべき位置として確認されるだろう。これは国策として具現化すべき課題である。

　地球環境問題の解決に向けたNGOの活動は、「産業との調和」を旗印にするアメリカとそれに同調する国々の政府によって、大きな妨害を受けている。一方、現在の段階でも「地球環境は悪化していない」と真面目に考える人びとも存在している。この地球環境の問題について、宇宙からのモニタリングを基礎にして科学的な分析を行い、明確な行動目標を立てることは、日本程度の国力を持つ国のやらねばならない事柄に属すると思われる。

　エネルギー問題の解決に向けた努力も然りである。太陽発電衛星という概念が登場して久しい。全地球規模でそれに頼ることは、現在の段階では疑問視する声も大きいが、本気でやってみなければ乗り越えられない壁も存在しよう。人類の未来を左右する大切な問題には、観念的な議論を続けながら何もしない道ではなく、ある程度の規模に抑えながらも実践的な取り組みを展開すること

が求められると思われる。日本はその先頭に立ちうる国ではないか。

5．宇宙と教育

これまで宇宙活動と国民を結ぶ「宇宙広報の活動」は、宇宙関連組織の「どうです、立派な仕事をしているでしょう」式の普及・宣伝にとどまることが多かった。多くの国民が未来の日本を担う子どもたちの教育のあり方に大きな不安を抱いている現在、宇宙開発の関係者としても、普及・宣伝の枠を超えて教育面での問題意識を抱くことが求められている。それは、子どもたちが、宇宙と生きものについては圧倒的な関心を寄せているからである。子どもたちの宇宙と生きものへの強い興味を、「熱いうちに」科学といのちの大切さ・おもしろさを心の中に確立する動機づけにできるよう努力しなければいけないのではないか。

それは、科学の成果を分かりやすく説明したり解説したりすることだけによっては達成できない。また理科の好きな子どもたちをひきつけるような「おもしろ実験」的な活動だけでも不十分である。教育には学校教育・社会教育・家庭教育の3つの側面があると言われるが、組織することが最も難しい家庭教育を、社会教育と学校教育の結合によって包囲するような流れを、草の根とトップダウンで本気で作り出していかなければ、科学技術立国は幻となるであろう。

宇宙開発と宇宙科学の成果と展望を軸にした教育活動の展開を、宇宙の現場と教育の現場のスクラムによって盛り上げることが必要である。それは、国の教育政策でも見られる閉塞状況に一石を投じる意味でも重要である。宇宙と教育の協力は、次第に世界的な広がりを見せつつある。「宇宙教育センター」といったイメージの研究所を創設し、組織的な取り組みを行うべき段階にきていると言えるだろう。

6月 27日

閑話休題──漁業交渉のさ中で

　現在5県の漁業連合会を相手に、事前協議と称するいわゆる「漁業交渉」のただ中にあります。すでに先々週から、文部科学省・宇宙開発事業団・(株)ロケット・システムの人びととともに、愛媛・高知・宮崎・大分の4県を歴訪し、ついに今週末の鹿児島県を余すのみとなりました。前々から禁酒中の小生としては、この漁業交渉の期間がピンチと予測していましたが、やはり高知と宮崎で禁を破る羽目になってしまいました。「乾杯のときだけ」と気軽に応じた筈が、やはり小学校から馴染んだ酒の味には弱く、高知ではなんと1升2、3合は呑んだでしょう。高知という土地柄は、「さしつさされつ」でしか酒を呑まないので、私の前に座った人と話をしているとき、私が呑まないと自然に相手も呑めないことになるので、何とも気詰まりなのです。というのは口実であって、最後は「これが禁酒を昨日までしていた人か？」という呑みっぷりでした。折角お猪口でさしつさされつしている最中に、自分からコップ酒のやりとりに変更する必要なんかないのです。おまけに、高知では仲居さんなどの女性もグイグイくるので、「女に負けてたまるか」とばかりに「男のプライド」を意識しながら頑張る自分は「ずいぶん古風な人間だな」と反省させられる一幕も多々ありました。宮崎では、少し反省して1升の少し手前で止めました。ヤケになって呑んでいるような自分の心に、「H-2Aが失敗したら日本の宇宙開発は終りだ」とか「今度のH-2Aは100%打ち上がります」と発言している人たちへの不満や、閉塞状況にある日本の宇宙開発への憂慮がなかったとは言えないでしょうが……。最後の1県である鹿児島へは、金曜日に飛びます。

8月	29日

宇宙科学研究所の一般公開に1万8000人

　夏休み最後の土曜日である8月25日に、宇宙科学研究所の一般公開が行われました。開場の10時前から続々と訪れた人びとが列をなしたので、9時40分には入ってもらい、閉場の16時まで人の波は絶えることがなく続きました。今年は、宇宙科学研究所にとっては衛星打上げの谷間でしたが、新設された金星探査コーナーやローバーのコーナーなどに大勢の親子連れが殺到しました。特に目立ったのは、各コーナーとも参加型にするよう工夫が凝らされていたことで、説明員との問答だけでなく、参加者が主体的に楽しむ光景があちこちに見られました。

一般公開 2001

　近くの共和小学校の校庭をお借りした水ロケット・コーナーは相変わらずの大盛況でした。参加者は1万8000人。昨年は2万5000人という発表でしたが、感触としては今年のほうが多かったという報告も多く、たとえばスタンプラリーは昨年よりも1割増、生協の売り上げも昨年とは比べものにならないほど多かったと言います。たまたま、オープンしたばかりのお台場の科学未来館の人が家族連れで来てくれました。その人が思わず「羨ましい」とつぶやくほどで、「理科離れ」もどこ吹く風、国民の宇宙科学への関心を裏付ける力強い催しとなりました。

　3機関（ISAS, NASDA, NAL）の統合が文部科学大臣によって発表された折りでもあり、今年は広報委員長自ら実行委員長を務めざるをえないだろうということになったのですが、宇宙科学研究所の人たちは手慣れたもの。前夜に何度も会場を見回ったのですが、夜の10時ごろになっても半分も展示が完成していない有様でした。若い人たちの馬力は大したものです。十分に計画を練った上で、ラストスパートは一夜漬けで切り抜けました。実に効率的な準備でした。

　心配で何度も所内を歩き回って、普段の何倍も足を

2001年

使ったおかげでクタクタになった私は、実に爽快な運動量を久しぶりに経験して、満足です。宇宙科学が一般の人びとに近づくかどうかは、科学をする側にも多くの責任があります。今回の一般公開では、そうした責任を果たそうという新しい若い流れを感じることができました。宇宙科学のベテランたちの分からないところで、時代が変わりつつあるのかもしれません。またそれを願っています。

9月 5日

H-2Aが見事な飛翔を見せました。日本には明るいニュースが少ないのですね。1つのロケットの処女飛行がこれだけ注目を集めたのは、おそらく1981年のスペースシャトル「コロンビア」以来ではないでしょうか。危機感と隣り合わせという意味では、史上最大の注目度と言ってもいいかもしれませんね。

とにかく無事に上がりました。来年のあと二、三度の打上げを見なければ、1機だけで何か大きな展望が切り開かれたとは言い難いと思いますが、3機関（ISAS, NASDA, NAL）が統合して何をするのかというビジョンを（遅ればせながら）議論する明るい雰囲気ができたのが、最大の収穫でしょう。

私は、新たなビジョンの柱として、4つのものを提案します。

第一は、宇宙活動の商業化の部分です。最先端の技術を結集したH-2Aが、ローテクと信頼性を旨とするアリアンやデルタ等に勝てるかどうかは、正直言って分かりません。でも私にも分かるのは、打上げに成功しさえすれば注文が自動的に殺到するほど、この国際的商売は甘くないだろうということです。現在のH-2Aは地球低軌道に10トンのペイロードを運べます。宇宙科学研究所のM-Vは2トンです。その中間段階やもう少し低い能力のロケットも開発しなければ、世界的に大中小とりまぜた輸送手段の激しい競争になっている国際商業戦には

H-2A-1の打上げ

勝つことができないでしょう。でも、必死のマーケティングを、不慣れながらやらなければならないでしょう。それは誰がやるのでしょうねえ。

　第二は、宇宙科学の大いなる発展です。日本の宇宙科学が全国の研究者の総意を結集する形で、宇宙科学研究所でとりまとめられてきたことは周知の事実です。そしてX線天文学、宇宙プラズマ物理学、太陽物理学、電波天文学など、多くの分野で世界的な貢献をしてきたことは、まぎれもない事実です。そしてそれはわずか300人の職員を擁する宇宙科学研究所が中枢機関となって行われた事実を見るとき、3機関の統合が「効率化を図る」ことを目的としているのが奇異なものに映ります。統合によって宇宙科学研究所の効率ももっとよくするつもりなのでしょうか。そんな疑問はともかく、これまでのこの世界に冠たる宇宙科学実績がさらに飛躍的に発展できるよう、統合によって拍車をかけるべきです。この分野は、リーダーシップもすぐれた人が大勢おり、それを支える若い力も世代を追って綿々と続いています。

　第三は、人間の輸送を目標に掲げた将来輸送システムの全日本的計画です。21世紀に宇宙へ人類が大きくはばたこうとしているとき、日本が独自の再使用型宇宙輸送システムを持つべきか否かは、国家戦略として本気で論議すべきです。将来輸送システム実現において私の期待する必要絶対条件は、火の玉のようになってリーダーシップをとる人物の出現です——宇宙開発のリーダー的立場にあると自他ともに認めている人でも、燃えるような情熱がなければ害になります。そのような人がどこかにいてくれるでしょうか。

　第四は、宇宙教育という柱です。宇宙開発を日本の閉塞状況からの脱却に役立てなければならないと私は考えます。それは子どもたちが等しく宇宙への無条件の憧れを抱いているからです。その本能的な憧れが健在なうちに、自然と科学といのちへの強い愛情を育てることが大切です。そのために宇宙開発の成果だけを宣伝する自分勝手な広報に堕することなく、広く社会のために奉仕する宇宙広報・宇宙教育の姿を追求していく必要がありま

す。

　第一と第三は画餅になる惧れも多分にありますが、これから半年ぐらいが、統合組織の大枠を決める勝負の時間です。21世紀前半の日本の宇宙活動の活性度は、もうじき決まることになります。

9月 12日

ブルース・マレーと北海道へ行ってきました

　宇宙科学研究所にしばらく滞在していたブルース・マレー博士と一緒に北海道に行ってきました。ブルースは、今年70歳。10年ぐらい前に宇宙科学研究所の客員教授になってくれていた縁で仲良しになった人です。アメリカがボイジャーとかバイキングなどを打ち上げていた惑星探査の黄金時代に「JPL（ジェット推進研究所）」の所長を務めていた惑星地質学者で、カール・セーガン博士と一緒に「TPS（ザ・プラネタリー・ソサイエティ）」という世界最大の宇宙民間団体を創設した話は有名です。もちろん惑星協会の会員のみなさんならばよくご存じの人物ですね。カール亡きあと会長を継ぎ、現在は長年務めたカリフォルニア工科大学の名誉教授となっています。

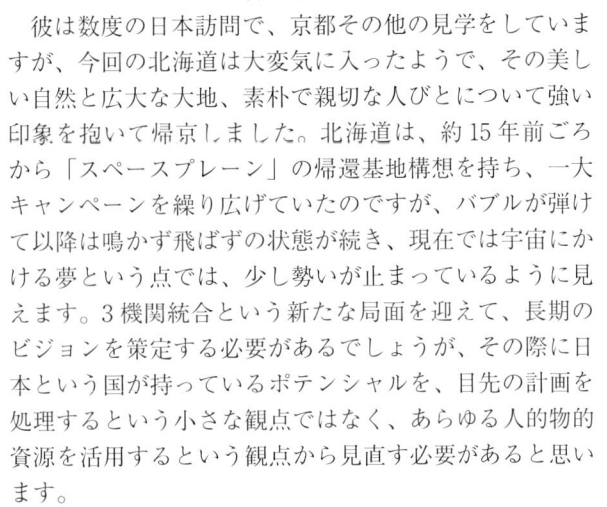

　彼は数度の日本訪問で、京都その他の見学をしていますが、今回の北海道は大変気に入ったようで、その美しい自然と広大な大地、素朴で親切な人びとについて強い印象を抱いて帰京しました。北海道は、約15年前ごろから「スペースプレーン」の帰還基地構想を持ち、一大キャンペーンを繰り広げていたのですが、バブルが弾けて以降は鳴かず飛ばずの状態が続き、現在では宇宙にかける夢という点では、少し勢いが止まっているように見えます。3機関統合という新たな局面を迎えて、長期のビジョンを策定する必要があるでしょうが、その際に日本という国が持っているポテンシャルを、目先の計画を処理するという小さな観点ではなく、あらゆる人的物的資源を活用するという観点から見直す必要があると思います。

ブルース・マレー博士

北海道で、ブルースは大樹・札幌・北大・苫小牧と4回の講演をこなしました。今回はすべて火星及び火星探査に関するもので、いずれも熱心なQ&Aに終始しました。帰ってきたらいきなり台風15号のアタックを受けました。ブルースは火曜日にアメリカに帰る予定だったのですが、1日延ばして水曜日に宇宙科学研究所のロッジを後にしました。日本滞在中に、3機関統合後の日本の宇宙計画について、いろいろと貴重なアドバイスをしてくれました。今後の枠組みづくりに活かしたいと考えています。

9月 19日

ブルース・マレーがやっとアメリカへ発ちました

　先週のマガジンで、予定原稿として「ブルースは火曜日にアメリカに帰る予定だったのですが、1日延ばして水曜日に宇宙科学研究所のロッジを後にしました。」と書いたのですが、予定を1日延ばした後に、例のニューヨーク、ワシントン、ピッツバーグのテロ事件*による運航停止に出合ってしまい、結局宇宙科学研究所のロッジを発ったのは、やっと今週月曜日のことです。親戚や友人でひどい目に遭った人はいないようでしたが、それにしてもブルースの怒りと奥さんのスザンヌの悲しみは尋常のものではありませんでした。この事件がトリガーになって、地球の広い範囲を巻き込む長期の戦争状態にならなければいいのですが、事態は予断を許しません。これとは別のことですが、日本の宇宙開発のビジョンは、受け身の姿勢・待ちの姿勢にならず、積極的に撃って出る構えを整えるべき時期だと思いますがいかが？　先週の土曜日には、「宇宙の日」の催しで大阪に行ってきました。向井千秋さんが来てくれることになっていたのですが、これもテロ騒ぎで帰れず、ピンチヒッターとして新たに選出された飛行士の一人、星出彰彦さんが来てくれました。それと人気漫画作家の石渡治さんと、国立天

＊：2001年9月11日、ニューヨーク市中心部にある世界貿易センタービルにハイジャックされた民間旅客機2機が突入し、約1時間後ビルは倒壊。ワシントンの国防総省にもハイジャック機が突入。ピッツバーグ郊外にも1機が墜落。合わせて約3000人の死者行方不明者が出た。14日に解除されるまで、アメリカの管制空域は全面飛行禁止となり、経済の中心地を攻撃され、NY株式市場は17日に再開されるまで閉鎖を余儀なくされた。乗っ取られた旅客機の乗客名簿に、アメリカが国際テロの黒幕視するサウジアラビア出身の富豪ビンラディンとの関係を示すアラブ系人物の氏名があり、アメリカ政府は、ビンラディンをテロの首謀者と断定。

文台の渡辺潤一さん、小惑星発見家の渡辺和郎さんが駆けつけてくれ、大変多彩でおもしろい1日になりました。

9月 26日

「ようこう」命名秘話

　日本惑星協会のリーフレットの表紙には、宇宙科学研究所の太陽観測衛星「ようこう」が撮像した太陽のX線像が、活動の極大期から極小期まで(1991年から1996年まで)並べられています。太陽は11年周期で活動の消長を繰り返すのです。最近になってさらにデータが加えられ、表紙の写真も最新のものは、次の極大期(現在)までのものに代わっています。

　その「ようこう」衛星が先日10歳の誕生日を迎えました。1980年代までの太陽像をすっかり塗り替えたと言われるほどの大活躍でしたが、まだまだ元気で、次の太陽活動の極大期まで生き抜くという噂もちらほら聞かれています。今日は、その華々しい成果についてではありません。その命名の舞台裏を紹介しましょう。

　この衛星を打ち上げた1991年という年は、「国際宇宙年」に指定された1992年(コロンブスのアメリカ到達500年)の前年ということで、打ち上げる衛星"SOLAR-A"のニックネームを一般公募しました。

　3000通あまり集まった応募の中から選定委員会で決定するわけですが、一般公募ということで、外部の有識者の中から松本零士さんに入ってもらい、2回の選考委員会を開きました。さて最高得票は「にちりん(日輪)」という名で、これは「抹香臭い」という意見が多くて落選。次に多かったのは「ひみこ(卑弥呼)」だったのですが、誰かが「漢字が難しい」と言った結果、ボツ。正式にはひらがなを採用するので問題はないのですが……。その結果、得票が3位と4位の「かがやき(輝き)」と「ようこう(陽光)」の決戦となりました。第1回の選考会はここまでで終わり、次回までにみなさんがじっくりと考えてくるということになったわけです。

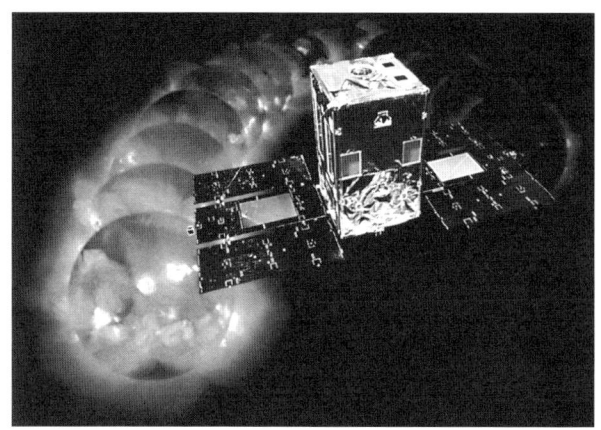

「ようこう」がX線で捉えた太陽像の変遷

　私も委員の1人だったのですが、ここまでの票読みの結果、1票差で「かがやき」の勝利と確信していました。私は、実は「かがやき」を密かに推していたのです。第2回の委員会が開かれました。その日に集まったとき、意外な事実が判明しました。出席するはずだった松本零士さんが、帯広で行われる講演会を忘れていたというので、急遽欠席という知らせが来たというのです。

　「これは困ったことになった」と思いました。実は零士さんも「かがやき」派だったのです。議事は大体予想の展開を見せ、採決では予想どおり「かがやき」と「ようこう」は、それぞれ転向者なく、同数になりました。

　さあこれで委員長の決定に委ねられました。人びとの注目する中、委員長は「ようこう」に決めました。以後、この輝かしい衛星の名称は「ようこう」となったのです。委員長は「どちらもいい名前だが、外国の人びとが呼ぶときに"Kagayaki"よりは"Yohkoh"のほうが呼びやすいでしょう」という納得のいく説明をしてくれました。

2001年

10月 3日

レスター（イギリス）のチャレンジャー・センター

　今フランスにいます。トゥールーズ（Toulouse）という町で「IAF（国際宇宙航行連盟：International Astronautical Federation）」総会という宇宙工学の分野では世界最大の学会が開かれているのです。私も発表論文を1つ抱え、他にも2つのCommitteesの委員を拝命しているので、出席せざるをえなかったのですが、往路でイギリスに立ち寄りました。その眼目は、活発化が噂されているイギリスの宇宙教育の現状を調べて来ることにありました。ロンドン市内の博物館や科学館には有名なものがたくさんあって、大体すでに訪れていますが、今回の目玉は、さる7月1日にオープンしたヨーロッパ初の「チャレンジャー・センター」でした。ロンドンから40分くらい電車で北へ離れているレスターという町にあります。何でもアメリカから輸入したのはいいが、知的教育のカリキュラムや教材はイギリス人に合わないということで、すべてイギリス人の手で作り直したそうです。その辺の経過と内容は非常に興味をそそる物語でした。ここでは、セッションの議長とか自分の論文とか宇宙機関のサミット会議とかがあるのですが、すべてこれからです。イギリスでのおもしろい土産話もありますが、詳しくは帰国してからご報告します。IAFのほうは、アメリカのテロ事件のおかげで、やはりアメリカからの参加者は減ったようですが、会議全体としては何とか成功だったと思います。

10月 10日

絵画コンクール雑感

　10月6日（土）、フランスから帰国。翌日曜日に相模原市のロボフェスタで漫画家の松本零士さん・宇宙飛行

士の土井隆雄さんとトークショー、月曜日はお台場の「科学未来館（Emerging Science and Innovation Museum）」で「宇宙の日」の表彰式。表彰式では、作文と絵のコンテストで小学生と中学生の素晴らしい作品に出会いました。そこで3つの感想を持ちました。

（1）このコンテストはもう7、8回目になると思いますが、第1回からずっと通して読んでみると、ある傾向に気づきます。日本の子どもたちにとっての宇宙の意味が随分と変遷してきていることです。宇宙をイメージする（作文や絵の）題名が毎年与えられるのですが、以前は子どもたちにとって宇宙とは、単にロケットで宇宙へ飛び立つだけのことだったのですね。それが今では宇宙で生活している姿を生き生きと描いています。わずか10年足らずのうちに、子どもたちの心に染み込んだ宇宙についての情報が、大きな時代の変革期を予想させるものになっているようです。それほど作文も絵も素晴らしいものばかりでした。表彰式には、文部科学省の偉い人も出席します。表彰式では、「おめでとう」と同時に、「ありがとう」と言いたい気持ちでした。だって、こんな素敵な作文や絵を見れば、お役人も「宇宙には批判的な納税者が多い」などとは決して言えないですものね。

（2）マウンテンバイクやディジタルカメラなどすごい賞品を次々にもらう子どもたちを見ながら、私は自分の小中学校のときを思い出していました。作文や絵、野球やテニスで、私も随分表彰された経験はありますが、私の小さいころは賞品のないことも多かった記憶があります。だから賞品をもらったときはうれしかったのですが、それが、たとえば広島県大会のテニスで優勝したときには、醤油1本とか、土地の名産品のヤスリをもらったりしていました。この違いは何だろう。過去と現在の賞品の違いに象徴されるのは、日本の経済力です。そしてこの経済力は、私たちの親の世代や私たちの世代が、「日本を世界で一流の国にする」という「暗黙の夢」に向かって懸命に働き続けて獲得したものです。アメリカがタリバン空爆を開始＊したまさにその日に、数々の賞

＊：アメリカ政府は、「同時多発テロ」の首謀者として、アフガニスタンに潜伏中のオサマ・ビンラディンに対する報復攻撃を示唆。タリバン政権にビンラディンの引渡しを要求するも拒否され、国際的なテロの危機を防ぐための防衛を目的に、2001年10月7日に米英連合軍はアフガニスタン空爆を開始した。11月には北部同盟がカブールを制圧し、12月タリバン政権が崩壊する中で、22日には暫定行政機構が発足しハーミド・カルザイが暫定大統領に就任。対タリバン戦争は約2ヵ月で終わったが、対テロ作戦のため米軍の駐留は続いている。この戦争は、関連して北朝鮮とイラクの大量破壊兵器の保持の疑いを調べる行動に繋がり、2003年3月17日のアメリカのイラクに対する宣戦布告へと繋がっていった。

品を手にする子どもたちをみながら、私の心は複雑でした。

　（3）それにしてもこの子どもたちの未来はどうなるのだろう。挨拶に立たれた文部科学省の高官は、「みなさんの絵や作文を見て、日本はもう大丈夫だと思いました」と語られていました。私にはそうは思えませんでした。経済力で世界一級の国になったとはいえ、今日の日本で起きている命軽視の犯罪の質はどうだ。党利党略に走る政治家の群れに背を向ける国民の未来はどうなるのだ。省庁再編をしても縦割りの色濃く残るお役人の世界。あらゆる処理が「経験主義でビジョンなく」雑に片付けられつつある日本の行政。私たちが依拠すべきなのは、このビューティフルな作文や絵を描いている世代の子どもたちなのでしょうか。いやこの子どもたちも、私たち大人がしっかりしなければ、必ず高校生くらいから変貌を遂げてくるのです。大人が、「世界の一流国になる」という「経済の夢」を「文化の夢・科学の夢」に置き換えるぐらいの決心がなければ、日本は再び浮かび上がることはできないのではないか。私は決して悲観論者ではありませんが、そのように感じます。この子どもたちの心に生じている「時代の変化を感じさせる夢」を、本当に国の夢として先導することのできる大人がいなければならないのです。

10月 17日

日本のアイデンティティ──イチローと佐々木の活躍に思う

　マリナーズのイチローと佐々木両選手がうれしい活躍をしています。勝利に貢献したときはもちろん、マリナーズが負けたときでも、イチローが3安打でもして佐々木がしめくくればそれで安心というファンも多いようですね。野球大好き人間の私としては、ニュースは確実にキャッチしていますが、正直言って落ち着いて試合

を通して見るチャンスや時間のないことが淋しくてたまりません。イチローがヒットを打った瞬間や佐々木が相手を押さえた瞬間は、ニュースで断片的に見ることはありますが、ゆっくり1試合を全部見るという時間がどうもとれないでいて歯痒いのです。

　1つのゲームの中での個々の選手の重みというのは、試合を通してみなければ分からないものです。日本の選手がある程度活躍すればいいというものでもないでしょう。ぜひ近いうちに、自分の目でイチローや佐々木の役割を確認したいものです。日本のマスコミの飽きっぽさも気になるところ。というのは、今年獅子奮迅の活躍をした野茂投手についての報道が少なすぎると思いませんか。

　さてこれらの選手の雄姿を見るにつけ、日本が世界の中で占める位置が、この100年のうちに大きく変化したことを認めざるをえません。かつて日本は極東のちっぽけな島国で、そこでどんなに大きな政変が起きようとも、周辺諸国やもっと遠くの国々に指先ほどの影響も及ぼさない国でした。外国が攻めてきた経験も、元寇以外ではほとんどなく、こちらから攻めたことも、指で数えられるほどしかありません。

　そうした日本の存在感のなさは、20世紀に大きな変貌を遂げました。最初は帝国主義日本として、次いで経済大国日本として、日本は周辺諸国にとって大きな存在となりました。奇妙なことは、帝国主義日本の時代に国粋主義に走り、外国のものをあれほど躍起になって排斥した日本が、第2次世界大戦後の経済成長を図る時代には、一転して西欧化政策を推し進め、ナショナリズムがどんどん背景に押しやられた感が深いことです。

　これらの両極端を戒めとして、現在は、日本文化のアイデンティティを思い切り高めるべき時代が到来していると思います。私たちや私たちの最近の先輩が、日本を世界の一流国にしようと懸命に働いた結果が、経済大国であったとすれば、これからの世代のリーダーたちは、この基盤に立って、日本人の最もすぐれた部分を世界の人びとのために貢献できる、言い換えれば日本人のアイ

マリナーズで大活躍の
イチロー（上）と佐々木（下）
［写真提供：共同通信社］

デンティティを前面に出した個性ある貢献を組み立てるべきだと思うのです。

あれこれ思い悩んだ挙げ句、私の心には（ここだけの話ですが）「月面天文台」と「太陽発電衛星」という２つの目標がリストアップされかけています。いずれも世界初の試みであり、有人宇宙活動を前提にせざるをえなくなるプロジェクトですが、前者は科学と連携の道が強いと同時に、それ以降の太陽系探査を見据えることができ、後者はエネルギー問題という人類の喫緊の課題とつながっています。

それにしても、それぞれを鬼のように引っ張っていくリーダーが出なければ駄目です。何とかいそうな感じはしているのですが、こんなことを私のような立場の人間が一生懸命考えているところに、現在の日本の宇宙工学の苦悩が現れているようですね。

10月 24日

アイデア水ロケット・コンテスト

岐阜県各務原市にある航空宇宙博物館で行われた「全国アイデア水ロケット・コンテスト」に行ってきました。この大会はすでに５回を数え、これで私も５回目の審査委員長をつとめさせていただきました。水ロケットというのは、ほぼペットボトル・ロケットと同義語ですが、今回は化粧品の容器を利用した新種の水ロケットも登場しました。

第１回大会の鮮烈な印象を思い出します。タライの下にペットボトルを少し傾けて数本配置した作品がありました。カウント・ゼロとともに水ロケットが一斉に水を吐いて、タライを勢いよく回しながら上昇していきました。称して「タライ回し」。この命名のおもしろさは日本人でなければ分かりにくいものですが、「アイデア水ロケット」というコンセプトにぴったりとの評価を得て、見事その年のグランプリを獲得しました。

当時の水ロケットは、まだまだ一部の人たちが楽しん

各務原の航空宇宙博物館

でいるだけで、技術面での個人差はそれほどなかったように思います。だからこの大会でも、参加者の重点は「アイデア」に置かれていたように感じます。

　大会が進むにつれて、テーマのおもしろさよりは技術の工夫を競うようになってきたのは、科学立国を標榜するわが国としては歓迎すべきことかもしれませんが、逆に水ロケットの入門者から見るとちょっと近寄りがたくなってきたかもしれません。

　でも今回は再びテーマのおもしろさで勝負する人たちが出てきました。メリーゴーラウンドが大好きな小学校6年生の女の子が、どうしてもメリーゴーラウンドを水ロケットで実現したいと、お父さんの助けを得て飛ばした「空飛ぶメリーゴーラウンド」、家庭の主婦が21世紀が明るい社会であるようにとの願いをこめたスパンコールつきのビーズや紙吹雪が華やかに舞い落ち、製作者の女性が願うような21世紀の明るい未来を期待させるようなフライトを現出してくれました。

　準グランプリに選ばれたもう1つの作品は、上空から願いごとを書き込んだ紙飛行機がいくつも滑空してくるアイデアで、まるで「空飛ぶ七夕飾り」の風情でした。これも小学生の発案になるもの。これは完璧な美しい飛翔への称賛も加味された受賞でした。

　あと2つほど今年の特徴を言えば、小学生クラスの女の子の参加がぐっと増えたこと、そして家族ぐるみの取り組みが目立ってきていることでしょう。アイデア水ロケット・コンテストの持ち方を工夫することによって、日本の社会に爽やかな風を吹かせることができそうな予

アイデア水ロケット大会

2001年

感を感じながら、各務原から帰ってきました。

それにしても、大会を準備した各務原市の人びとの素晴らしい献身ぶりと用意周到な気配り。実にスムーズで見事な演出でした。世の中には素敵な人たちがいるものですねえ。

10月 31日

長兄の死

ひとまわり上の長兄が、さる10月23日の午前2時過ぎにガンで亡くなりました。夏に広島の病院に見舞いに行ったときには、4年ぐらいはもつという話だったのですが、その後本人が家に帰りたいと駄々をこねた結果、自宅から通院するようになったため、ちょっと体の衰えが早かったのだろうということでした。

中学の理科の教師をしていた兄でした。大学生のときに母が60歳（ガン）で、8年前に父が93歳（老衰）で、そして今回兄が71歳（ガン）での他界です。私の肥満は母譲りなので、私も父ほどは生きられないかなと覚悟はしていますが、一生を顧みて、やったことがあまりに少ないことに気づくと愕然とします。あせりもあります。

長兄の葬儀では、いろいろと幼いころからの事が頭の中を駆け巡りました。

私の父と母は明治の生まれです。私が物心ついたときには、母は高校の家庭科の教師、父は厚生省地方復員局の役人でした。父は大変なスポーツマンで、軟式テニスでは県大会を制するほどの腕前でしたし、その他どんな種目でも器用にこなしました。

中国地方の能の元締め（宝生流）のようなことをやっており、後に中国地方の文化功労者に選ばれたほどの力の入れようでした。ですから私の家にはお弟子さんがいっぱい来ていました。私も小学校のときには謡曲を「やらされ」、能の舞台に立ったこともあります。

やがて中学に入って軟式テニスの魅力に取りつかれるに及んで、父の嘆きをよそに、私はテニスにのめり込ん

でいくことになりました。しかし仕舞で覚えた「すり足」は最初からテニスに役立ち、フットワークは初めから勝れていたと自負しています。

　父は和歌を詠みました。父が88歳になったとき、父の手になる和歌を歌集にして印刷し、贈りました。謡曲の教科書を書写したり、短冊に和歌を書いたりした父は、それはそれは見事な筆の使い手でした。

　どんな書道展を見ても、私は父の筆跡と知らず知らず比較している自分に気がついたものです。父の字が大好きでした。88歳記念の歌集を贈るとき、「米寿だから表紙はベージュにしたよ」とシャレを飛ばしたところ、冗談好きの父が「ソウカ、ソウカ」と言うだけでまったくダジャレに反応しなかったので、「これはもう長くないな」などと感じたのを思い出します。

　しかしその後父は5年を生き、93歳で永眠しました。母から「お父さんは、お金儲け以外は何でもできる人だ」と言われ、お弟子さんの皆さんからも慕われ続けた聖人君子のような父でした。

　私には兄が2人います。兄弟3人とも90キロ代のことがありましたが、父だけは肥満と無縁で、常に50キロと60キロの間でした。3人とも酒が好きで、あるとき兄の家で炬燵を囲んで4人で呑んでいるとき、お相撲さんのような息子どもはみんなパンツ一丁、父だけは上品な丹前姿しかも正座という光景を見て、兄嫁が笑って言いました。「お父さんは、まるで山賊に捕まった人質みたいですよ。」

2001年

　悠々と自分の趣味を仕事よりも大事にして生き抜いた一生でした。

　そんな父を支えて、母は随分と苦労しました。能というのはお金がとてもかかるからです。私が小学校のときに、母は高校の先生を中途退職し、人形と手芸の店を始めました。姿見の前で着物姿で自らポーズをとりながら人形を作っていく真剣な仕事ぶりに、圧倒されるような思いのときがありました。

　私の生まれ育った広島県呉市は、「仁義なき戦い」の舞台であり、ヤクザの町として有名でした（今はどうなっているのか知りません）。母が人形店を始めてしばらくたったころ、お客さんも大分入るようになって、母も忙しくなりました。母は教師時代の癖がなかなか抜けきれず、お客さんが大勢いると順番に整列させました。

　あるときその列を乱して前列に出ようとする男性がいたので、母が「あ、あなた、駄目ですよ。ちゃんと並んで！」と叱りつけるように言ったところ、その男性は、母を睨みつけるようにしてから、しぶしぶ後ろに並びました。これが何を隠そう、当時の呉市で最も有名だった「佐々木の鉄ちゃん」というヤクザだったのです。たまたま店にいた兄がそれに気づき、後で母に耳打ちしました。母は真っ青になりました。なぜなら、佐々木の鉄ちゃんは、行儀よく並んで順番が来たところで、「オレのうちに大きな人形があるので、寸法を測りにきてくれ」と言って、自宅の住所を置いていったのです。

　「どうしよう、明日の朝、訪ねて行ったら殺されるんじゃないかしら。」しかし訪ねた佐々木邸で、母は丁重なもてなしを受け、帰りに「小学校や中学の教師さえ整列させることのできなかったオレに、命令して列の後ろにつけと言えるなんて、お前はすごい。」と誉められる始末。昔のヤクザは立派でした。

　福岡生まれの母の一途な性格は、時どき私の心にたまらない懐かしさを呼び起こします。母は私が大学3年生のとき、60歳で亡くなりました。丈夫で病気などしたこともなかったのに、ふとした風邪がもとで急逝したのでした*。私が2歳半のとき、呉の大空襲のさなかを、

---

*：母が亡くなる1週間ほど前、呉の長兄から電話がきた。「オフクロの様子がおかしいんだ」と。その2週間前に母が「風邪を引いた」（と本人がもらしていたらしい）。父だとすぐに病院へ行くのだが、母は必ず笑い飛ばした——軽い風邪だよ。そしてやがて猛烈な腹の痛みに襲われ、入院。胃の手術をしたら、原因は腸だったというお粗末な見立てだった。私は解剖の立会いの時間を、腹が煮えくり返る思いで立ち尽くした。「ふとした風邪」とは母の言い方である。結局知らされた病名は「腸穿孔」——どうやらガンだったらしい。

私をおんぶして防空壕へ逃げてくれた母。そのときの母の背中の感触は、人生のさまざまな局面で私に生きる勇気を与え続けてくれました。

母から私へ……たった1つの命のリレーだけで、宇宙への距離はこんなに縮まったことになります。サルからヒトが分かれてから400万年くらいと推定されていますが、その間に、数えきれないほどの命のリレーがあったでしょう。そしてこれからも、人類が続く限り、同じような命のリレーが繰り返されていきます。

その間に、人間にとっての宇宙の意味はどんどん変貌を遂げていくに違いありません。その第一歩が、次の百年に開始されるわけです。私たちがそれぞれの父や母から学んだことをじっくりと噛みしめるだけで、人類の長い道程が見えてきます。そんな実感を大切にしていきたいと考えています。

私が大学生のころは、みんなまだスマートでした。何しろ私は65kgしかなかったのですから。4人とも軟式テニスをたしなむので、私が帰省したときは必ずダブルスをやりました。そのころは私が一番元気だったので、父とペアを組み、兄2人がペアとなってゲームをしました。こちらは私が後衛で父が前衛、向うは死んだ長兄が後衛で次兄が前衛です。兄たちと私の間には密約が交わされていて、「競ったゲームにして、最後は親父のスマッシュで決める」というシナリオです。ファイナル・ゲー

ムになって長兄が「絶妙の」ロブを父の肩口にあげます。これが決まらないんだなあ。何度も兄の涙ぐましい演技を経て、父のヨレヨレのスマッシュでフィナーレとなるのでした。そして父の一言、「いやあ今日はいいゲームだったなあ。よし、今日は私のおごりで一杯やろう！」

父は7歳年上だったのですが、母が死んだ後もずっと生き続け、93歳で天寿を全うしました。4人で話しているときは、兄弟で冷やかしたものです、「ねえお父さん、愛し合ってる夫婦というのは、一方が死ぬと他方が後を追うようにして死ぬものだと聞いたけど、それにしてもお父さんは長生きだねえ。」父はすぐに切り返しました、「いやあ、息子のデキが悪いと、心配で死ねないもんだなあ。」

楽しい楽しい思い出をいっぱい胸にしまいこんで、長兄は旅立ちました。来年は、私も母の死んだ年齢になります。心して充実した日々を送りたいものだと思っております。今週は私ごとばかりで失礼しました。

11月 14日

21世紀が始まったと思ったら、あっという間に忘年会の季節になってしまいましたね。私のスケジュールにも、忘年会の日程がチラホラし始めました。節酒の身にはつらい時期がやってきます。みなさんもくれぐれもお体を大切にしてください。「アンタには言われたくない」かもしれないけれど……。

さて、今日は次のような提案を宇宙開発委員会に提出しました。みなさんは賛成でしょうか、反対でしょうか。あまり反対の人はいないと思うのですが、「国民のための宇宙開発」という目標の中に「概念的に」入っているからという理由で、却下される可能性はあると思っています。「目標」なるものが概念操作だと思っている人も多い世の中ですからね。ともかくご参考までに。

宇宙新機関の活動の柱の１つに「宇宙教育」を

2001 年 11 月
宇宙科学研究所　　的川　泰宣

　宇宙新機関の中核とする活動の１つとして、「宇宙教育」という太い柱を、もっとはっきりと目に見える形で立てていただけないものでしょうか。

１．背景
　宇宙活動は、潜在的には日本の人びとの共通の夢を育む大切な分野でありながら、これまで半世紀の活動が「宇宙大好き」の仕事が中心だったために、「国民の夢を育てる」ほどには、一般の関心もひろがっていませんし、日本社会の政治・経済・文化・教育に対し、宇宙の現場で考えているほどは積極的な貢献をしていないと思います。
　宇宙科学や宇宙開発の動機づけや成果を日本の閉塞状況からの脱却に役立てなければならないと考えます。それは子どもたちが等しく宇宙への無条件の憧れを抱いているからです。その本能的な憧れが健在なうちに、自然と科学といのちへの強い愛情を育てることが大切です。
　新機関においても、ひき続き関係者は「宇宙大好き」である必要があることは論を待たないところではありますが、日本の現実の社会状況に適合した活動という要素を、もっと色濃く持つ必要のあることは、すでに指摘されているとおりです。３機関統合の準備的議論が、文部科学大臣の「統合方針」発表後に、そうした立場で行われていることを承知しています。
　その中で、広報や教育についての議論の中身を拝見するに、「宇宙の後継者の育成」と「国民のためになる宇宙開発」というイメージの話は出ていますが、こと教育という観点で見た場合、青少年（特に小中高）という段階での教育への切り込みは、抽象的にしかなされておらず、これでは国民が見た場合、フレッシュな感覚は全然受け取れないのではないかという印象を持っています。

2．宇宙教育の現在

　私はIAF（International Astronautical Federation）の宇宙教育のCommittee のメンバーですが、COSPAR（Committee for Space Research）なども含め、国際学会で議論されている「宇宙教育」という概念は、次の３つの側面を持っています。

　　（1）宇宙開発あるいは宇宙科学の後継者の養成
　　（2）理科嫌いの克服
　　（3）子どもたちの生きる力のエンカレッジンング

　そしてこれらは互いに別々のものではありません。議論を通じて、これら３つの側面の内的つながりが徐々に明らかにされており、どの国においても、宇宙活動がこれら３つの課題に大きな役割を果たすべきことが自覚されつつあります。その理由は、ほぼみなさんがお察しのとおりと思います。

　これまでの日本の宇宙機関の広報は、「私たちはこんなに立派な活動をしています。だからサポートしてください。予算もいっぱいください」式の組織広報に重点が置かれてきました。しかし近年になって、少しずつ上記の「宇宙教育」的な観点に立った取り組みも行われるようになってきています。

　宇宙は、生き物の世界と並んで、小・中学生の時代に非常に多くの子どもたちが大好きなものであり、その興味・関心は、系統的に育てれば上記の３つの課題を達成する大きな動機づけになりうるものです。これまでの自然発生的な取り組みでは、上の（1）（2）（3）の順に優先順位が下がっていると思われますが、そのような不十分な取り組みの中からでも、「不登校児童が学校に行き始めた」などの多くの事例が報告されていることはご存じのとおりです。この明るい芽を、意識的に大いに伸ばしたいと考えます。

　20世紀の人類は、宇宙が百数十億年前に誕生し、無数の銀河や星ぼしを生み出し、さらに特別の天体には生き物を出現・進化させてきた壮大なストーリーの語り部となりました。その途方もない物語は、気が遠くなるほ

どのトーナメントを引き継いできた地球上の生き物の「いのちの尊さ」を、科学的に雄弁に証明するものとなっています。宇宙の謎に挑戦し続ける科学者の姿と、宇宙へ人類の活動領域をひろげるために砕身する人びとの姿に重ねて、「いのちの尊さ」を訴えていくことは、力強い宗教のバックグラウンドを持たない日本では、特に重要ではないでしょうか。

3．宇宙教育の提案

　組織広報の観点から見ても、国民の側から新機関の活動の柱を見るとき、日本に住む人びとが津々浦々まで、「ああ、新しい機関は、国民のために働いてくれる機関でもあるんだ」という印象を強く持つことが大事です。

　「後継者の養成」とか「一般的に Tax Payers への還元」という言葉では不十分です。やはり直截に「宇宙教育を通じて日本の子どもたちに夢と生きる力を与える」というきっぱりとした表現によってのみ、「新機関が日本の未来に対して長期的で建設的な視野に立った活動を展開するのだ」というイメージを強く与えることになります。

　すでにコズミックカレッジなどの取り組みがありますが、今後はその取り組みの規模を徹底するために、宇宙の現場と教育の現場が四つに組む体制をつくることが必要です。ご承知のとおり、アメリカでは NASA（米国航空宇宙局）と NSTA（National Science Teachers Association）の連携はきわめて緊密で、その連携が Community の教育の軸になっています。

　宇宙の市民権の確立の度合いが異なる日本では、すぐにとはいかないでしょう。しかし宇宙教育のための定常活動としては、現在の3機関がこれまで使ってきた予算（おそらくは十数億円）を、より国民に見える形で使う努力をすることで、当面は可能な規模であると思います。できれば（あるいは、いずれは）、「宇宙教育センター」を創設して、上記の3つの側面の推進と理論化を精力的・組織的に進めることが肝腎であると考えます。

　総合学習や選択理科などで使う教材の要求も全国から多く寄せられています。個別の対応ではなく、宇宙機関

が真正面からこれに取り組むべきでしょう。コズミックカレッジのような活動は、もっと全国規模で展開しなければ大きな効果はないでしょうし、そうした活動のGet-Togetherとなるシンポジウムなどを都道府県にまたがって組織する取り組みが、流れをつくるために必要でしょう。

学校教育を担当する教育現場、社会教育を担当する科学館・日本宇宙少年団その他の草の根活動が、宇宙機関ともっと密接に連携しあって家庭教育を包むことで、日本の子どもたちの心を大いにビルドアップできると信じています。ぜひとも新機関の活動の柱の1つとして目に見える形で「宇宙教育」という言葉を前面に出した方針を策定していただくよう、お願いいたします。

11月 28日

南船北馬（内之浦→東京→宮崎→柏崎→東京）

先週の水曜日に、私たちのロケット発射場のある内之浦に地元の「協力会」と「漁業説明会」で出掛け、日曜日に発射場の一般公開をやるというのでそのままとどまり、今週の月曜日に毎日新聞主催の「21世紀を幸せにする科学」作文コンクールの審査会があるというので帰京、火曜日には国際学会の準備関係の仕事で宮崎へ。水曜日は宮崎から東京経由で新潟・柏崎（講演）まで移動、その日のうちに帰京という「やせる暇のない」1週間でした。せめて毎日新聞の審査会さえなければ、内之浦から宮崎へ直接移動できたのですが、第1回からおつきあいしているコンクールなので、仕方ありませんよね。でも、子どもたちの作文を読むのは、とても楽しいことです。今年の作文には、ロボットをテーマにしたものが多かったですね。

「もっともっと役に立つロボットを作ってほしい」「ロボットがあまり威張るのは考えものだ」「ロボットが進歩しても人間がもっと進化しなければ幸せにはなれない」などと各自言いたいことがいろいろあるのですが、

気になるのはほとんどが他人事として書いていること。主体的な姿勢を表明しているものが非常に少ないことが憂慮されます。

　もう1つ、「科学」がほとんどの子どもにとって「技術」のことになっているということも気になりました。「幸せ」という課題の中の言葉が「生活」を意識させ、生活と結びつくのは「基礎科学」よりは「実用科学」という連想でそうなったのだと思います。自然や社会の真実を暴くという意味での「基礎科学」や「科学的世界観」に言及してくれるものがもっと多ければありがたいのですが、これは大人の考え方の反映だろうと思いながら審査をしていました。

12月 5日

太陽系外の惑星、ついに発見！

　ハッブル宇宙望遠鏡が、約150光年離れたところにあるペガサス座の恒星HD209458を回っている惑星の大気を観測することに成功したという大ニュースが飛び込んできました。この快挙をなし遂げたのはカリフォルニア工科大学のチームです。地球から見て、惑星がHD209458の前を横切るときに、惑星の大気を通り抜けてくる光をハッブル宇宙望遠鏡で観測したのです。分析した結果、

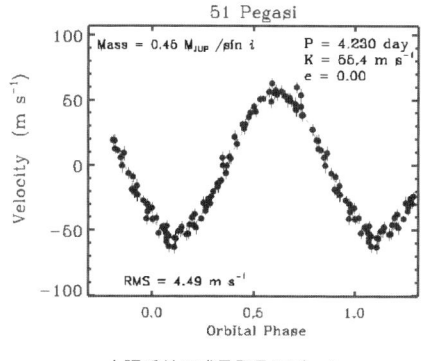

太陽系外の惑星発見のデータ

ペガサス座51番星

ナトリウムを含んだ大気のあることが分かりました。

　この惑星は質量は木星の約70%（地球の約220倍）で、主星のまわりを3.5日の周期で公転しています。すでに2年前に、主星の揺れからそのきわめて近い位置に惑星が存在していることは分かっていました。今回の手法を使えば、現在80個ほど見つかっている他の太陽系外惑星の大気についても解明が進むと考えられるので、地球以外の惑星に生命が存在することを確かめる時期が、刻々と近づいていることを予感させます。

12月 12日

素晴らしかった「あすたむランド徳島」と宇宙学校

　12月6日、恐れ多くも、仁科芳雄博士の生誕日記念の「科学講演会」に招かれて、岡山の里庄に行ってきました。博士の育った家の二階の部屋にじっと瞑目していると、身の引き締まる思いがしました。

　ところで、12月8日（土）には、徳島にある「あすたむランド」というサイエンス・パークで、宇宙科学研究所の恒例の行事である「宇宙学校」をやってきました。これは普通の講演会と違って、参加者からの質問を主体として進行していく言わば「Q&A教室」で、1日を3時限に分け、天文関係が1時限、太陽系関係が1時限、ロケットや人工衛星などのエンジニアリングが1時限という構成にし、それぞれの時限に宇宙科学研究所の教官が2人ずつ登場して、みなさんからの質問に片っ端から答えていくものです。

　これは7年前ぐらいに始めたもので、毎年、東京と相模原で一度ずつ、その他の町で一度ずつ行ってきました。「その他の町」のほうは、これまで札幌、神戸、金沢、出雲、桑名、武雄、徳島と巡回してきました。特にどこで開くという必然性はないのですが、やはり首都圏以外では我々自身が宣伝の足場を持っていないので、地元に強力な広報などのバックアップの態勢がないと、開催は

仁科科学講演会で

難しいようです。

　ですから、「宇宙学校」の噂を聞いて積極的に誘致に来られた町とか、宇宙科学研究所の職員の何らかの知り合いがいるとか、そんな根拠で場所を決めています。今回はたまたま宇宙科学研究所の教授の高校時代の友人が徳島県の教育委員長をしているという話から、とんとん拍子で話がまとまったものです。

　ところで「あすたむランド」というのは、徳島市に隣接した板野町というところにある大サイエンス・パークで、今年の7月にオープンしたそうです。実に驚きました。すでに45万人も入場者を得たというのです。行ってみて納得がいきました。120ヘクタールを越す広大な自然の中に、屋外にも展示があり、また科学館の内部にある展示が実に考え抜かれた素晴らしいものでした。

　100%参加型が貫かれていて、あのミュンヘンのドイツ博物館の「物理学コーナー」を彷彿とさせる出来映えです。おそらく日本全国の中でもトップクラスのものでしょう。機会があったらぜひ訪れてはいかがでしょう。わざわざ行っても決して損のないパークだと思います。

あすたむランドの宇宙学校

　ところで「宇宙学校」のほうは、非常にいい質問の連続で、講師もしばしば考えさせられる場面がありました。「雷が落ちると豊作という言い伝えがあるけれど、これはなぜか」「宇宙輸送機が安くなっても宇宙のホテルが高いと困る」などがそうですが、やはり出ました出ました「ブラックホール」の質問のラッシュが。解答者は汗だくでした。

　「あすたむランド」の方々の献身的なご協力は、まことにありがたく、こんなに素敵な人びとが働いているパークであるからこそ45万人もの人が集まってくるのだと納得させられました。例によってリニューアルの予算はあまりないでしょうが、こんな施設はどんどん発展してほしいですね。ご健闘を期待しています。

　気持ちのいい人びとに接することができて、久しぶりに爽快な数日でした。

2001年

12月 26日

松本零士さんの紫綬褒章受賞祝賀会

　さる12月25日のクリスマス、松本零士さんの紫綬褒章受章祝賀会がお台場の科学未来館で開かれ、出席してきました。これは漫画家の人たちは含まれておらず、宇宙関係の人たちの祝賀会でした。120～130人くらいはいたでしょうか。盛会でした。3機関統合をめぐっては、いろいろと難しい問題もありますが、こうして宇宙関係者が一堂に会して楽しそうにしていると、松本零士さんのような人の大切さがよく分かるような気がします。世代を越え、利害を越えて夢を育む世界が、そこには広がっているようです。

　私はマリ・クリスティーヌさんと一緒に司会をする役まわりになりましたが、楽しい2時間でした。司会者の特権を利用して、「国会議員の先生方、偉いお役人さんが多数見えていて、こんなに能率よく陳情をできる場はない。宇宙の予算を増やして」と訴えておきました。最後には、星出彰彦、古川聡、角野直子の3飛行士が、記念品贈呈と花束贈呈で花を添えてくれました。

　さて、いよいよ今年も大詰めですね。1年はあっという間でした。年末年始は、だんだん体が言うことをきかなくなるのに比例して忙しさを増す昨今の傾向に対処すべく、久しぶりにゆっくりと休養をとりたいと思っています。みなさんもどうか、お元気で。来年を飛躍の年としましょう。よいお年を。

2002年

この年の主な出来事

- ハンセン病訴訟和解
- 偽装牛肉事件
- サッカーW杯（日韓共催）
- 多摩川にアザラシのタマちゃん現る
- 住基ネットが稼動
- 東電の原発損傷隠しが発覚
- 小泉首相、訪朝
- 北朝鮮拉致被害者5人が帰国
- 小柴昌俊教授にノーベル物理学賞、田中耕一氏にノーベル化学賞
- 過激派テロ、世界に拡散

2002年

1月 9日

　明けましておめでとうございます。お元気で新年をお迎えになりましたか。私はまったくの寝正月で、1年の疲れをすっかりとりました。ただし、体重は昨年の元旦とぴったり同じ100 kgという事態となりました。「日本の宇宙開発の現場にいる人間が日本と世界の人びとのために何をすることができるのか」ということばかりを考えて過ごしました。その結果は徐々にお話することにして、とりあえず今年は決して愚痴をこぼさず、前向きに努力したいと思います。今年もよろしくお願いいたします。

1月 16日

ミューゼスCの打上げ間近

　今年の日本の惑星探査の目玉は、11月の小惑星探査機「ミューゼスC（MUSES–C）」の打ち上げと、12月の火星探査機「のぞみ」の地球スウィングバイです。

　「のぞみ」はその後来年の6月にもう一度地球スウィングバイを敢行して再来年の1月に火星周回軌道に入ります。考えてみると、宇宙3機関が統合するのが早ければ来年の末と言われていますから、そうなれば「のぞみ」の火星周回軌道投入は、新機関発足の祝砲になる可能性があるわけですね。気を引き締めて一つひとつの難関を突破しなければと思っています。

　ミューゼスCのほうは、小惑星からサンプルを採取して地球に持って帰ろうという計画です。ターゲットは「1998SF36」という名を持つ長径700 mくらいの小さな小惑星で、太陽系ができたころの物質を持って帰れたらいいなと思います。ただし「MUSES」というのは「Mu Space Engineering Spacecraft」の略で、「ミュー・ロケットを用いる工学実験衛星」という意味です。ですからミューゼスCミッションは、本来は小惑星サンプル・

小惑星探査機ミューゼスC

リターンという形をとった工学実験であって、将来の本格的な小天体（彗星や小惑星）からのサンプル・リターン・ミッションに備えてのさまざまな工学技術の実験であると言うことができます。

代表的な課題を挙げれば、

1．電気推進の実用、
2．自律航行技術の確立、
3．サンプル採集技術のテスト、
4．地球帰還技術の確立

この4つをどこまで行えるかが、実験の成功度のレベルを決めることになります。ミッションの全容については、追って詳しく説明することにしましょう。

さて、ミューゼスCの打上げに先立って、「星の王子さまに会いに行きませんか」というキャンペーンを展開しようと考えています。1998年の「のぞみ」の打上げの際には、「あなたの名前を火星へ」というキャンペーンをやり、27万人の人が応募してくれました。今回の目標は100万人。名前を電子メールや葉書、ファックスで送ってもらい、何らかの方法で処理してミューゼスCに取り付けて小惑星まで運ぼうというものです。

日本惑星協会の仲間たちが全面的な協力を約束してくれていますので、できるだけ早いうちに開始したいと考えています。実現への最大の難関は、案外宇宙科学研究所の内部かもしれません。そこは慎重にやりたいと思っています。私にとっては、これは宇宙科学研究所の宣伝ではなく、閉塞状況にある日本を明るくするための一助です。日本惑星協会を司令塔にし、ジャーナリズムのみなさんから大幅な協力を得ることができれば、このキャンペーンは軽々と目標を達成できると信じています。

そんな新しいタイプの国民キャンペーンをテストしてみる気持ちもあるのですが、ジャーナリズムは、そんな正義の味方になってくれるでしょうか。私は大いに期待します。

1月 30日

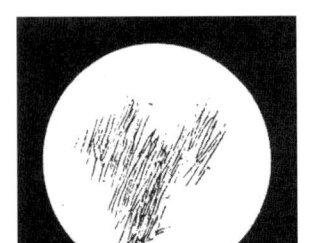

ホイヘンスの火星

　土曜日と日曜日は博多に行ってきました。子どもたちに火星の話をしました。まずみんなに目を閉じさせて、「いま持っている火星についての知識を頭の中から全部追い出せ」と命じ、目を開けてからすぐ見せたのは、ホイヘンス*が17世紀にスケッチした火星面の模様でした。

　「昔は望遠鏡を使っても、これくらいしか表面が見えなかったんだよね。でもみんながこの時代の天文学者だったら、やはりこれ以上は見えないわけだよね」と言って、これぐらいの絵から分かることはあるか尋ねました。誰も手が挙がらなかったので、「ホイヘンスは3時間ぐらい経ってからもう一度スケッチしたんだよ」と言った途端、1人の男の子が手を挙げました（後で聞いたら小学校の6年生だそうです）。

　「何かアイデアが浮かんだ？」と私が言うと、その子は「3時間経ってスケッチしたら、火星の形が変わっていると思う」と答えました。「火星の形」という表現は幼い言い方なのでしょう。「火星表面の模様の形ということかな」と念を押すと首肯したので、「そうやってスケッチを続けていくと何か分かるの？」と質問すると、その子が答えました。「火星が自分で回っている時間が分からないかな……」

　驚きましたねえ。同時に猛烈にうれしくなりました。子どもに知識を与えるのではなくて、想像力を働かせるヒントだけを与えて考えさせるというやり方が、少なくともその子についてだけは成功したようです。こんな調子で火星の生命の問題まで話を引っ張っていったのですが、大変充実した1時間でした。それにしても私のような教育の素人にとっては、小学生の関心を1時間も持続させるのは大変な苦労です。方程式を書いて解いていくほうが、どんなに楽か。

　それでも、優しく解説するのはまだ易しいほうです。

ホイヘンスの火星スケッチ

＊：クリスチャン・ホイヘンス（Christiaan Huygens：1629-1695）：オランダの物理学者、天文学者。26歳のときレンズを磨く新しい法則を発見し、それをもとにガリレイの望遠鏡より優れたものを製作した。これを使って土星の衛星やオリオン星雲などを発見した。土星の輪の発見、火星の模様の観測なども有名。1656年には、振り子時計を初めて作ることに成功した。ホイヘンスは、光についての研究にも多くの時間を費やし、ニュートンの光の粒子説を否定し、光も音波と同様に縦波であると考えたが、ニュートンの名声があまりにも大きく、ホイヘンスの波動説は当時認められなかった。

子どもが自分で重要なことに気づくように誘導していくことはもっと難しく、気づいた後でそのことに感動して一層好奇心や探求心を高める、つまり「心を燃え立たせる」ことは、もっともっと難しいことなのですね。いい勉強をしました。

2月 6日

H-2A-2 の打上げ

H-2A が再び見事な飛翔を見せました。しかし「画竜点睛を欠く」というのでしょうか、わが宇宙科学研究所の高速再突入実験機 DASH は、分離がうまく行われず、単独飛行に移ることができませんでした。したがって再突入ミッションは中止になりました。いつもそうですが、この小さな衛星を長年にわたって準備した研究者・技術者の苦労を思うと、いたたまれない気持ちになりますね。昨日は一睡もできなかったので、ちょっと眠いです。

火星の話

H-2A-2 ロケットの打上げ

2月 13日

S-310 ロケット成功

ヘトヘトになって鹿児島の内之浦から帰京しました。今度の出張の最後は、観測ロケット S-310 が見事に飾ってくれました。10 年間かけて宇宙科学研究所の小山孝一郎先生のグループが開発した「窒素振動温度測定器」が、地球の熱収支を司る熱圏について貴重なデータをもたらしてくれました。先に分離に失敗した DASH も、さかのぼれば 10 年の歳月がバックにあります。飛び道具を使う宇宙科学の難しさは、それが成功するか否かの第一歩が他人の手に握られていることです。もう 1 つ、その成果がマス・メディアに報道されることは、成功の勲章みたいなものですが、科学者自身について言えば、ほとんどの人が報道されるか否かには無関心です。ただし失敗したときの報道の大きさには、当然ながら当惑す

2002年

S-310ロケットの打上げ

*1：大きなロケットには大きな衛星が搭載される。その隙間や余分な空間に小さな衛星を同乗させることがあり、それらをピギー・バック（豚の背中）衛星と呼んでいる。

*2：火薬または爆薬を使ってある目的に適するように加工したものを一般的に指す。

るものです。「成功すれば報道はなし。失敗すれば、投資された税金に言及しながら派手な批判」というのは、経済大国になっていく過程で日本のマス・メディアが築いた悲しい習性なのでしょうか。でもね、実際に現場で取材にあたっている記者の人たちは、表に現れるよりもずっと「判官びいき」なのです。どこか各新聞社の上のほうで事態が変わっていくみたいなんです。

ところでH-2Aには、これからたくさんのピギー・バック衛星*1が搭載されることになるでしょう。今回はロケットのコンピュータからは分離の信号が発せられた後に、DASHを分離する火工品*2に届くまでのどこかで途切れてしまったのです。このようなインターフェースの部分は、「ロケット側・衛星側のどちらに責任があるか」という評価の仕方ではなくて、打ち上げ前の信号到達テストに万全を期すという形で実戦的に乗り越えていかなければならないでしょう。「事故評価」の委員会が組織されました。そのように事が運ぶことを期待しています。間違っても、「どこどこで信号が消えた確率は××パーセント」などという報告書にはならないよう願っています。どうやったら事故が防げるか……これが工学の基本的な観点です。

3月 6日

Mロケットの将来について

月曜日の日本経済新聞に、M-Vロケットを2005年以降は使わないという、誰がどこで決めたとも明記しない記事が載りました。こういう記事は必ずガセネタか、アドバルーンとしての意識的なリークかのどちらかです。

そのどちらかはともかくとして、宇宙技術者たちが心血を注いだ技術を放棄する議論が浮上してきていることは確かです。今世界の宇宙輸送を受け持つ「宇宙への車」は、商業化の旗印のもとで「コストダウン」という一点でだけ評価されつつあります。国が長年にわたって蓄積してきた技術というものは、技術面の苦労だけでは

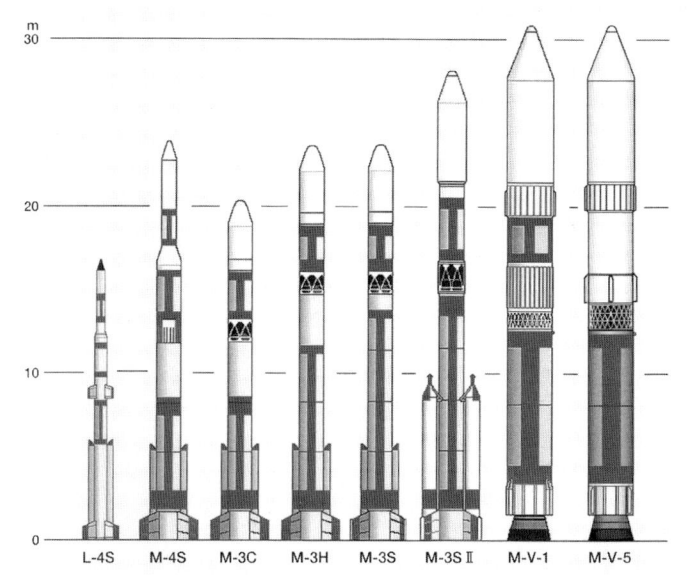

Mロケット一覧

ありません。まず大量の血税の投資があり、無数の人生があり、日本が敗戦の憂き目から立ち上がってきた尊い文化の継承があるのです。

　日本初の人工衛星「おおすみ」を軌道に運んだL-4Sの衛星打上げ事業を継いだ初代のM-4Sに始まり、M-3C、M-3H、M-3S、M-3SⅡを経て現在のM-Vに至るまで、日本の科学衛星を時代時代の要求に合わせて宇宙へ派遣し、国際舞台での活躍を支えてきたミュー・シリーズは、日本人の「夢の弾丸」であり続けました。

　1990年代になってH-2ロケットが登場し、それの「商業化版」であるH-2Aロケットがデビューし、宇宙3機関の統合が本格化するにあたって、日本の宇宙ロケットのラインナップが論じられるようになってきました。現在ラインナップの射程にあるのは、既存のH-2AとM-V、開発中のJ-Ⅱ、それに構想が論じられているもっと手軽な打上げロケットです。

　H-2Aは地球低軌道（LEO：Low Earth Orbit）に約10トン（静止軌道へは2トン）の能力を持ち、M-VはLEOに約2トンです。問題は、J-Ⅱの登場です。J-Ⅱはまさ

に商業化時代の申し子として舞台に現れてきたもので、ロシアとアメリカという二大宇宙大国の技術を全面的に買い入れて、LEOに約5.5トンの能力を持つシステムを作り上げようという石川島播磨重工業（IHI）の計画です。総計450億円を使って開発する構えであるJ-Ⅱは、IHI、経済産業省、文部科学省が各々150億円ずつの投資をし、5年の歳月をかけて商業化のレベルに達することを目的としています。商売をするロケットを税金でバックアップすることの是非を論じる向きもあるでしょうが、それはここでは論じないことにしましょう。

J-Ⅱの性能がLEOに5.5トンとはいっても、当初は2トンくらいの能力から出発せざるをえないことから、M-Vとの競合がクローズアップされてきたのです。LEO 5.5トンを達成した暁に、J-Ⅱの値段は1機約35〜30億円になると聞いています。M-Vは現在1機が60億円強ですから、「大は小を兼ねる」の論理に基づいて「M-Vはもう要らないのではないか」というわけです。

世界のロケットは近年、大中小取り混ぜた豊富なラインナップを備えつつあります。大型で衛星の複数打上げが可能なものと同時に、ペイロード能力は落ちるがより機動力のあるロケットを、各国とも多彩に追求し新たに開発しつつあります。すでに姿を見せているアメリカの「アテナⅡ」はもちろん、ロシアの「スタールト」やヨーロッパ（イタリア）の「ヴェガ」など固体推進剤の打上げロケットも大いに注目を浴びつつあります。

スペースシャトル「チャレンジャー」の爆発事故*で、7人の飛行士を犠牲にして得たアメリカの「シャトルこけたらみなこけた」の教訓は、今や世界のロケット戦略に必須の要素となっています。まだ存在すらしないJ-Ⅱを目当てに、半世紀かかって開発したM-Vを歴史の舞台から引きずり降ろそうなど、時代錯誤・島国根性もはなはだしい考えであると思います。

コストだけについて言うならば、M-Vは約50億円を投資すれば1機が30億円強くらいにはできます。J-Ⅱに150億円を投下しながら、その3分の1の金をM-Vに投じることができないとすれば、文部科学省は早晩物

*．1986年1月、スペースシャトル「チャレンジャー」が、打上げ直後に爆発炎上し、7人の飛行士の命が失われた。スペースシャトルの歴史上初めての死亡事故だった。

笑いの種になります。コストの亡者になった人びとからは絶賛されても、歴史は許さないでしょう。すでに私の海外の友人は、J-ⅡをM-Vと対比することそのものに「呆れ返った文化程度の低さ」を指摘しているのです。

　M-Vは世界最大級の固体推進剤ロケットによる打上げシステムです。これがなくなれば、日本は固体推進剤による人工衛星の打上げ技術を失います。H-2Aの固体ロケット・ブースターがあるではないかという声がありますが、これは単なる補助ロケットです。プロはそんなものを打上げシステムとは見ません。精密な制御能力を持つ世界の第一線を飛ぶ日本の固体推進剤技術は消えてしまうのです。ましてやM-Vクラスの能力で打ち上げてほしい宇宙科学ミッションも若い人たちからたくさん提案されています。

　戦後食うや食わずの生活の中で、日本人は世界で一流の国を作りたいという夢を誰かれなく抱いて走り続けてきました。1955年のペンシル・ロケットはその夢にかすかな灯を点したものでした。1970年の「おおすみ」打ち上げは、思えば日本の経済的爆走の合図でした。日本人の多くが「お金持ちになれば幸せになれる」と信じ、その前半の部分だけは「経済大国」という形で実現されたと言えるかもしれません。しかし現在の日本を覆っているのは、「幸せ」どころか、限りない閉塞感です。

　金で買うことのできないものがあることを、今こそ日本人は実感しつつあるのです。しかし次々に打たれる政策は、すべて再び金持ちになろうとするものばかりです。犯罪が目を掩うほど残酷になり、人の命の価値が低下しつつあり、倒産が相次ぐこの現状に対して、再び経済政策だけで立ち向かおうとする試みは終りを告げなければなりません。M-Vをそのような無謀なマナイタに乗せてほしくありません。文部科学省は「文化」を標榜する役所なのです。

2002年

3月 13日

火星から来た隕石

　一昨年の11月から昨年の1月にかけて日本の南極観測隊が行った調査では、約3550個という膨大な数の隕石が発見されました。これを一つひとつ丁寧に分析する気の遠くなるような作業から、そのうちの1つが火星から飛来したものであることが判明しました。

　これまで見つかっている火星からの隕石27個のうちで最大のものは、1962年にナイジェリアで発見された「サガミ隕石」の18kgですが、今回の国立極地研などが発表したものは、それに次ぐ13.7kgです。

　加えて注目すべきことは、その一部の鉱物には、水に曝されるなどして変質した形跡も見つかり、火星に大きな海があった可能性を示していると言います。まだほんの聞きかじりなので詳しいことは言えないのですが、できるだけ早く詳細な話を手に入れたいと思っています。

　日本の隕石保有量は世界有数です。南極観測隊の活躍が大きな原動力になっています。ところで、隕石ってなかなか見つからないのに、南極で数多く見つかる理由を知っていますか？　実は隕石は世界のあちこちに落ちてきているはずなのですが、南極だと一面の白なので、そこに黒っぽい隕石が転がっていると、すぐに異物として見分けられるからだそうです。冗談みたいだけど、本当です。

サガミ隕石（左）

3月 20日

マスコミの方々との懇談会

　宇宙科学研究所では、新聞記者の方々との懇談会を毎年今ごろに開いています。現役の科学記者と1回、論説委員と1回、別々に開催しています。先週開いたその2回の会議で、昨年大気圏に突入して8年の生涯を終えたX線天文衛星「あすか」の成果総括と、今年の11月に

予定される工学実験衛星「ミューゼスC」の報告をしました。そのときに2回に共通した質問は、「ミューゼスCが小惑星のサンプルを地球に持って帰れる確率はどれくらいか」ということと、「どこまでいけば成功と考えているか」というものでした。

ミッションのシナリオの最後に小惑星のサンプル・リターンが書かれている「ミューゼスC」は、本質的には工学実験衛星です。将来に控えているさまざまな宇宙科学ミッションにとって非常に大切で新しい技術を獲得することが目的となっています。「ミューゼスC」の場合、そのシナリオが「小惑星に接近観測し、できればサンプルを帰還させて地上で分析する」となっているために、「サンプルを持って帰れるかどうかが成功と失敗の分かれ目と考えざるをえない」と語る記者の方もいましたが、現場の気分とはだいぶん異なっています。

「ミューゼスC」は、主要な技術課題として4つの事柄を挙げています。「電気推進」「自律航行」「小天体からのサンプル収集」「地球帰還」の4つです。まず電気推進は、アメリカのDS1（ディープスペース1）というミッションでわずかに使用されたことはあるものの、本格的な太陽系探査、しかも重力の非常に小さい小天体ミッションに対して航行・接近・離脱・帰還を遂行するのは世界で初めてのことです。自律航行というのは、地球からの援助なしに、探査機に搭載した機器だけに頼ってミッションを遂行していくやり方で、地球からの命令が数十分もかかる太陽系空間では、どうしても確立しておかなければならない技術です。サンプル収集には、探査機から弾丸を発射して舞い上がったダストをカプセルに収納する方法を世界で初めて開発しました。小惑星に接近する際、ターゲットマーカーと称するソフトボール大のものを予め投下し、それにレーザービームを照射しながら目標にするなど息づまるランデブー飛行になります。地球への帰還は、大気圏への突入をクライマックスとする難題です。

「ミューゼスC」の現場はこれらのすべてに挑戦する意気込みに溢れていますが、客観的に見ると、この4つ

の課題の一つひとつが単独のミッションとして提起されてもいいほどのブレークスルーであると思います。現場の満足度はこの4つが時系列的に先まで行けば行くほど高まるに相違ありませんが、技術上の評価は本人たちの満足度とは異なって然るべきだと考えています。

　では、評価の基準をどこに置くべきなのでしょうか。それは第一に、世界の惑星探査技術の進歩にどれだけ貢献できたか。第二に、今後の日本の太陽系探査にどれだけ確かな展望を開くことができたか。この2点だと思います。その意味では、電気推進を主推進機関に用いた自律航行システムという最初の難関が突破できたら、これはもう世界に誇る快挙ということができます。

　ですから、小惑星へのランデブー飛行が成功した段階で、少なくともアメリカ、ヨーロッパ、ロシアを含む惑星探査のプロフェッショナルな人びとからは「よくやった！」との声が上がるでしょう。私にとっては、サンプル収集から地球帰還にかけては、次の段階の独立したミッションという気分です。

　新聞記者の方々は、これからそれぞれ独自の評価基準を作られるのでしょうが、世界の惑星探査、日本の宇宙科学の将来への貢献度という大きく長い尺度を持って来られることを期待しています。記事を読んだときに一瞬は分かりやすいけれども、実は長い目で見たら何のことか分からない「確率議論」にはまらず、知的に高い納得を伴う記事をぜひともお願いいたします。というよりむしろ、こういうことを現場と記者の人びとの間で議論することが大事なのかもしれませんね。お互い考えている土俵が別々なままでは誤解が生じるケースが多いようですから。

3月27日

パリの漫画ブーム

　「国際宇宙航行連盟（IAF）」総会の国際プログラム委員会のため出向いたパリは、ずっと雨でした。滞在の中

で半日ほど自由な時間があったので、これまであまり覗いたことのなかった「パリ３区」を散策してきました。「フォーラム・デ・アール」というショッピング・モールに入っている壮大な本屋さん「fnac」は、まことに不思議な設計になっており、地下の２階に行っても３階に行っても自然の光が入るように作られています。さすがフランス人。感心しながら回っていると、いつのまにか"MANGAS"と書いてあるコーナーに出ました。このフランス語はどういう意味かなと思いながらぼんやり辺りを見回してハッと思いつきました。「これは漫画だ！」と。"AKIRA"とか"POKEMON"など私にも分かる日本の漫画が所狭しと並んでいます。座り込んで熱心に漫画を読んでいる若者に「フランス人は日本の漫画が好きなの？」と訊ねたところ、「ああ、特に"ヴワイヤージュ・ドゥ・シーロ"なんか最高だね」という答えが返ってきました。「へえ、それはボクは知らないな」と虚しく言い放って、（本当に虚しくなって）その本棚の裏側に回ったら、『千と千尋の神隠し』が山と積まれていました。先ほどの若者が言及したのは、そのフランス語訳だったのです。

　久し振りのパリはすべてユーロに切り替わっていました。伝統のあるフランやマルクにサヨナラを告げてまで通貨を統一する意志は、すごいと思いました。ヨーロッパは100年か200年に１回の大変革をなし遂げつつあるのだと思います。通貨の問題になると生き生きと語るフランスやイタリアの友人たちを見ていると、日本の新聞を連日のように飾る汚職と詐欺と嘘つきのニュースが、時代に大きく逆行している日本の惨めさが浮き彫りになります。政治家や官僚という人種は、どこの国でもリーダーに違いありません。アメリカのリーダーが単独行動主義の道を断固として歩み始め、ヨーロッパのリーダーが団結して現代のフランク王国をめざす歴史的実験に挑んでいるとき、日本のリーダーは何をしているのですか。日本人が何世紀もかけて作り上げてきたモラルが、国のリーダーを自称している人びとから失われていくにつれ、子どもたちのモラルも育たなくなります。大人たちは、

IAF総会の国際プログラム委員会

パリの大型書店 fnac

月並みな言葉ですが「立派な人生」を送らなければなりません。アメリカと日本の置かれた状況の違いを何とか私たちの発奮の動機にしなければならないと感じながら、帰ってきました。

4月3日

迫り来る中国の「国威」

　中国がまた「神舟」という「無人の有人宇宙船」を打ち上げて地上で回収しましたね。着々と「その日」が近づいています。そして日本はそれを手をこまねいて見ているだけという状況は一向に変わる気配がありません。最近私は「国威」という言葉について考えることが多いのですが、たとえば中国が来年あたりに有人宇宙船を打ち上げて帰還させた場合、日本の国威はどういう形で揺らぐのでしょうか。

　いろいろと浮かんでくる事柄の中で一番厳しそうなのは、「経済的国威」です。ヨーロッパの人たち（この人たちは日本がアジアのどの辺りにあるかも、あまり分かってはいないのです。でも日本という国があって、優秀な車を作っているという事実は知っています）が何かを買い求める際に、中国と日本のどちらの製品を選ぼうか（値段は同じと仮定して）と迷う際、有人宇宙飛行を成功させた国と、そこからまだほど遠い国という比較が頭をよぎると、まず間違いなく前者の製品を選択するだろうというのが、私の予想です。

　一般の人びとは、日本の技術と中国の技術を厳密に比較などしません。言わば「感じ」だけで瞬時に買物をするケースが多いのであって、「世間の噂」は恐ろしいものです。中国は、いったん成功したら、引き続き定期的に人間を宇宙に誇らかに上げ続けるでしょう。

　この有人宇宙飛行の波及効果は、度重なる強力なジャブとなって、21世紀の日本と中国の「闘い」の行方を制するカギの1つとなるに違いありません。「あのころ、日本の政治家も官僚も、そして宇宙技術者も、国の方針

を大転換してまで有人宇宙飛行に乗り出す必要があるとは、夢にも思っていなかったんだよね。その呑気さの代償は大きかったね」と言われないようにしたいものです。

4月 17日

漁業交渉で宮崎へ

　今週末は宮崎行きです。近未来の科学衛星の打上げスケジュールが、かつお・まぐろ漁とバッティングしそうなために交渉に行ってきます。かつお・まぐろ漁は水揚げが大きいのでおそらく相当手強いと思いますが、とにかく頑張ってきます。それもこれも日本のロケット打上げが、"年間190日に限定されている"という事情があるためです。来年度に宇宙3機関が統合された場合、この枠組みがどうなっていくのか、そのことを占うカギになるかもしれません。

4月 24日

日本ロケット事情

　先週の読売新聞に「固体燃料ロケット、半世紀の開発に幕」という記事が掲載されたのを読まれた方も多いと思います。この記事は、中身はそれほど変ではないですが、見出しはまったくいけません。新聞というのは、普通は見出しだけを拾いながら、興味があれば熟読するという形で読み進んでいくものです。宇宙開発に関心のある人ならば、こんな見出しをつければ「エッ？！」と思って詳しく読むでしょうが、そうでない人は、「ああ、固体燃料ロケットはもう打ち上げないんだ」という納得の仕方をして次の記事へいくでしょう。

　事実関係としては、宇宙科学研究所が、現在保有しているM-Vロケットを近い将来に民間移転するという決心をしたということです。1955年の「ペンシル・ロケット」以来、営々と築いてきた日本の固体燃料ロケット技

＊：ガラスロービングに樹脂を含浸させながら、マンドレルと呼ばれる型に所定の巻き付け角度で連続的に成型していく方法。ロービングは、100〜200本のガラスフィラメント（単繊維）を集束したストランドを数十本合糸して円筒状に巻き取ったものです。

術は、M-Vの完成によって成熟の段階を迎え、世界的にも最高水準にあると言えるでしょう。

今後のM-Vに対しては、フィラメント・ワインディング＊によるモーター・ケースの軽量化を下段まで施すとか、補助ブースターをつけるとか、1段目セグメントの一体化を図るとか、1段目をクラスターにするなど、性能向上に向けての課題が考えられます。しかしこれらの課題は、どれをとっても宇宙科学研究所が研究課題として取り組むというよりは、メーカー側で工夫をする性質のものであると考えています。これが上記の決心を宇宙科学研究所がした第一の理由です。

第二には、今後の日本が保有する衛星打上げロケットのラインナップが議論される過程で、M-Vも大幅なコストダウンをしなければ生きられない情勢になってきているという社会的背景が挙げられます。コストダウンのためには、技術的な努力はもちろん、部品調達から衛星打上げ市場についてのマーケティングまで、メーカーでなければできないさまざまな努力が必須となってくるでしょう。

つまりメーカー側で「開発」は続けられるのです。「開発に幕」なんて見出しはとんでもありません。

行政改革・省庁再編・宇宙機関の統合化という情勢と日本経済の先行きの不安から、ロケットはH-2Aに一本化すべきではないかという議論が根強く出てきていますが、これはとんでもない考え方です。世界の衛星市場は、大艦巨砲主義から中小型衛星に大きく傾斜してきています。アメリカもロシアもヨーロッパも、こうした情勢を踏まえて、大中小どころか、さらにその中を細かく分けるようなサイズ別で機動性に重点を置いた打上げロケットの隊列を整えつつあるのです。

1986年1月のスペースシャトル「チャレンジャー」の悲劇を忘れてはなりません。それは7人の飛行士の悲劇であったと同時に、スペースシャトルを万能と見なして、デルタ、アトラス、タイタンなどの使い切りロケットの生産をすべて中止したアメリカが、以後2年有余にわたって宇宙への道を閉ざされた悲劇でもあったのです。

世界の商業用静止衛星打上げロケット一覧

	射場	初号機打上げ	静止トランスファー軌道への投入能力
アリアン4	クールー	1988	2t〜4.5t
アリアン5	クールー	1998	6.8t〜
デルタⅢ	フロリダ	2000	3.8t
デルタⅣ	フロリダ	2002	4.2t〜13.1t
アトラスⅡAS	フロリダ	1993	3.7t
アトラスⅢ	フロリダ	2000	4t〜8.2t
アトラスⅤ	フロリダ	2002	4t〜8.2t
プロトンK	チュラタム	1967	4.8t
プロトンM	チュラタム	2001	5.5t
ゼニット3SL	海上	1999	5.2t
長征3B	西昌	1997	5.2t
H-2A	種子島	2001	4.1t〜5t
(参考) M-V	内之浦	1997	低軌道へ　2t

　それから、今回の宇宙科学研究所の決心は、単にM-Vについてのことであって、引き続き観測ロケットの改良は続けますし、より小型の衛星打上げロケットだって、大いに取り組むべきだと思っています。その場合、これまで蓄積してきた固体燃料ロケットの技術が一層洗練された形で活用されるのは当然です。

　H-2Aに加えて、完全に民間ベースのGX（ギャラクシー・エクスプレス）というロケットが商業用に開発されようとしています。それにかかる450億円の開発費は、石川島播磨重工業・経済産業省・文部科学省からそれぞれ150億円ずつが投じられるそうです。実はM-Vに対しては、50億円も投じれば値段が半分くらいにできるという試算があるのですが、こちらのほうへは政府は金を振り向ける気持ちはないというのですが、これはどういう思考回路なのか、さっぱり分かりませんし、大いに不満です。おまけにまだ開発が始まったばかりのロケットをあてにして、過去に日本の宇宙技術者が精魂こめて作り上げてきたロケットを見限るなど、とても普通の神

経ではないと思います。日本人はいつから金の亡者になり果てたのか。経済優先の国づくりの失敗は、過去の半世紀で味わい尽くしているはずだったでしょうに。

　ともあれ、日本の宇宙開発は、トップダウンで来たものとはいえ、宇宙機関の統合に向けて急ピッチの準備をしています。特に数十年後をにらんだ宇宙輸送システムの開発に勇敢に進んでいかなければ、世界から脱落していくことは目に見えています。将来型の宇宙輸送に優秀なマンパワーを注ぐことが、統合された宇宙機関の最大の任務の1つと言っていいでしょう。そうです、宇宙往還機です。そしてその向こうに人間を宇宙へ運ぶ技術を見据えなければなりません。

　M-Vの移転先であるIA社（IHIエアロスペース社）が、前述した課題を着実になし遂げ、世界の衛星をたくさん打ち上げる名機にM-Vを育ててくれることを期待しています。またそのためであれば、もちろん宇宙科学研究所のスペシャリストたちは、惜しみない協力をするでありましょう。メーカーはメーカーで利潤追求のために全力をあげればいいのです。そして国策としての宇宙開発は、リスクの伴う宇宙往還機から有人へという道を大胆に進んでいくことが大切です。21世紀を作るのが日本の宇宙開発だという志をもって。

5月 15日

「星の王子さま」キャンペーンが始まる

　「星の王子さまに会いに行きませんか」ミリオンキャンペーンが始まりました。NHKやテレビ朝日をはじめ、新聞各紙も報道してくれましたが、中国の総領事館の事件＊と重なったのが大変残念でした。募集期間も7月6日（必着）までのわずか2ヵ月ですから、いろいろと打つ手を考えていますが、ぜひみなさんも、友人・同僚・職場ぐるみ、家族ぐるみ、学校ぐるみでご参加ください。

　宇宙の現場が、人びとと宇宙への夢を共有する……好きで宇宙の仕事をするだけの時代から国づくりに貢献す

＊：2002年5月、中国の瀋陽にある日本総領事館に朝鮮民主主義人民共和国の人が逃げ込もうとして、これを捕まえようとした中国の警察官が、総領事館に入って北朝鮮の人たちを連れ出した事件。

る「宇宙開発の新しい時代」への脱皮として、このキャンペーンをぜひ成功させたいと考えています。

みなさんの周囲への呼び掛けもよろしくお願いいたします。

5月 22日

衣笠祥雄さんから嬉しい返事

先々週の金曜日（5月10日）に発表した「星の王子さまに会いに行きませんか」ミリオンキャンペーンは、初めの4日間で10万人を突破したものの、5月21日（火）現在は13万人でやはり途中から伸び悩んでいるようです。中途でマスコミのニュースにも登場できるようにとの願いをこめて、ジャイアンツは毒蝮三太夫さん、カープ（私の故郷）は衣笠祥雄さん、サッカーのワールドカップ代表は岡野俊一郎さんなどに手紙を出して、日本宇宙少年団の子どもたちの訪問を受けてくれるよう依頼をしました。嬉しいことに衣笠さんからは早速返事が返ってきて、「6月1日の巨人・広島戦で選手を訪ねては」という企画を提案してくださいました。いやあ感激ですね。返事は無理だろうと思いきや、素晴らしい反応です。「日本人も捨てたものではない」と感じました。

星の王子さまキャンペーンの記者発表

5月 29日

5月29日（水）朝現在、「星の王子さまに会いに行きませんか」ミリオンキャンペーンへの応募は153473人です。7月6日までに百万人という目標は容易なことではないですね。しかし「夢を共有したい」人びとがいっぱいいることには、どうやら自信を持っていいようです。今私は島根県の松江に来ています。「ISTS（宇宙技術と科学の国際シンポジウム）」でカンヅメなのです。

一番気になっていることを書いてみます。

「中国が近く有人宇宙船を打ち上げる」という予測が

衣笠祥雄さん
［写真提供：共同通信社］

2002年

松江市の ISTS 会場で

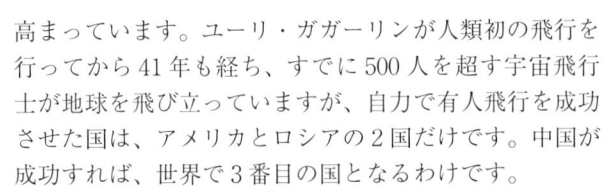

アポロ 11 号の月面着陸
（バズ・オルドリン）

高まっています。ユーリ・ガガーリンが人類初の飛行を行ってから 41 年も経ち、すでに 500 人を超す宇宙飛行士が地球を飛び立っていますが、自力で有人飛行を成功させた国は、アメリカとロシアの 2 国だけです。中国が成功すれば、世界で 3 番目の国となるわけです。

すでに三度の無人回収成功をおさめている「神舟」という宇宙船は、有人を前提にして作られているとされ、ロシアのソユーズに酷似しています。それを無人で打ち上げ、最後は帰還カプセルを母機から分離して大気圏に突入し、内モンゴルの平原に無事着陸させました。さる 4 月 1 日に帰ってきた 3 号は、地球を 108 周しており、飛行士を模擬した人形を乗せていたと言います。

先年、西安を訪れたときには、宇宙飛行士 2 人がモスクワ郊外の「星の町」ですでに訓練を済ませたと語る研究者がいましたが、最近のもっぱらの噂では、10 人以上の宇宙飛行士がいるとのことですよ。「神舟」の名付け親は江沢民国家主席自身であり、国としてトップの優先度を持つ計画になっていることがうかがわれます。中国人が宇宙を舞うのは、おそらく来年でしょう。

私は、あのアポロ 11 号の月面着陸の日（1969 年 7 月 20 日）、東京・お茶ノ水の喫茶店でテレビを見ていました。用があって、六本木にあった糸川英夫先生の事務所を訪ねた帰りでした。画面のニール・アームストロング、バズ・オルドリン両飛行士の緩慢な動作を見ながら、感動と同時に非常な悔しさがこみあげるのを止めようがありませんでした。日本初の人工衛星「おおすみ」はやっとその翌年に上がったのです。

あれから 30 年以上経って、日本ではいまだに「有人」の姿は見えていません。しかし日本にも潜在的には有人に近づいている証拠がたくさんあります。最近宇宙開発の現場で働いている人たちの集まりで、「有人輸送機の仕事をしたい人」と問うと、どのミーティングでもまず 8 割の人が手を挙げます。「私たち普通の人間が宇宙に行けるのはいつごろですか」という質問が頻繁に出るようになってからかれこれ 10 年ぐらいになりますが、最近は「日本の技術で人間を宇宙へ運べるようになるのは

いつごろですか」という質問に出くわすことも多くなりました。

　政治家やお役人の中でも、「ひょっとして有人宇宙開発に踏み切ったほうがいいのではないか」と漠然と感じている人も増えてきています。ただし、国の予算の使い方を根本的に見直す勇気も力もない上、わが国の経済状況を一般的に眺めて「有人は金がかかるから無理だろう」という結論を出して自分を納得させているのです。

　お隣の中国が人間を軌道に乗せると、何か変化が起きるでしょうか。私は起きてほしいと期待していますが、小波しかたたないような気もしています。どの時代のどの国にも個性があって、1人1人の人間はその国の個性の中で一生を送ります。私たちの世代が生きてきた日本は、第2次世界大戦後の打ち沈んだ状況から、懸命に国中の人が働いて経済の繁栄を築いてきました。「エコノミック・アニマル」という日本評は、「経済的に豊かになれば人びとが幸せになれる」と信じて猛烈に働いた日本人の姿が、外国の人びとにどのような「個性」として映ったかを表現しています。

　どうやらお金持ちの国にはなったみたいです。しかし今の日本のマスコミに登場するさまざまな人間模様は、とても「幸せな国」のそれではありません。私はそれほどアメリカびいきの人間ではないのですが、アメリカ大統領の舵取りが、多くの人種を1つの絆で結びつける「国民の夢」を掲げながら遂行されていくところに羨ましさを感じることがよくあります。ジョン・F・ケネディ大統領の時代以来、その夢の中心には「宇宙」がありました。60年代のアポロ、70年代のスカイラブ、80年代のスペースシャトル、そして90年代の国際宇宙ステーション。21世紀は宇宙観光を持って来たかったフシがありますが、これは難航しているようです。

　もちろんその「宇宙の夢」は、アメリカのベトナム戦争以来の数々の社会問題と裏腹に進められているのではありますが、少なくとも多くのアメリカ人は自分の国に誇りを持ち、特に「宇宙」のように目立つ事柄には、常にナンバーワンの座を求めていることは確かです。

2002年

　中国も新疆ウイグル自治区の独立運動や人権問題など多くの深刻な国内問題を抱えています。分裂の芽をこれ以上成長させないための国家統合の象徴として、有人活動が企図されている風情もあるでしょう。それはそれで立派な舵取りだと思います。

　中国が人間を宇宙へ送った場合、ヨーロッパやアメリカで宇宙とは関係のない商品においても中国製品のカブは上がるでしょう。何しろ「人間を宇宙へ運べるほどの技術力を持っている国だから」と、人びとは考えるに違いありません。「日本は中国に追い越された」と感じる人も多いでしょう。「何しろ日本はまだ人間を運ぶ技術を持っていない国だから」と。日本という国が正確にはどの辺にあるか知らない人は多いのです。

　徐々に大きく時代が移りつつあります。私たちは、決して悲観的になってはいけないし、疑心暗鬼に陥ってもいけませんが、国民の夢が奈辺にあるかに思いをめぐらせ、国際的な視点から日本を見つめるとき、愛する日本がどうしようもない閉塞状況にあることを感じているのは私だけではないでしょう。

　「宇宙」の仕事が未来の日本に向かって呼びかけているのは、金で幸せになれなかった国を「再び金で幸せにするために宇宙で商売をする」ことではありません。コストダウンの論議だけが支配する日本の宇宙開発には未来がないと思います。日本を愛する多くの人が宇宙に期待するのは、「一緒に素晴らしい夢をみたい」ということです。一刻も早いオールジャパンの有人活動の立ち上げが望まれています。それは宇宙の現場で働いている人のエゴではありません。日本の活力を甦らせる「打出の小槌」であると信じています。

　「星の王子さまに会いに行きませんか」ミリオンキャンペーンが、その先駆けになるといいですね。

6月 5日

秋山豊寛さんに負けるな！

　ハガキによる応募が正確には把握できていませんが、6月4日（火）朝現在、「星の王子さまに会いに行きませんか」ミリオンキャンペーンへの応募は15万人といったところでしょうか。やはり7月6日までに百万人という目標は容易なことではありません。何かテコ入れをしないと目標達成は難しいでしょう。今のところ「のぞみ」のときの「あなたの名前を火星へ」キャンペーン以上の宣伝はしていないので、「のぞみ」のときが27万人だったことを思えば当然の数字だと思っています。

　島根県の松江に1週間行ってきました。松江は京都・奈良と並ぶ文化観光都市なんだそうで、確かに美しい町でした。松江で開催された「ISTS（宇宙技術と科学の国際シンポジウム）」は大成功のうちに終わりました。私はプログラム委員長という大役だったのですが、どうも祭り上げられただけであって、実際の仕事は若い人たちが懸命にその任務を果たした結果であることを、今しみじみと感じています。特に事務局の女性たちの活躍は群を抜いていたと思います。こういうのが「世代交代」なのでしょうね。一世代前に、私たちが「若い側」から感じたことを、現在「年寄側」から認識せざるをえなくなっているのでしょう。

　私には、利岡加奈子さんという素晴らしい秘書さんがいてくれます。この人がいなければ私の仕事は到底できないのです。秘書さんが優秀だと、ついそれに頼ってしまいがちです。だんだん自分が自律的でなくなっている感じがあるのは、私自身に生きていく構想力が欠如しているせいなのかもしれません。せっかく一生懸命働いてくれている利岡さんの青春を決して無駄にしないよう、私も彼女に負けない人生を歩まねば、と考えているこのごろです。

　それにしても今回、日本人の有人宇宙輸送機をめざすパネル・ディスカッションにははるばる福島から駆けつけ

帰還直後の秋山豊寛飛行士

てくれた秋山豊廣さん（日本最初の宇宙飛行士）の元気なこと。同い年の私としては刺激を受けました。農作業を主体として肉体を今でも鍛えつつある人と、肝腎の仕事を若い人たちに任せて偉そうにのうのうとふんぞり返っている私の差が、惨めでした。断固減量してもうひと花咲かせたいと、月並みながら思いました。頑張ります。

6月 12日

ワールドカップのロシア戦。いやあ勝ちましたね。中田英寿の負傷しながらのプレーが最も光りましたが、これは予想されたこと。ロシアの左からの攻撃に備えて先発起用された明神選手が随所に好プレーを見せました。全体として守備を重視した布陣だったのでしょうが、MFの小野がディフェンスのラインまで下がっているのをよく見かけました。とにかく小野といい、稲本といい、よく走ったなあというのが実感です。

テレビの視聴率はすごかったでしょうね。スポーツって、いいですねえ。このような素朴なナショナリズムを、国民は根深く持っているのです。宇宙だって、懸命に上手に「闘えば」きっと大いに応援してくれます。

ところで「星の王子さまに会いに行きませんか」ミリオンキャンペーンのほうは、今ひとつの宣伝不足が続いています。サッカー協会の岡野俊一郎会長に、「日本宇宙少年団の子どもたちに日本代表を訪問させてくれませんか」という趣旨の手紙を書いたのですが、なしのつぶてです。TBSこども電話相談室でのご縁なのですが、このフィーバーに何とかキャンペーンも乗りたいなと思っています。もう1回トライしてみましょう。

次はチュニジア戦。ゴーゴー、ニッポン！

ロシア戦でゴールを決め、小野(左)に祝福される稲本
[写真提供：共同通信社]

6月 19日

京都で産学官連携推進会議

　ワールドカップのチュニジア戦。見事な勝利でした。
　先週の土曜日と日曜日に京都で「産学官連携推進会議」なる大きな会議が開かれ、3600人という人が参加しましたが、オープニングの講演で、日本の2人は真面目に本題に入りましたが、アメリカの2人は「日本の勝利おめでとう」から話を始めました。スポーツ大好きの私の見方は少し歪んでいるかもしれませんが、日本の政治のリーダーは、もう少し余裕のある全方位の人格を持ってほしいなと感じました。そうでなければ「大衆の気持ち」など分かるはずがないではありませんか。
　会議のほうは「経済の活性化のために産学官がどのように連携するか」という問題意識です。視野の中にあるのは経済だけなんですね。大切なことなんだけど、「経済を活性化するとなぜ日本はよい国になるのか」ということも、「環境・情報・バイオ・ナノテクの4つがなぜ科学技術の重点なのか」という私の疑問にも、一切触れられませんでした。

6月 26日

サッカーのワールドカップと宇宙

　ワールドカップのトルコ戦。残念でした。一瞬、夜の韓国も負けないかな、というケチな考えが頭をよぎりましたが、結局は韓国が勝ってほしいと思い直しました。すると何と韓国は4強まで歩を進めました。ドイツとの準決勝も頑張りましたが、残念。しかし、敗れた後に選手に寄せられたスタジアムの大きな拍手は、素晴らしかったと思います。この日は奇しくも朝鮮戦争の開戦の日だったそうです。
　このたびのワールドカップで世界の人たちは、これまで「日本製品」としてしか知らなかった日本人の姿を、

心ゆくまでテレビで見たそうです。ひょっとすると、日本人というものが、これほど幅広く世界中の人たちに眺められたのは、近年では初めてのことではないでしょうか。サッカーのサポーターたちのバカ騒ぎだけが伝わったのではないかと心配していましたが、実際にはさまざまな国のチームを暖かく歓待した様子があちこちの国のテレビで流された模様です。スポーツの持つ意外で素晴らしい側面を見たような気がします。

「宇宙だって頑張れば……」の思いを強くしたワールドカップでした。ところで、「星の王子さまに会いに行きませんか」ミリオンキャンペーンは、海外からの応募を含め、ついに70万人を突破しました。締切は7月6日、果たして100万人に届くでしょうか。大いに可能性はあると思っています。ぜひ周囲の多くの人びとに呼び掛けてください。

さる日曜日には、日本宇宙少年団の子どもたちが甲子園球場に星野監督を訪ねて、キャンペーンの趣旨を説明し、応募の往復ハガキに署名してもらいました。テレビや新聞でそのことをご覧になった方も多いと思います。その前の日の木曜日には、宇宙科学研究所の隣の由野台中学のクラスに出掛けていって、クラス全員に往復ハガキで応募してもらい、その様子が土曜日のNHK「おはよう、にっぽん」で流れました。

何とか目標に達したいものと努力しております。

7月 3日

ジャイアンツの川相選手がご一家でキャンペーン応募

締切の7月6日まであと3日、「星の王子さま」キャンペーンも大詰めです。名前とともに寄せられたメッセージを読む時間が今はないのですが、ぜひともすべて読ませていただきたいと思っています。

日本惑星協会の高岸事務局長からお聞きしたところでは、8月に生まれる予定の赤ちゃんに、このキャンペー

ンに応募するために早めに命名した人がいたそうです。ジャイアンツの川相選手がご一家で応募し、そのことが今日か明日の報知新聞の「ジャイアンツ日記」に乗るという話もあります。うれしいニュースを無数に生みながら、ワールドカップの波にもまれながらも、現在80数万人の人びとの名前が届いています。

　知っていれば応募する人ももっと増えるのでしょうが、「周知」ということの難しさを感じます。とはいえ今回のキャンペーンに示された日本惑星協会事務局のみなさんの献身には、本当に頭が下がります。ともに最後の追い込みを頑張ります。

友人RJを囲んで：
川相選手御一家

7月 17日

キャンペーンに長嶋さんが登場

　「星の王子さまキャンペーン」募集再開（7月22日締切）の一環として、プロ野球の長嶋茂雄さんに登場していただきました。東京ドームを訪れた長嶋さんを日本宇宙少年団の子どもたちが訪れ、キャンペーンに応募してもらい、それをTBSが取材して翌日朝に放映するというもの。さすがに子どもは緊張していましたねえ。うまくセリフが出てこないようでした。長嶋さんは？と言えば、このおどおどした子どもたちのセリフを受け、「宇宙は夢があるからねえ。私もチャンスがあれば宇宙へ行ってみたいよ」と、さすがに反射神経よく応じていましたよ。

7月 24日

酒

　タバコは40歳のときにやめました。それまで1日80本くらい吸っていたので、やめたときは周囲が驚きました。私の場合、「やめては吸い、吸ってはやめ」というプロセスがなく、40歳の誕生日にいきなりやめたので、

2002年

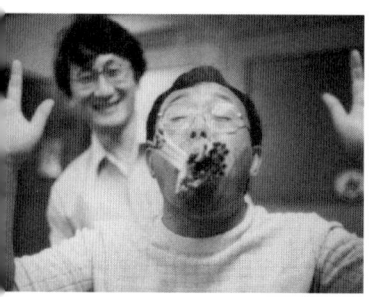

禁煙前に40本

まわりもびっくりしたでしょう。

あの日、研究室で「今日40歳だから、記念にタバコを一度に40本吸ってからやめる」と宣言したまではよかったんですが、自分の力では口に押し込めるタバコが30本くらいで、あとの10本は後輩の川口淳一郎という大学院生に私の口を無理遣り開けてもらって、その隙間に潜り込ませてもらいました。一斉に火を点けたのですが、肺活量は一定なので格別むせることなく、40本を吸い終わりました。この川口クンが、今ではミューゼスCのリーダーなんですからねえ。

経験のある人は分かるでしょうが、本人は平気でも、夜になって夢を見るんですね。1本たまたま吸って、「アッ、吸っちゃった。もう同じことだ」てんで、バカバカ吸ってしまうという展開。私の場合もそれから10年間くらい夢が続きました。昼間は大丈夫なのですが、外国に行って独りぼっちのときのホテルの中が難関でした。部屋の中は誰も見ていないし、ホテルのロビーに自動販売機はあって、それを買いに行っても、私が禁煙をしていることを知っている人は誰もいないし、……などと考えていると、つい負けそうになることもありましたが、「誰のためにタバコをやめたのか」という命題を思い起して耐えました。20年経った今はもう大丈夫です。

まあ数ある「やめたほうがいいこと」の1つだから、それで命がどうなるものでもないでしょうが、タバコはやめられたのですが酒は駄目です。

考えてみると酒との付き合いは長く、小学校の1年生までさかのぼります。うちは母以外はすべて男（父と2人の兄）で、すぐ上の兄とは9歳も違うし、兄も高校生のころは平気で酒を呑んでいました。明治生まれの母が向こうを向いて料理をしていて男4人が食卓や炬燵を囲んでいる光景を思い出します。そうしたときは当然のように私を除く男3人は日本酒を熱燗でチビチビやっており、小学校にあがる前から私だけ除け者にされたような感じを味わっていました。

小学校にあがった年の（父が浴衣を着ていた記憶があるので）夏だったと思います。母が例によって向こう向

きに料理をしている瞬間を狙って、隣の兄の脇腹をつつきました。「ちょっと呑ませてよ」と合図をすると、兄は父のほうをそっと見てから私にお猪口を渡してくれました。母が振り向かないうちにと、サッと呑んだ酒の不思議なうまさ。幸せな気分でした。

　毎日1回か2回だけ、そうやってしていた盗み呑みは、小学校の5年生まで母にはばれませんでした。来年は5年生という年の大晦日の夜、私は前から考えていたことを母に打ち明けました。「来年はぼくも小学校の5年生だから、お酒を呑みたい。」

　母は「この子は何を言い出すやら……」と呆れたような顔で絶句しましたが、すぐにいたずら満点の顔をしたかと思うと、私に向かってある提案をしたのです。「明日はいつもの年のように一家で百人一首をするから、そのときにあなたのとった枚数だけ、お母さんがお猪口についであげる」と。

　私が野球ばっかりやっているので、勉学意欲をかきたてるための方便だったのかもしれません。私はその母の作戦に（お酒呑みたさに）ひっかかりました。しかし考えてみると母は私の記憶能力を過小評価していたのです。万葉がなで書かれた百人一首のフダを、私は一晩かかってほとんど暗記してしまったのでした。父は抜群のカルタとりの名手でしたから読み手になり、母と2人の兄とのバラの勝負。実に私は29枚をモノにしました。博多生まれの陽気な母は、自分が仕掛けた勝負に負け、カラリとした笑顔で私に29杯のお酌をしてくれました。その母が亡くなった年齢に私もなりました。

　日本酒はおいしいのですが、太るのです。だから今では大好きな日本酒はできるだけ控えて、ビールを呑むことにしたのですが、困ったことに、ビールを呑めば呑むほど腹が減ってくる異常体質なのです。こうして30歳のころには65kgしかなかった体重が、今では3ケタになんなんとしているというわけです。

　今回は、久しぶりで打ち明け話をしてしまいました。本当に何ヵ月ぶりかで土日続けて休みがとれたので、ゆったりとした休養ができたためでしょう。酒にまつわ

る話は、まだまだ楽しいことがいっぱいあるのですが、キリがありませんのでこれまで。つまらない話題ですみませんでした。

8月 7日

蘭奢待とアポロ

「蘭奢待」（らんじゃたい）という名前のお香がある。炊くと部屋いっぱいにいい匂いが広がる、あのお香の1つである。噂によれば日本では正倉院にしか保存されていない珍種だという。

1969年7月のある早朝、2年前に大学から去られた糸川英夫先生から電話があり、ちょっと必要があって「蘭奢待」という文字を筆で書いてほしいと依頼され、先生の事務所がある六本木へ出かけた。糸川先生は、東京大学を退官された後、六本木に「組織工学研究所」という社団法人を設立されていた。「組織工学」とは、今でいう「システム工学」の、糸川先生なりの立場からの呼び方である。

聞けば、このお香は皇室の重要な行事の際にだけ、ほんのわずか削り取られて使われるらしい。爪の垢ほどの量でも部屋中に芳しい香りが広がって、その場の人びとの心をたちどころに鎮める効果があるという。糸川先生の流暢な説明は、いつもながら聞いている者に有無を言わせぬ説得力があった。

糸川先生は、近いうちにその「蘭奢待」があるルートを通じて手に入る見通しなので、「化学分析して成分をつきとめて人工的に合成し、世界の紛争を処理する国際首脳会談などで使って、みんなが冷静に平和をめざす議論ができるよう働きかけるつもりです」と語られた。私は、（まったくこの人は予想もつかないことを考える人だなあ）と、感心することしきりであった。

私が隷書体で書いた「蘭奢待」という字を、どのようにその準備に使うおつもりなのかは遂に理解できなかったが、ともかく筆で書き始めた。私は特に書の名手とい

蘭奢待

隷書体の見本

うわけではないのだが、どういうわけか糸川先生が私の書いた字を気に入ってくださって、こういう展開になってしまったのである。

　筆を手にして何枚も失敗作を投げ捨てているうち、このお香の名前の中に「東大寺」という名前が隠し字になっていることに気づいた。そのことを糸川先生に言うと、「よく気がついたね」とニコニコされた。

　さて役目を終えて六本木の事務所を引き上げるとき、糸川先生は「今日は何がある日か、知っているでしょうね」と言われた。「もちろん」とお答えした帰り道、東京・御茶ノ水の喫茶店に飛び込んだ。

　店内はものすごく混んでいた。みんなの眼はテレビに吸い寄せられている。やがて20世紀最大の宇宙ショーが始まった。モノクロの画面に月面がぼんやりと映り、ニール・アームストロング船長の梯子をつたって降りる動きが、スローモーションのように緩慢に見えた。アポロ11号の着陸船イーグルが、人類史上初めて月面に人間を運んだのである。

　ほどなくバズ・オルドリン飛行士も加わった月面での活動は、「作業」というよりは「蠢き」と言ったほうがピッタリのノロノロしたものだった。私はそれを夢のような気持ちで見つめていた。胸を圧倒する感動が駆け抜けた次の瞬間、思いもよらず猛烈な口惜しさがこみあげてきたことは驚きだった。

　日本は、次の年に日本初の人工衛星「おおすみ」を打ち上げる準備に追われていた。過去に4回、ラムダ4Sロケットによる軌道投入へのトライアルがうまくいかず、このアポロ11号が月面に着陸した翌年の2月に五度目のチャレンジをする時期だった。なのにアメリカはもう月へ到達した。身体を震わせるような衝動の中で、自分の心がつぶやくのが分かった……日本人の手で人間を月に立たせたい。

　あれから30年以上も経った。日本の宇宙輸送システムの開発は、あれ以来2つの流れに分かれた。1つは以前から存在した固体燃料ロケットの東京大学グループ、もう1つは液体燃料ロケットの宇宙開発事業団の開発で

ある。前者は、急速に世界の舞台へ駆け上がる宇宙科学と手を組み、後者はお茶の間につながる宇宙開発への道を拓いた。こうした道程で、固体燃料ロケットと液体燃料ロケットのそれぞれの到達点であるM-VとH-2Aは、いずれも世界の最高水準に達している。

　政府主導のトップダウンの決定によって、宇宙3機関の統合が来年秋に予定されているが、「固体で科学を、液体で実用を」という図式を、もっと長期的な観点から大胆に再検討する時代に入っている。それは、宇宙科学を何で打ち上げるか、実用衛星を何で打ち上げるかという「選択」の問題ではない。日本の宇宙活動がどういう要素を課題にすべきかを戦略としてまとめ上げ、そのためにどのような宇宙輸送システムを具備すべきかを探るグローバルな「ディシジョン」の問題である。

　その活動の柱の中に、日本の技術力で日本人を宇宙へ運ぶ課題が含まれるべきである。中国の有人飛行が近い現在、他動的な動機でなく有人宇宙技術の開発を決定できないような政府には、到底日本の宇宙技術をリードする希望を持つことはできない。

　あの喫茶店で突然沸き上がった口惜しさをパワーに換える予算は、ついにこれまでついていない。が、あの猛烈な感情を私は忘れてはいない。この素朴なナショナリズムを、心ある子どもたちが、必ず立派に引き継いでくれると信じている。

8月 21日

新機関での広報と教育の分離

　おそらくは来年秋に発足する新しい宇宙機関の基本方針の検討が進んでいます。発足したときに、国民の目から見て「夢のある組織ができたな」というイメージができるかどうかが大切ですが、一方「へえ、自分たちにずいぶん身近な存在になったな」と感じさせる方針が出てこないと、何のために統合したのか、わけが分かりませんね。

前者のために宇宙科学の将来構想は、確実に準備されています。ただ足りないのは、将来への宇宙輸送システムの展望でしょう。私には、それはリーダーシップの不在として映っています。

　後者の1つは、広報活動の充実、中でも組織広報と教育活動の分離だろうと考えています。自分たちの組織を「いい組織でしょう。応援してください」というだけの広報活動によって宣伝するだけでは、自分のことを考えているだけになります。税金をいっぱい使っている組織としては、日本全体の教育活動に貢献するという社会需要に応える立場がないと、責任を果たしたことにはならないでしょう。

　もちろん組織広報と教育活動は、完全に分離できるものではありませんが、意識の中では、「自分たちの生き残りのために」と「日本の国づくりや青少年の育成のために」は、立脚点が真反対になっています。1人の人間の中で、この真反対の意識を保有することは容易なことではありません。でも不可能ではないと考えています。しっかりとした議論を積み重ねて、できるだけ多くの人たちがそのようながっちりとした自覚的な認識をもって統合の秋に望めるよう努力したいと思います。

8月 28日

次兄の死

　2番目の兄貴が8月20日に亡くなりました。その前日に義姉から電話で具合が悪いと聞いたので、その日の午後に文部科学省で鹿児島県漁業連合会の陳情を受けてから、兄貴のいる岩国に行ってみようと思っていました。ところがその日の朝に容態が急変したという電話が来て、あわてて陳情を代理の人にお願いし、新幹線に飛び乗りました。

　初めて新幹線「のぞみ」が遅いと思いました。「こだま」に乗り換えるべく広島で降りた瞬間に電話がかかってきて、午後4時10分に息を引き取ったと……。兄貴

の眠るベッドに駆けつけたのはその90分後でした。まだ顔があたたかかった。私の大好きな兄でした。酒のおいしさを教えてくれたのも喧嘩のやり方を教えてくれたのも、男は楽しくまっすぐに生きなければならないと教えてくれたのも、この兄貴でした。

20年ほど前から糖尿病をわずらい、それを甘く見た結果、5年前から人工透析を始めざるをえなくなり、今年に入ってから調子がよさそうだったのですが、8月初めに軽い脳硬塞を起こして入院しました。大丈夫そうだったのですが、詮無いことになりました。焼かれた骨の腎臓部分が真っ黒だったのが印象的でした。昨年の長兄に続き、また今年も次兄を失って、これで父母を含め、私の小さいころからの家族はすべて亡くなりました。初七日を終えて東京に帰ったら、体重が5kg減っていて苦笑しました。この減量は兄貴が私に最後にしてくれたプレゼントだと思い、その好意を無にしないよう5kgの元手を増やしていきたいと考えています。どうか応援してください。

9月 4日

来年1月に公演のある「光」というオペラのバックの映像について相談に乗った縁で、新宿／初台の新国立劇場の「椿姫」のゲネプロに御招待いただきました。"ゲネプロ＝ General Probe"、つまり総合リハーサルですね。休憩をはさんで約3時間の熱演でした。一緒に行った宇宙科学研究所の同僚は大泣きに泣いていました。闘牛士の踊りがイマイチで、何だか盆踊りみたいだったんですが、3幕は圧巻でした。ヴィオレッタ役のインヴァ・ムーラ、アルフレード役のヴルター・ボリンと組んでジェルモン役をやった牧野正人の歌唱の見事さは、まさに世界に通用するものだと思いました。日本でもオペラ歌手の養成には本格的に乗り出しているようで、私が小さいころに有名だった藤原歌劇団の協力も得て毎年有望新人がデビューしているそうです。宇宙の活動も、音楽

の世界との結合をもっと考えるべきだと考えながら帰途につきました。

9月 11日

　宇宙開発事業団のH-2Aロケットの3号機が、見事な飛翔を見せました。よかったですね。お客さんであるUSERS衛星も自前のDRTS衛星も無事に分離され、後は衛星の優秀さに頼る段階になったわけです。打上げロケットとしては、100%の成功と言っていいでしょう。関係者のみなさんのこれまでの御努力に対し、心からおめでとうございますと言わせていただきます。それにしても、21世紀を迎えて日本の国がそれなりの盛り上がりを見せ、サッカーのワールドカップで沸き立った日本は、いつの間にか即席の一発勝負みたいな興奮しか味わえない国になったのでしょうか。連日新聞を騒がせている世の中の大人たちは、ウソばっかりついている印象になってしまうし、ロケットの打上げにしても、いくつかの有力新聞紙では、「失敗したら座談会をしたい」と言い出す始末。成功した場合は、日本国民を励ます非常に多くのエピソードがあるはずなのです。それを「成功するとおもしろくも何ともない」という質の悪いお笑いレベルの感覚に見えてしまいます。テレビ報道も、H-2Aの成功を「商業化」の一点からしか見ていない感じの報道に終止しました。私自身は、日本の宇宙開発が、この成功を機にして、国民にお金だけではない夢を抱かせる大きな方向に道をつけてくれればなあと念じているのですが、そのような論調がマスコミに見られないのは寂しい限りですね。真正面から、この国の国づくりを論じる風潮が早く来てくれないかな。

H-2A-3の打上げ

9月 18日

　最近よく思うのですが、日本はこれからどういう国に

2002年

なっていくのか、あるいは目指していくのか、国民のコンセンサスがない国に成り果てているのですよね。

　私が小さいころは、「日本を世界で一流の国にする」という暗黙の了解が、私の周囲に生活する大人にはあったような気がするのです。ただしその際に、「金持ちになれば自動的に幸せな国ができる」と信じていたフシがあります。そして日本人は懸命に働き、金持ちになる「夢」は果たしました。しかし幸せになったわけではないということは、近ごろ頻繁に起きている「命を命とも思わない」事件を見れば分かります。何か国民の精神文化に大切な喪失があるまま世の中が経済的な動機だけを大事にしながら動いている感じがするのです。

　そしてバブルの時代を経て、現在の不景気を迎えて、政府の方針は「再び経済を活性化して幸せな国をつくる」と言っているように見えるのは、私だけなのでしょうか。宇宙だけに限定してみても、宇宙3機関が統合された後の行方を考えると、宇宙をベースにした商売をするならば、到底文部科学省の守備範囲ではないですよね。「商売」という意味では経済産業省かもしれないし、宇宙旅行なども視野に入れれば、国土交通省かもしれませんね。いずれにしろ、宇宙開発の持っているいろいろな動機を、文部科学省に限定しないで、グローバルに省庁の縦割りの体制を取り払った取り組みに転換していかなければならない時代に入って来ているのだと思います。

　科学と教育は文部科学省でいいでしょう。商売は国土交通省、開発の管轄は経済産業省、種々の実用衛星は目的に応じていろいろな省庁に移管してしまう。非常にリスクを伴う、たとえば宇宙往還機や有人輸送の技術のようなものは、実用への一歩手前までは文部科学省がやればいいのです。こうした省庁にまたがる大きな立場での政策を打ち出すことのできる政府や政治家を持ちたいと思っています。「国を明るくする」「国民の目標を打ち出す」こうしたスローガンが日本人を沸き立たせ、できるだけ具体的な政策に生かせるよう、宇宙の現場でも大いなる志を表明すべきでしょう。

9月 25日

「ようこそ先輩」の録画

　私の卒業した小学校は、広島県の呉市にあります。先週の9月19日（木）と20日（金）、NHKの「ようこそ先輩」の録画撮りにその母校へ行ってきました＊。授業をやっているときは、自分としては平気なつもりでしたが、2日間の昼間はほとんどが立ちっぱなしだったので、さすがに肥った身には辛かったらしく、金曜の夜は真夜中に足がつるほど疲れていたようです。

　6年1組（実は6年生は、このクラスだけ）の子どもたちが相手だったのですが、実にはきはきとしたいい子たちで、気持ちよく授業を進めることができました。後で聞いた話では、5年生のときには学級崩壊寸前までいったクラスらしく、担任の先生が必死で立て直したそうです。「あんないい子たちがどうして？」という思いに駆られましたが、学級経営というのは、私たち素人には分からないくらい難しいものなんですね。1学年1組という少子化が進み、全校生徒合わせても200人に満たないので、授業はやりやすいでしょう。しかしやはり近所の小学校と合併の話が持ち上がっているとのことでした。

　NHKから話があったときは、「さあ、私の母校はまだ名前が残っているかどうか分かりませんよ」と言ったのでしたが、調査のうえ「まだそのままの名前で存在しています」という電話をいただいたときは、やはりうれしかったですね。

　私が通学していたころから「呉市立荒神町小学校」という名だったのですが、校長先生のお話では、驚いたことに今年で127周年を迎えました。呉市は今年が市制100周年ですから、呉市ができる前から「荘山田村立荒神町小学校」として存在していたそうです。歴代の校長先生の名前の中に、(7代目だったかな？)「的川」という名前のあったのには驚きました。だって呉にわが一族が住み始めたのは、私の父が広島県比婆郡の東城という

＊：この「ようこそ先輩」では、私の母校である呉市立荒神町小学校を訪ね、5年生を相手にペットボトルを利用する水ロケットを製作し、打ち上げた。

ところからやってきたのが始まりと聞いていましたから。

　それにしても、2日間も3台のテレビカメラが回りっぱなしだったのですから、そんなに大量の映像からどうやって30分の番組を作るのか、私には神業としか思えません。オンエアは10月13日だそうですが、私はちょうどアメリカ出張中で見ることができません。いつもは自分のテレビ出演ははずかしくてあまり見る気がしないのですが、今度ばかりは、何だか見てみたい気がしているだけに残念。

10月 9日

小柴昌俊さんにノーベル賞

受賞の喜びを語る
小柴昌俊博士
［写真提供：共同通信社］

　今年度のノーベル物理学賞に、小柴昌俊先生が選ばれた。嬉しいニュースである。昼間新聞記者の人が私のところに別の取材で来ていて、「今日は夕方の6時半にノーベル物理学賞の発表があるんですよ」と言っていたので、2人で「今年は小柴先生が受賞するんじゃないかな」と予想していたのだが、そのとおりになった。

　今回は、ニュートリノ天文学から、レイモンド・デーヴィスと小柴先生、X線天文学からロカルド・ジャコーニという3人受賞となった。1987年2月23日に大マゼラン雲に出現した超新星爆発は記憶に新しいが、この約400年ぶりの天文学上の大事件には、日本の宇宙物理学が2つの関わりを持った。

　1つは、その爆発の18日前に打ち上げられていた宇宙科学研究所のX線天文衛星「ぎんが」が、この超新星からのX線を世界に先駆けて検出したこと。もう1つは小柴先生率いる東大チームが、やはりこの超新星からのニュートリノを検出したことである。どちらも謎に包まれた星の最期を研究する重要な手がかりを与えるものとなった。

　X線天文学の分野では、今回のジャコーニが史上初の受賞となった。X線天文学の創始者としては、ブルーノ・ロッシ、宇宙科学研究所の小田稔先生、ジャコーニの3

人が挙げられる。ロッシと小田稔先生の2人は故人である。X線天文学が受賞するならこの3人の同時受賞だろうと言われてきた。

ロッシは会ったことがないが、ジャコーニのワシントン郊外の家は小田先生と一緒にお邪魔したことがある。私はまだ若かった時代なので、ジャコーニの息子とともに自宅のバラ園に500本のバラを植えたのを思い出す。その息子マルコは、数年後に自動車事故で亡くなった。

今回の受賞者の中にジャコーニの名前を見つけて、「小田先生が存命なら」と考えたのは、私だけではないだろう。

10月 16日

ついに伝統の病気に陥ったらしい

本気というのは恐ろしいものです。先々週にお医者さんから強制的な自宅療養が言い渡され（本当は病院に入るのがいいらしいのですが、あいにくベッドが開いていなくて）、1日1840 kcalという過酷な条件を守り、もちろん酒も禁止で、毎日1時間以上歩いていると、どんどん体調がよくなっています。1ヵ月前に100 kgあった体重が、今ではわずか（？）92 kgですからねえ。つまり糖尿病なんです。明日は久し振りの血液検査、結果が楽しみなほど快調です。兄貴が今年糖尿病で亡くなったので、その苦しみ方をつぶさに見てきたことが、今回の節制につながっています。医者の助言はタカをくくるというのが、代々の的川家の伝統だったのですが、私に至って初めて、家族の死を無駄にしないという「理性」が芽生えたと言うと大袈裟ですが……。さまざまな世界の人たちに不義理をしながら2週間のアメリカ出張を取り止めて臨んだ貴重な短い療養です。今月末には、職場に復帰したいと考えています。取りあえず御報告まで。

2002年

10月23日

血糖値下がる！

　血糖値が50も下がりました。体重も順調に減っています。目に見えて元気になってきました。ただしH1Cという大切な指標は、わずか2週間ぐらいの節制ではビクともしないのだそうで、来月半ばの診察を見なければ何とも言えないと言われました。ともかく体調の改善につれてこれからの人生に対する烈々たるファイトが沸いてきました。あとは、リバウンドしないような意志と理性をいかに持ち続けるかという問題です。すべて私自身の課題ですから、頑張りたいものです。

10月30日

　ちょっと都合があって、今年の宇宙開発の出来事を整理してみて気がつきました。今年は例年に比較して非常に宇宙関係の目立ったニュースが少ないんですね。世界的にそうなんです。どの国も苦しい状況が、宇宙活動に象徴的に表れているのでしょう。こんなときこそチャンスです。日本は頑張りたいものです。

11月6日

名古屋で「宇宙科学フォーラム」

　さる11月4日、名古屋で「宇宙科学フォーラム」という催しがありました。全米宇宙飛行士協会の会長カロル・ボブコさん、漫画家の松本零士さん、高エネルギー研究所教授の高柳雄一さん、科学ジャーナリストの中村宏美さん、声優の山田不思議ちゃん、日本宇宙少年団の子ども達を迎え、それに不肖ながら私も加わって、宇宙ステーションをテーマにして語り合ったり科学実験をやったりしました。

冒頭の記念講演で、零士さんが宇宙への熱い夢を思いきり語ってくれました。続いてボブコさんが、現在の国際宇宙ステーションの状況と今後の見通しについて、最新の映像を使って見事な分かりやすい説明をしてくれました。何度もプレゼンテーションの練習をしていたそうで、久しぶりでプロフェッショナル精神にあふれたアメリカ人の姿を見て、嬉しかったです。講演をいつも慌ただしく準備する私としては、身につまされるボブコさんのお話でした。日本でさまざまないい加減な講演に接することの多い今日このごろですが、猛烈に反省させられました。

　次は中村宏美さんが、応募してきた「宇宙ステーションでやりたいこと」についての子どもたちの絵画をテーマにして、10人の小中学生のパネル・ディスカッションを司会しました。宏美さんの進行の見事さもあって、子どもたちが実に生き生きと、宇宙ステーションでのスポーツ、野菜栽培、ペットとの生活などについて、熱心な本音の議論を展開しました。あの子たちは、まったく本気なのです。宇宙ステーションの中での暮らし方について論争があったりして、随所に独創的な意見が述べられました。私の小さいころに比べて、何と進んだ知識を持ち、未来をめざした話し合いをしているのでしょう。人間の歴史が半世紀のうちにしっかりと進歩した証拠を見せつけられたようで、いささか落ち込んでしまいました。何と素晴らしい子どもたち。

　声優の山田不思議ちゃんは、会場の子どもたちを参加させながら、真空実験を楽しく見せてくれました。

　最後に高柳さんと私が「科学のおもしろさ」を対談する趣旨だったのですが、ちょっと中途半端に終わった感があります。時間が押していたこともあるのですが、欲求不満になる話になったのではないかと心配でした。

　たくさんの人が来てくれました。こんな楽しいイベントを巨大な規模で展開したいと思いながら、新幹線の乗客になりました。

2002年

11月 20日

土井飛行士と超新星

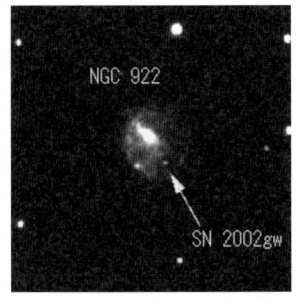

先日、訓練に帰ってきた土井隆雄くんに会いました。元気そうでした。話題はもっぱら先だって彼が発見した超新星のことでした。彼はヒューストンに「スター・リッチ」と名づけた天文台を建設しました。私はまだ訪れていませんが、相当立派なものを作ったようです。すでに60センチの天体望遠鏡を持っており、CCDをつけて200個から300個ぐらいの銀河の写真を撮っています。宇宙飛行士を引退したら、この天文台を拠点にして農夫になるんだと言ってました。超新星は11年間の努力の末に見つけたので、大変うれしかったようですね。1000万光年くらい遠くの超新星らしいですよ。引っ越す前のヒューストンの彼の家に行ったことがありますが、家具よりも沢山の望遠鏡が威張っている風情だったのを思い出します。

土井飛行士の発見した超新星

11月 27日

夢とロマン

最近友人と話していて意見が一致した事柄があります。日本では「夢」とか「ロマン」とかいう言葉がだんだんと消えていくような気がしてならないということです。私たちがまだ小さかったころ、大人たちは第2次世界大戦後のどん底から「日本を世界で一流の国にするんだ」という暗黙の目標を持って懸命に働き続け、ついに経済大国を築きました。国際社会での経験をそれほど持たなかった国であり、近代国家を自ら築く経験もなかった国としては、大変よくやったと思います。

ただ、その背景に、「金持ちになれば幸せになれる」という前提があったことも事実です。しかし地球を代表する経済大国になった日本の現状は閉塞感でいっぱいの状況です。今は平たく言えば、「お金をいっぱい持ってい

る状態でどのように幸せな国を築くのか」という段階に入っているわけでしょう。

　バブルが弾ける前は、「夢」という言葉は一笑に付されることが多かったのですが、最近あちこちで「夢の欠如」が囁かれるようになってきました。人びとは「経済の活性化」で再び国を興隆させようとしている人たちもいますが、それだけでは日本は決して「幸せな国」にはならないでしょう。日本の国が何に向かって進んでいくかという目標を共有しない限り、私たちは現在の閉塞状況から脱け出せないことは目に見えています。

　私はその「夢」の筆頭に「日本人が科学に立脚した新たな生命観・地球観を獲得すること」を挙げたいと思っています。その夢の実現に向けて、一見これまでは批判の対象でしかなかったものも味方の隊列に加える必要が出てくるかもしれませんね。ディミトロフの統一戦線*の考え方ですね。その基礎にしっかりとした戦略の裏付けがなくてはなりません。ここが、日本人の代々弱いところなんですね。どうか皆さん、助けてください。同志として。

*：ゲオルギー・ディミトロフ（1882〜1949）はブルガリアの革命家・政治家。1935年の共産主義インタナショナル第7回大会において、ファシズムの攻勢と新しい帝国主義戦争の脅威に対抗すべく、労働者階級の行動の統一――プロレタリア統一戦線と、この統一戦線を基礎とする広範な反ファシズム人民戦線の結成、また植民地と従属諸国における反帝国主義人民戦線の樹立を提起。のちのフランスやスペインでの人民戦線政府の成立、中国での抗日国共合作路線の実現はその産物である。

12月4日

「21世紀を幸せにする科学」作文コンクール

　某新聞社主催の作文コンクールの審査会がありました。中学生と高校生なのですが、いつもながら地球環境問題への意識が非常に高く、大部分の子どもたちにとっては、科学は環境の敵という捉え方が支配的です。環境については否定的な側面だけが強調されるので、たとえば二酸化炭素は悪者という一方的な見方になってしまうのです。光合成などは吹き飛んでしまうのですね。もう1つの特徴は、科学を自動的に技術的側面から捉える傾向の強いことです。日本における「科学技術」という言葉の使われ方がそういう流れを生み出しているのでしょう。科学と技術と社会という3つのものの関連を、深く捉える努力をしていかなければならないと感じています。科学を

テーマにした作文コンクールで、基礎科学への情熱を語る若者が1人もいないという現状は、異常としか言いようがありません。そして審査員の他の先生の発言の中から、私は「宇宙の進化という歩みの中から命の尊さを論じるだけでは間に合わないかもしれない」と思い始めています。生命というものそのものについて勉強し直す必要が出てくるかもしれませんね。

12月11日

ここまで生きてきて

　小学生のころは世の中のことがよく分かっていませんでした(もちろんどこまでいけば、また何を知れば「分かった」と言えるのか、誰にも断言はできないでしょうが)。それでも、世の中のためになる人になりたいと思っていました。少しずつ日本の国のことを知るようになって、この国がもっと明るい国になればいいなと思うようになりました。そしてついには立派な国にするために自分の残りの人生を捧げたいと、今は考えています。

　これまでの人生で、こんな理不尽な上司のもとで働きたくないと思ったことも何度かありましたが、それはその人の性格的な面だけではなく、その人が人びとの幸せを考えて生きているかどうかを評価の基準にしてきたつもりです。そのような評価を抜きにして、いわゆる「ウマの合う友人」も多数いますが、それはほとんど私の酒好きのせいです。でも酒を飲むとボルテージが上がって急に陽気になるというタイプでもない(いつも陽気だ!)ので、そんな友人が憂さ晴らしの相手ではない健全な友人たちばかりであることは、(友人と私自身の名誉のためにも)断っておく必要があるでしょう。

　楽しいことが基本的に好きなのです。でも楽しい友人の場合でも、私は自分がいつも中心になろうと「騒ぎ立てる」人物はあまり好みではありません。カラオケで自分のときは注目されるよう大騒ぎをし、他人が歌うときはまったく聴かないで大声でおしゃべりをしている人

──このタイプが私の最も嫌なタイプです。同じ娯楽ならば、みんなで一緒に楽しくやらなければ、せっかく同席している意味がありません。幸せになるならみんなで一緒になろうじゃないか。社会に対する態度と同じ要求が、いつの間にか貫かれているようです。

　さあ、もう残りの人生はどれくらいあるやら。ここに至っても、社会が明るくなることに貢献すること以外に自分の生きる目標を求められない私を、「さびしい」と表現する友人もいます。体調が悪かったときは私自身もそのように感じ始めたこともありますが、体重が順調に減り、元気が出てくるにつれて、またまた猛烈に前向きの闘志が湧き出てきています。しかし残念ながら昔のように誰にも負けない体力はありませんし、やりたいことは非常に大きな空間的な広がりをもつ事柄なので、日本全国津々浦々の人びとと一緒に歩まなくてはなりません。「命もいらず、金もいらず、名誉も地位もいらない。」ただ宇宙を軸にして、日本の子どもたちを未来の日本の建設のために奮闘できる強力な人たちに育てたい──そんな人間にどれくらいの同志ができてくれるでしょうか。新宇宙機関「宇宙航空研究開発機構」を設立させる法律が国会を通りました。その新機構の内部では、社会貢献としての教育への取り組みはそれほど諸手を挙げて支持されているわけではありません。それでも私はくじけないでやっていこうと思います。私個人にとって、それ以外に素晴らしい生き方がないからです。

12月 18日

　アリアン5ロケットの第1段燃焼中の爆破という信じられないような失敗の報の後で、H-2Aが見事な飛翔を見せてくれました。まずは関係者のみなさんの健闘に拍手を送りたいと思います。しかしやはり日本のジャーナリズムは、打上げ後の追跡は弱いですね。衛星というのは、打ち上げて軌道に乗っただけでは働けないのです。肝腎の軌道上のオペレーションをもっとしつこく追い掛

H-2A-4 の飛翔

けてほしいものです。センセーショナルな傾向の事柄を主体とする報道からは、決して健全な文化は育たないと思うのですが、いかがでしょうか。

12月 25日

　新年早々の1月12日、南米仏領ギアナのクールーにある発射場から、アリアン5ロケットが地球を後にします。ヴァータネン彗星の接近観測を目標とする探査機「ロゼッタ」を打ち上げるのです。あの歴史的な「カミカゼ・ミッション」、ハレー彗星に540kmまで近づいた「ジオット」の打上げから20年が経過したのですね。一昨年の春には、ロンドンでハレー探査15周年の記念シンポジウムが開かれたのを思い出します。日本からは孤独に私だけが出席して、当時の我々の領袖だった小田稔先生を偲びました。

　あのハレー探査から、日本は宇宙科学の国際舞台に立ったのでした。あの「さきがけ」「すいせい」という2つのミッションを契機として、数々の友人も生まれました。今回の「ロゼッタ」は、あわよくば軟着陸からサンプル・リターンを狙っているとの密かな情報もあります。だとすれば、ヨーロッパの人たちにとって、再び忘れられない快挙になるはずです。ただし直前の12月11日、アリアン5の打上げ失敗というイヤな事件があり、その事故調査委員会の報告書が提出される1月6日に、打ち上げるか否かの最終結論が出されます。何とかそれをクリアして、無事に旅立ちを飾ってほしいものです。

　それではよいお年を！

2003年

■ この年の主な出来事

- 米スペースシャトル「コロンビア」が空中分解
- SARS、世界を震撼させる
- 「千と千尋の神隠し」が米アカデミー賞長編アニメーション賞受賞
- イラク戦争開戦
- ヒトゲノム解読
- 有事法制関連3法が成立
- 長崎で中1少年が幼稚園児を殺害
- 北米で大停電
- 星野 阪神タイガース優勝
- イラクで日本人外交官2人殺害される
- 米でBSE感染、米国産牛肉の輸入停止
- イラクへ自衛隊派遣が決定

2003年

1月 8日

中国の有人飛行が近づいている

　中国が昨年暮れに有人宇宙船のモデル「神舟」4号を軌道に乗せたことは、またまた日本の宇宙関係者に衝撃を与えましたが、依然として政府の反応は鈍いようです。こうして中国の先行する有人活動のニュースに慣れていき、やがてこの分野で中国の後塵を拝することが当然のように感じられる時代のやってくることが現実に予見できるこのごろです。

　中国がさる12月30日の午前1時40分に甘粛省の酒泉衛星発射センターから打ち上げたのは、ダミーの宇宙飛行士やバイオの実験装置を搭載した「神舟4号」です。全長8.8m、重量約7.6トンで、新華社電によれば、緊急脱出システムや生命維持装置などの点検を含む「有人飛行に向けた最終段階の宇宙船」であり、3人の飛行士が7日間にわたって宇宙に滞在することが可能だそうです。これを運んだ長征2号Fロケットは、全長約58m、全備重量約480トンで、日本のH-2Aに匹敵する能力を有しています。

　「神舟4号」は、当初の予定どおり162時間にわたるミッションをこなし、着陸の約1時間前に宇宙船本体からカプセルが分離され、内蒙古自治区中部で回収されました。計画された実験や観測は順調に行われた、と報じられています。訓練中の飛行士たちも発射前には船内で実地訓練を行ったといいます。有人宇宙船の打上げにとって不可欠のロケットの信頼性について言えば、中国の誇る長征ロケットは、1996年10月以来24回連続して打上げに成功しており、現在世界で最も安定した「宇宙への車」と言うことができます。

　中国は、1990年代にロシアから宇宙船や生命維持装置などの技術を輸入したと思われますが、韓国、モンゴル、タイ、パキスタン、イランなどの国々と、小型多目的衛星分野での協力に関する覚え書に調印しています。さまざまなシンポジウムの開催の仕方を見ても、中国は

回収された神舟4号のカプセル

明らかにアジアにおける宇宙開発の主導権を日本から奪う構えを露骨に見せ始めているようです。有人宇宙飛行に成功したあとは、宇宙船同士をドッキングさせて小型宇宙ステーションに発展させる、といったシナリオを描いているらしいとの情報もあります。

「我々が有人宇宙飛行の夢を実現させる日は遠くない。」この計画を指揮する宿双寧氏は昨年4月、中国の全国紙『解放軍報』のインタビューに応じて、このように語っています。中国が有人宇宙飛行を実現させれば、ソ連（現ロシア）と米国に次いで、宇宙に人類を送った3番目の国となります。経済改革を最優先させ、愛国心に訴える「宇宙」という夢のある目標を掲げて国民を1つにまとめようとしている姿勢は、経済の活性化だけによって国を甦らせようと躍起になっているどこかの政府との違いを感じさせます。

今年の秋に日本では、宇宙開発事業団、宇宙科学研究所、航空宇宙技術研究所の3機関が統合され、単一の独立行政法人「宇宙航空研究開発機構」が誕生します。しかしこの新宇宙機関は、有人飛行について具体的な開発計画を有してはいません。その前段階の無人の将来型輸送システムについては、宇宙科学研究所が、エアーボラム・ジェット・エンジンを1段目に使い、ロケット・エンジンを2段目に使った2段式（親ガメ子ガメ方式）と、日本ロケット協会を中心に構想が練られてきた「観光丸」という宇宙旅行船の前駆とも言うべき垂直離着陸機を基礎開発してきています。また航空宇宙技術研究所では、開発に時間のかかるスクラムジェット・エンジンの基礎開発、宇宙開発事業団でもHOPE計画の登場以来、いくつかのアイデアに関して基礎的な開発の試みがされてきています。しかしこれまではあくまで基礎的な調査研究にとどまっており、しばらくはいくつかのタイプの再利用型の無人宇宙往還機などの研究を同時並行で行い、その後に評価を行ってどれかのタイプに開発の重点を与えるという方向を打ち出すことになるでしょう。有人飛行はさらにその後という運びです。

この現在の中国と日本の関係から、1960年代の米国

2003年

とソ連による宇宙開発競争を連想するのは酷というものでしょうか。あのころ、米ソ両国は競って有人宇宙飛行を成功させた結果、ユーリ・ガガーリン、ジョン・グレン、ニール・アームストロングなどの飛行士たちがヒーローとなりました。中国の場合は、今のところ宇宙飛行士たちの名をかたくなに伏せていますが、一説では、西暦2000年にモスクワ郊外にあるロシアの宇宙飛行士訓練センターにおいて訓練を受けた2名の中国人宇宙飛行士は、リー・チンロンとウー・ツーと名乗ったとも伝えられています。

　中国の国内メディアの報道によれば、最初の宇宙飛行士となるために訓練を受けているのは、2000名に及ぶ応募者の中から選抜された12名の人民解放軍パイロットだと言います。上海の国営新聞『文匯報』が公表した彼らの個人データのごく一部を見ると、宇宙飛行士たちはみな30歳前後で、身長は170 cm前後だそうです。近年の中国では予算が増え、ロシアからの援助も受けて開発は加速しています。中国は研究用にロシアの宇宙船「ソユーズ」のカプセルと宇宙服をそれぞれ1つずつ購入していますが、中国の宇宙飛行士が使う装備はすべて国内で生産するつもりでいます。

　「開始が遅かったからといって、開発の速度も遅いわけではない。他国の経験から学び、近道を通ることができる」——プログラムを指揮する宿双寧氏は、『解放軍報』に掲載された、長いが詳細には触れないインタビューでこのように語りました。火の玉のようになって日本の宇宙開発をリードしていく人材の輩出が期待される日本にとって、厳しい時代が始まったようです。

1月 15日

オペラ「光」

　東京新宿・初台の新国立劇場の新作オペラ「光」を見ました。このオペラに用いる映像をお世話したのでゲネプロに招待されたのです。日野啓三さんの原作をもとに

高橋康也さんが台本を書き、一柳慧さんが曲をつけたもので、東京交響楽団が管弦楽を担当しました。クラシック・オペラしか見たことのない私は、哲学的で理屈っぽい脚本には疲れましたが、タイトルになっているだけあって、レーザーなどを使った光の演出は見事でした。

月に行った宇宙飛行士の帰還後の精神生活に焦点を当てた、オペラとしては異色の作品で、2020年あたりの時代設定になっていましたが、記憶をなくした飛行士のよみがえりと、日本の精神的に荒れ果てた姿とが重層的に描かれていました。劇中に「政治家も官僚も保身ばかりを考えている」という切り口があって、音楽を楽しみにいった私としては、いささか現実に引き戻された感じがしました。

私が幼いころから、日本人の大人たちは懸命に働き続けていましたが、子どもの私たちはいたって呑気にスポーツや文化的なことを楽しむ余裕がありました。変な言い方だけど、「小さいころに英気を養っていた」のですね。昨今は、小さい子どもたちも「英気を養う」暇がなくて、せかせかと将来に備えている感じがします。久しぶりにオペラを観て（そうでもないか、昨年暮れにも、ここの《椿姫》に来たんだった！）、「光」の内容はともかくとして「子どもたちと日本文化」という考えるテーマに思い至ったことが収穫だったと言えるでしょうか。

1月 22日

糖尿病と闘い始めてから4ヵ月、96 kgだった体重が、今や86 kg。私の友人を次々と（上から）4人ほど抜き去りました。次の目標になっているのは、高橋さんという私の研究所の研究協力課長さんで、彼は危機感でいっぱいになっています。その次の目標は映像記録を担当する前山勝則さんという友人です。駅伝のごぼう抜きというのは見ていて痛快ですが、体重を下向きに抜いていくのも、なかなか気持ちのいいものです。縦軸に体重、横軸に時間の経過を座標にとったグラフを描き、そこにこ

2003年

れまで抜き去った人びとの顔写真を次々に掲載して喜ぶという嫌味な楽しみ方をしています。

体重の減少に伴って、血糖値も252から134まで順調に下がり、また赤血球のまわりにこびりついているブドウ糖の比率を表すH1Cという値も11.2から7.7までたどり着きました。お医者さんは「気持ちが悪いほど順調」と言ってくれました。標準体重の65 kgまでにはほど遠いけれど、せめて80 kg前半まで懸命に頑張りたいと思っています。

テレビで私の顔を見て、あまりに痩せたからガンではないかと勘ぐって、メールでそっと「大丈夫ですか」と問い合わせてきた気の弱い人もいました。ご心配いただき、感謝しております。

1月29日

新宇宙機関―統合の苦しみ

今年10月1日をもって、宇宙開発事業団、航空宇宙技術研究所、宇宙科学研究所の3機関が統合されます。現在急ピッチであらゆる方面の統合準備を進めています。ただし今回の統合は、いわゆる行政改革の一環としてトップダウンで降りてきたことで、組織特に管理部門のスリム化を目的としているものです。ですから予算は増えるどころか減ることは必至であり、新たな計画を立ち上げることは、全体としては出来ない相談と言えるでしょう。予算がこれだけ苦しいと、新たに大きな計画をスタートさせるためには、これまでの活動を大幅に整理して切り捨てるものがなければ不可能です。

私の見るところ、新機関が華々しく掲げる新たな活動目標はないようですが、将来型宇宙輸送システムの開発に向かっては、(私の望むような体制ではありませんが)徐々に加速する向きには足を踏み出すことになるでしょう。その本格化は、そのようなシステムをこの日本で創り出そうという火のように燃えるリーダーが出現しなければ無理だと考えています。とはいえ、新機関が発足し

たとき、国民の側から見て、「これは希望の持てるいい活動が始まるな」とか「これは国民にとってプラスになるな」という感想の聞けるような組織づくりをしなければ、大きな税金を背負っている責任を果たせないでしょう。

　現在の宇宙機関の要職にある人びとの中には、いくつかのタイプが混在しています。

　まず、「あまりやる気満々の態度を示すと世論から反発を受けるのではないかと考えている人」が少なからずいます。これはいわゆる「技術者上がりの官僚タイプ」の人たちですね。機関の活動の責任ある立場にいるために、失敗の際に外からの攻撃をもろに受けたのでしょう。世間の風を冷たいと感じる傾向が、この宇宙開発で社会に大きな貢献をするんだという意気込みを上回っているわけでしょう。

　次に、「新機関になるのだから、これを契機にして大いに新たな計画を推進したいと闘志を燃やしている人」もいます。少数ですね。このようなタイプの人が少ないのは、これまで予算どりを官僚に任せて現場の仕事にいそしみ、与えられたお金の範囲内で（それでも相当高額のお金ですが）しか未来の構想を練ってこなかったツケが回ってきているのだと思います。日本という国がこれまで歩んできた歴史のツケともいうべき現象だと思います。しかしこれまでやってきた活動は決して小さなものではありません。その成果に自信を持ち、未来を開拓する大きな構想を自分自身の中に打ち立てることが求められています。

　与えられた予算・法律・「（おっかなびっくりで主観的に予想している）世論」という条件のもとで、「どこまでの範囲なら許されるかな」ということについて、大した構想もなしに呻吟している状況から脱け出るカギの1つは、日本の未来を宇宙開発によって築くのだという自信に満ちた若い人びとの輩出です。半世紀前の初心に戻ることが望まれます。そういう動機で、私は今月から週1回のペースで、日刊工業新聞に、「気宇壮大なり、糸川英夫伝」を連載し始めました。自分のふがいなさを責

める執筆でもあります。もう1つ、現在の宇宙開発の段階を特徴づけるもっとも顕著な特徴は、「夢のある将来構想と強力なリーダーシップの不在」です。

2月 5日

スペースシャトル「コロンビア」の空中分解

　スペースシャトル「コロンビア」の事故原因の究明の努力が急ピッチで続けられています。国が広いというのは有利だなと思うのは、テキサス上空で起きた事件の証拠物件が西海岸から東海岸まで見つかるという点です。昨日マスコミで提供された状況証拠が今日はもう古臭くなるという事態なので、シャトルの専門家でも何でもない私としては、事故原因についてのコメントについては保守的にならざるをえなくなりました。現在の時点で示されている事柄から事故原因を推定すると、以下のようになります。

分解するコロンビア

　1．まず、打上げ80秒後に脱落してオービターの左翼を破損したと言われている外部燃料タンクの断熱材について。これは、打上げ前にNASAが「このタンクは新規に開発した超軽量タイプのもので、古いタンクは2000年から生産を中止している」と述べています。ところが事故発生後、ロッキード社の技術者が「今回の外部燃料タンクは、生産を中止している古いタンクを用いており、倉庫にはもう1つ古いタンクが残っている」と証言しています。そのこと自体が断熱材の剥がれたことにはつながらないかもしれませんが、この古いタイプの外部燃料タンクは、1997年に仕様変更されて剥がれやすくなっていたことが、2月4日付けのワシントン・ポストにすっぱ抜かれています。

　2．何かが落ちてきてオービターの左翼に当たっているように見えますが、私にはそれが何なのか、ぼんやりした映像からでは何とも推定しようがありません。これが外部燃料タンクから剥がれた断熱材であることを

NASA 自身が認めており、「この断熱材の衝突による左翼の耐熱タイルの損傷が帰還時の惨事の最有力原因」と発表しているので、その傍証を彼らは持っているのでしょう。NASA によれば、この脱落した断熱材はポリウレタン製で、縦 50 cm、横 40 cm、高さ 15 cm の大きさで、重さは 1.2 kg です。これが上昇中のタンクと機体の間の高速気流に巻き込まれて機体左翼を直撃したとの見方を、NASA はしているようです。

3．あのあいまいな映像しか与えられていない私たちとしてはそれ以上言いようもないのですが、その映像を見る限り、落ちてきた物体が翼の裏のほうに向けて跳ね返っているように、私には見えます。だとすると、直撃したのは左翼の裏側の耐熱タイルということになります。「耐熱タイル」と総称して呼ばれることが多いのですが、シャトルは5種類の熱防御材を持っています。

- 強化カーボン・カーボン： ノーズキャップ、主翼前縁（突入時に 2500 F = 1370 C* を越える部分）、
- 高温用再使用タイル（前部胴体上面、シャトル下面、OMS/RCS ポッド部、垂直尾翼の縁と後縁、エレボン後縁など（突入時に 2300 F = 1260 C を越える部分、黒色）、
- 黒色タイル（翼の一部に使用）、
- 低温用再使用型フレキシブル断熱材（前部胴体、中部胴体、主翼上面など（温度が 1200 F = 650 C 以下の部分、白色）、
- ノーメックス・フェルト（温度が 700 F = 370 C 以下の部分）

です。これらは合計枚数が3万枚に及んでいます。これらの熱防御システムのどの部分に外部燃料タンクから脱落した断熱材が衝突したのかが、最大の焦点となるでしょう。

4．いずれにしろ、現在までに NASA が発表した情報をもとにすると、オービター左翼の下にある後輪の車

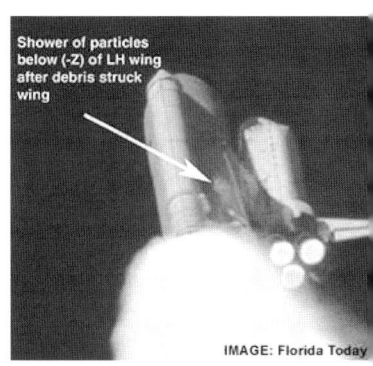

落下するタンクの断熱材

*：温度を表現するにはいろいろな方式がある。日本ではセ氏という目盛を使い、アメリカでは華氏を使う。セ氏は、スウェーデンの天文学者セルシウスが 1742 年に考案したもので、セルシウスの中国音訳「摂爾思」または「摂爾修」の頭文字を取って「摂氏」とも呼ばれる。1気圧における水の氷点を0度、沸点を100度と定義し、その間を100等分して目盛りを定めた。一方華氏は、ドイツのファーレンハイトによって始められた温度体系である。ファーレンハイトの名に中国で華倫海の字を当てたことから「華氏」と呼ばれるようになった。セ氏はC、華氏はFで表し、相互の換算は、F=1.8×C+32によってできる。

2003年

輪収納庫部分が何らかの損傷を受け、（耐熱タイルが剥がれて）温度上昇が起こり、電子機器が機能停止し、可燃性物質の爆発が起きたのだろうということです。標準的な耐熱タイルは、二酸化珪素（シリカ）を主原料とし、熱には強いが衝撃には弱いとされています。地上から次々と残骸が見つかっているので、この問題の部分が拾われれば明確な情報が得られるに違いありません。

　ブッシュ大統領は来年度の宇宙予算の増額を発表し、米国会計検査院も、「宇宙開発の質と量を改善して人命の安全を確保せよ」とのコメントを付け加えています。これは二重の意味で、時宜を得た措置と言えます。1つは、遺族を中心とするアメリカ国民の悲しみに深く配慮したものであり、もう1つには、ISSをめぐる議論の再燃に機先を制するタイミングであること。スペースシャトルは、老朽化に備えて次世代シャトルの開発努力を開始し、「X-33からベンチャースターへ」という路線を作っていましたがうまくいきませんでした。現在仕切り直しの最中にこの事故が起きたことは、まったく不幸なことです。すでに事故究明の委員会も設けられたそうなので、できるだけ早いシャトルの再発進を期待しています。

　今回の事故から、私が特に訴えたいと考えていることが2つあります。

　1つは、宇宙飛行士という職業がいかに命を賭けた仕事かということです。この不幸な出来事から「宇宙開発は危険なものだ」という側面だけがクローズアップされることが、最も怖いことです。1986年のチャレンジャー事故の後で私が出会った宇宙飛行士は、ことごとく「私が代わってやりたかった」と真情を吐露していました。あらためて、この職業は崇高なものだなと思いました。

　もう1つは、アメリカが人間の宇宙輸送を中断すると日本人は1人も宇宙へ行くことができないことになっているのだという冷厳な事実です。考えてみれば当たり前なのですが、このことに、あらためて気づく人びとも多いでしょう。これから21世紀に深く入っていくにつれて、万人が宇宙へ行く日が刻々と近づいていきます。そ

の時代の趨勢を予見して、日本もそのような宇宙輸送能力を持つことを望む声が一層高まっていくに違いありません。宇宙で自在な活動能力を有する国、自分の国の宇宙活動の戦略を自立的に駆使しうる国をめざす努力を開始したいものです。日本はロボティクスの優れた国です。無人と有人の宇宙活動をバランスよく使い分ける国に成長して、世界のどこにもないようなタイプの宇宙活動を展開したいと考えています。

2月 12日

コロンビア事故が提起した「有人宇宙活動の意味」

　コロンビアの事故で、有人宇宙活動の意義が問われることになりました。当面の焦点となるのは、スペースシャトルと国際宇宙ステーションでしょうが、事故原因についての調査が長引けば長引くほど、それだけこれらをどのような形で継続・発展させていくかという議論がアメリカを中心に激しくなっていくのは避けられないでしょうね。

　オゾンホールなどの地球環境破壊の実態も、人工衛星が宇宙から眺めて初めて明確に自覚されたものですし、天気予報・国際電話・テレビ中継・カーナビなども考えると、宇宙開発全般を否定する人は少ないでしょう。

　ではなぜ人間自身が宇宙へ出て行く必要があるのでしょうか。「それは時代の趨勢である」とか「冒険は人類のDNAに刷り込まれている言わば本能だ」という荒っぽい言い方もあるようですが、それはいわゆる「宇宙派」の人たちの中でだけ通用する「論拠」でしょう。現実に地球の現在の姿を眺めるとき、人口爆発やエネルギー危機などをどのように乗り越えるかの処方箋を、人類が確立しているとは言えない状況にあります。近い将来活路を宇宙に求める時代が来る可能性は非常に大きいのです。その技術的・精神的準備は開始すべき時が来ていると思います。

2003年

　話を今現在に戻した場合、たとえばハッブル宇宙望遠鏡の映像は私たちの知的な地平に大きなインパクトを与えていますが、これを軌道上で修理することは、現在は人間でないと無理です。ロボット技術を過大評価することは費用の点から言っても無駄遣いになるでしょう。ただし難しいのは、有人飛行の安全に無限のお金をかけることは不可能だということです。経済効率から考えても、ロボット技術の長足の進歩を考慮に入れることは大切で、無人でできることはできるだけそうして、コスト削減とリスク回避を図りながら宇宙への進出を企てるべきなのでしょう。

　20世紀の有人飛行は政治的に演出された色彩が濃かったわけで、その頂点にアポロ計画がありました。1986年のチャレンジャー事故のときは、アメリカが使い捨てロケットをすべて生産中止して「シャトルの偉大さ」を浮き立たせようとしたために、「シャトルこけたらみなこけた」わけですが、そのときの問題意識はアメリカの宇宙での威信回復ということだったのでしょう。

　今回もそういう側面はあるとしても、宇宙開発が国ごとに独立してやられている時代ではありません。そして「万人の宇宙進出」という新しい世紀の目標が達成する産みの苦しみが続いています。そのラストスパートを、それぞれの国の努力と国際協力をバランスしながら、20世紀の殻を脱ぎ捨てつつどのように行うのでしょうか。コロンビアの事故はそのような観点から考えるべきだと思います。

　日本の宇宙開発政策は、この人類の宇宙進出の課題に積極的に応えようという姿勢を持つに至ってはいません。「そのうち有人輸送は国際協力を考えながら手をつけよう。今は信頼性を高めることだ」という態度です。高い技術を誇り、経済大国として生きている割には、人類的・国際的な課題には熱心にならない体質が、ここにくっきりと現れているように見えます。アメリカが有人輸送を中断したら、日本人は誰一人として宇宙に行けないという現実をハッキリと突きつけられて、私たちはこの事態を嘆くべきではないでしょうか。コロンビア事故の後で、

ロシアのように「金をくれればソユーズで助けてあげてもいいよ」という感じではなく、「じゃあ日本のシャトルを提供しましょう」と潔く言えない不甲斐なさが、私には歯軋りするほど残念です。もちろん財政の許す範囲で始めればいいのです。「成り行き任せ」の日和見ではなく、明確な「人間を宇宙へ運ぶ長期ビジョン」を今こそ掲げるべきだと思います。

　歴史の課題に応えるために乗り越える——それが7人の飛行士の死を無駄にしない唯一の鎮魂でしょう。

2月 19日

パグウォッシュ会議への招待状

　どういう経過かは分からないのですが、あのパグウォッシュ会議*から私宛てに5月の会議に出席しないかとの招待状が届きました。平和利用を掲げる日本の宇宙開発が情報収集衛星を打ち上げようとしているタイミングで届いたインビテーションには、特別の意味があるのでしょうか。今まで宇宙科学研究所は大学の延長のような組織として、私も大学人に似た気持ちで自由な発言をさせていただいてきましたが、10月に3機関が統合すると、この新しい宇宙機関はどのような性格になっていくのか、予断を許さないところです。私自身の立場がどうなるかも定かでない現在としては、まあ好きにする以外にはないわけですが、日本全体の情勢を考えると、パグウォッシュへの出席は微妙な問題を孕んでいそうです。よく考えて結論を出したいと思います、アドバイスがあればしてください。

*：戦争の廃絶を訴える科学者たちの国際会議。バートランド・ラッセルとアルベルト・アインシュタインの呼びかけで、湯川秀樹ら11人の科学者の署名によって創設された。1995年にノーベル平和賞を受賞している。

パグウォッシュ会議に届いたノーベル賞メダル（1957年）

2月 26日

糸川英夫先生との瞬話

　あれは私が大学院生のときです。私の当時の指導教官であった糸川英夫教授が、珍しく私の部屋に入ってきま

2003年

糸川英夫博士と
ペンシル・ロケット

した。そんなことは後にも先にもなかったことです。私はちょうどレーニンの『量は少なくても質のよいものを』という小論文を読んでいるときでした。「おもしろい物を読んでいますね」という先生の話がきっかけで、5分ぐらいですが付き合ってくれました。先生の話の核心は「使命感」ということでした。Mission という言葉を、宇宙の分野では平気で使うけれども、実際には非常に重い意味を持っているという主旨のことを聞きました。自分がこの世に生を享けて何を使命にして生きていけばよいのか、あれこれ思案をしている時代でした。学生運動華やかな時代に青春を送った私のような世代の人間ならともかく、そのレーニンの論文を糸川先生も読んだことがあると聞いて、私は大変びっくりしました。

今、これからの人生の方向についてあれこれ思い悩んでいる私の目の前に、あのときの糸川先生の顔がちらつきます。「自由な発想で自分の生きる道を探しなさい」と言っているような気がします。「でも先生、使命をしっかりと自覚した上での自由な発想ということでしょう？」と問いかけたいのですが、その人はもういません。人は誰でも、生きていくプロセスで、何度も自分の人生そのものの mission について思い巡らすことでしょう。宇宙開発の転機と呼ぶにふさわしい今の時期に、私が自分の mission について考えるのは、まあ当然なのでしょうが、それにしても厄介な時代に生きているもんだなあとつくづく思いますよ。「日本のベクトルはいつになったら前向きになるのか」という問いかけではなくて、「日本のベクトルはどのようにすれば前向きになるのか」という発想で生きたいものですね。

3月 5日

さよならパイオニア10号

さる1995年9月30日に交信を絶ったパイオニア11号に続いて、その姉妹機パイオニア10号も交信を絶ったことが、NASAから発表された。最後にテレメトリー・

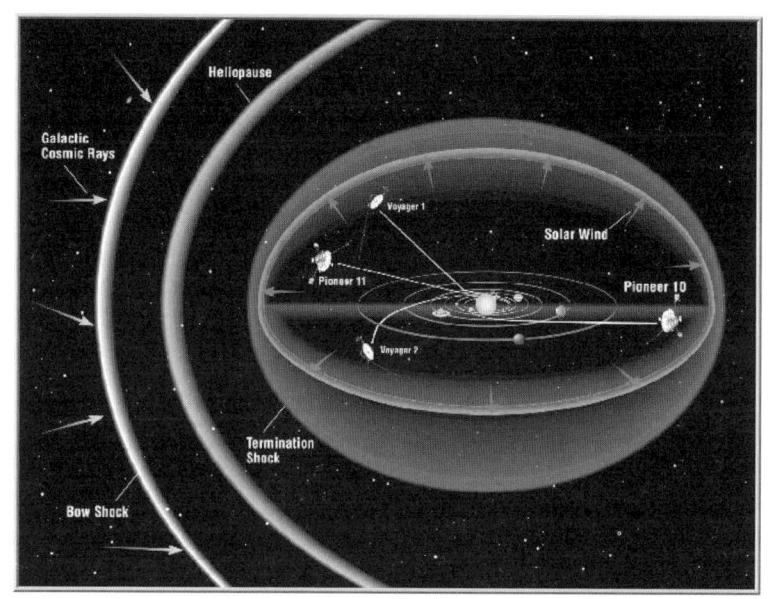

パイオニア 10 号などの軌道

データを送ってきたのは 2002 年 4 月 27 日となった。このときパイオニア 10 号の地球からの距離は 76 億 km (82 天文単位)、電波で 11 時間 20 分もかかるところにいた。

　すでに「RTG（ラジオアイソトープ電源）」のパワーが限界に達したということである。最後に交信を試みたのは 2003 年 2 月 7 日だったが、何の応答もなかったという。2003 年 1 月 22 日を含んだ最近の 3 回の接触では、弱々しい電波が届いたが、すでにテレメトリー・データは載っていなかった。

　カリフォルニア・レドンドビーチの TRW が製作したパイオニア 10 号は、1972 年 3 月 2 日に 3 段式のアトラス・セントールによって打ち上げられた。木星をめざすには時速 3 万 2400 マイルが必要で、それは当時「史上最も速い探査機」と騒がれたものである。事実パイオニア 10 号は、打上げ後に月をわずか 11 時間で通過し、5000 万マイルの彼方の火星も 12 週間でクリアした。

　1972 年に小惑星ベルトに入ったパイオニア 10 号は、この「危険地帯」を無事通過できるかどうかが注目され

*：パイオニア10号には金メッキされた銘板が取り付けてある。人類の男女の姿とこの機械がどこから来たのかの情報が刻まれている。この銘板をデザインしたひとり、1996年に62歳の若さで亡くなったカール・セーガン博士の「宇宙人と会話をしたい」という意思がこの中に生きている。

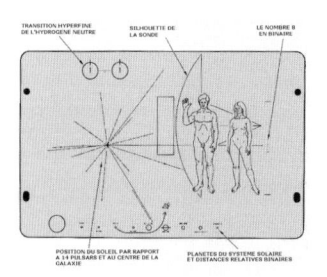

たが、無傷で切り抜け、関係者は胸をなでおろした。そして1973年12月3日、人類史上初の木星接近をなし遂げた。冥王星の軌道を過ぎたのは1983年である。

今後は幽霊船となって、ひたすら星間空間を旅するが、大まかには「おうし座のアルデバラン」のほうに向かう。そのアルデバランは、私たちから68光年の彼方にあり、パイオニア10号が到達するには200万年以上もかかる計算になる。

アメリカの古きよき時代を彩った探査機群の開幕を告げたパイオニア10号にさよならを告げることが、あの夢多き時代に別れを告げることになってはいけない。人類は現在の高みから常に明日を目指す新たな未来開拓のプログラムを生み出していく。日本がそのような歴史的事業に大いなる貢献をしようという気概を持ちたい。そして初の「宇宙人へのメッセージ」*を搭載したパイオニア10号が、宇宙人探しの原点とも言うべき「太陽系外の地球型惑星探し」が本格化する前夜まで生き延びたことを、せめてもの鎮魂の思いにしたいと思う。

3月 12日

パリへ

今日から約1週間パリに行って来ます。Space Educationのシンポジウムと秋にブレーメンで開催される国際宇宙学会の国際プログラム委員会が開かれるのです。2年ぶりのパリですが、最近はできるだけ外国に行きたくないような気分で、ギリギリまで「行きたくないなあ」とぼやきながらの出発です。出かける日に朝から数えて4ヵ所も寄るところがあるなんてイヤになる気持ちもお分かりでしょう。都内を走り回らなければならないために、最終便の出発なんですからね。エコノミークラスの狭さも、100 kgのころは気になりましたが、86 kgになった今は少しは楽になったかなと、変なことだけが愉しみなパリ行きです。でも今日は朝の会議では、嬉しいこともありました。佐藤文隆先生に久しぶりにお会いできた

ことです。随分お会いしてなかったのですが、相変わらず闊達な御意見を拝聴して、少し元気になりました。教育とは、自分の知っていることを教えることではなくて、ある素材をもとにして、自分の頭脳と相手の頭脳をいかに深いところでつなぐかという作業だと教えられました。会うたびに勉強不足を感じさせられる不思議な先生です。ともかく行って来ます。

3月 19日

宇宙教育そして Beyond Einstein 計画

　3月13日にパリに着いて、今日（3月19日）に出発するまで、ずっと快晴が続いています。毎年来ているパリですが、こんなことは初めてのことです。前半のユネスコ主催の宇宙教育ワークショップは、出席者が観念的議論を好む傾向はあったものの、世界全体の宇宙を軸とした教育活動の現状を把握する上では、大変有意義なものでした。

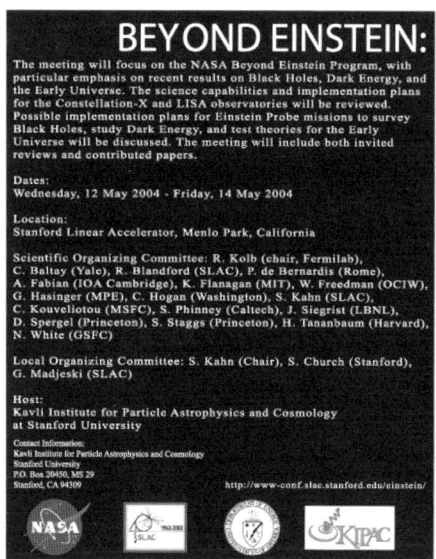

NASA の冊子 "Beyond Einstein" から

2003年

　日本の宇宙のリーダーたちの、この分野の遅れは目に余るものがありますが、せめて10月の統合を契機として力強い歩みを展開できればと考えています。ところで、NASAが最近発表した「Beyond Einstein 計画」を御存知ですか。ゴダード宇宙飛行センター（http://www.gsfc.nasa.gov/）で見ることができますので、どうぞ御覧ください。絵や写真だけ見ていても楽しいですよ。ちょうどパリの時間に身体が合ってきたと思ったらまた日本です。再見。

3月 26日

帰ってきました

　パリから帰ってきました。再び東京の喧騒に巻き込まれてみると、パリのほうが静かだったなあと思うのはなぜでしょう。パリの宇宙教育のワークショップで出会った人たちは特別の人びとなんでしょうか。国を思い、世界を思い、その未来が宇宙活動と切っても切れないつながりがあると固く信じて疑わない人たちでした。日本では、宇宙はアメリカほどの市民権はありませんが、子どもの心に訴える度合いは同じだろうと推測します。ただし、今回の人たちと少し違和感があったのは、日常の生活の中から不思議や好奇心を育てる姿勢があまりなく、宇宙が持つ非日常性で子どもを刺激しようという意図が強い人が多かったことか？　パリ在住の画家の甲斐さんから個展をやっているとのお知らせを受けて、会議の合間を縫ってバスチーユの奥のほうまで足を延ばしましたが、あいにく時間がうまく会わなくて、お会いできませんでした。そこしか時間は空いていなかったので、残念ながら今回はそれで「さよなら」でした。パリを発つ日、アメリカがイラクに攻め入りました。*

＊：湾岸戦争の際にイラクが受諾した停戦決議では、イラクは大量破壊兵器の不保持が義務づけられていた。この達成を確認する手段として、国連は武器査察団をイラクに送り、兵器の保有状況、製造設備などを調査した。しかし、イラク側は必ずしも協力的ではなく、工場の偽装が明らかになったケースや、兵器は破棄されたがその記録など証拠となる手がかりが一切残っていないと主張するケース、一部施設への立ち入り拒否、などさまざまな形での遅延、妨害があったとされる。このイラクの武装解除の進展の遅さと大量破壊兵器の拡散の危険を重視したブッシュ政権は、国連決議を待たずに、イギリスなどとともに、イラクの自由作戦と命名した作戦に則って2003年3月20日、空爆を開始した。この攻撃には、フランス、ドイツ、ロシア、中国などが反対を表明し、国連武器査察団による査察を継続すべきとする声もあったが、それを押し切った形での開戦となった。

4月 2日

日本の物づくりと探査機ミューゼス C

　来る 5 月 9 日に、宇宙科学研究所の小惑星探査機ミューゼス C が、M-V ロケットに乗って、鹿児島県内之浦のロケット発射場を飛び立ちます。この探査機の詳細はホームページでも参照していただくとして、搭載されているいくつかの機器の開発にまつわるエピソードの 1 つをご紹介しましょう。

　宇宙科学研究所の科学衛星は、いつも世界で初めての製品で、それもたった 1 つだけ作るものです。たとえば小惑星に降り立つ「ミネルバ」と呼ばれるジャンピング・ローバーがあります。

　ミューゼス C のターゲットは、1998SF36 という大きさが約 500 m くらいの小さな星です。必然的に重力が非常に小さいことになります。だから近づくときにも、重力で自然に引っ張ってくれないので、探査機は自力で接近しなければなりません。この表面を闊歩するローバーについて、宇宙科学研究所の担当の人は悩みました。車をつけたローバーだと困るのです。重力が小さいということは、ローバーが地面を押す力が弱いということです。ということは、地面とローバーとの摩擦があまりないということになるわけで、車を回しても空まわりしてしまうわけです。当然「ジャンプしながら移動するタイプのローバー」が閃きました。

　ところが、この話をどこからか聞きつけた、とある町工場のご主人* が、町工場自身の豊富なネットワークを駆使して、さまざまなアイデアと工夫を提出し、基礎的な実験も次々と敢行し、その地味な努力の中から、素晴らしいジャンピング・ローバーが形作られていったのです。フライト品として完成させる際には、半導体の信頼性その他のために、宇宙部品の規格に合った製作のできるメーカーに頼らざるをえないという側面がありますが、研究者の原初的なアイデアからフライト品の一歩手前までに発揮された町工場の人びとの貢献は、非常に大きな

ジャンピング・ローバー
「ミネルバ」

＊：江東区大島にある清水機械。
　　代表は山崎秀雄さん。

ものがあります。

　そんな町工場も、時代の波には勝てず、2代目になると採算を度外視した経営ができなくなり、やりがいはあっても儲けにはつながらない科学衛星なんかの仕事は引き受けない方針を採用するところが多くなっているようです。しかしどんな職業においても「やりがい」は大事です。宇宙の現場に、上記のジャンピング・ローバーのような「腕を発揮する場」があれば、喜んではせ参じてくれる町工場は多いと思います。宇宙科学研究所としては、そんな Announcement of Opportunity をできるだけ精力的に公開していく必要を感じています。日本中の人びとの物づくりの才能を、大いに宇宙の現場に集中して活かしていただけるよう、機会あるたびごとに訴えていく必要を感じています。

4月 9日

　宇宙研の松尾弘毅所長が、4月8日付けで宇宙開発委員になりました。

　宇宙開発委員会は、委員長と常勤の2人の委員、それに非常勤の2人の委員からなる委員会で、現在は宇宙開発事業団の基本方針とその実行に目を光らせる役目を持つ組織です。以前は総理府に所属する委員会で、日本の宇宙開発全体を取り仕切る任務だったのですが、形の上では現在は宇宙開発事業団だけに責任を負っています。

　来る10月1日に、現在の宇宙科学研究所、宇宙開発事業団、航空宇宙技術研究所という3つの宇宙関係の組織が統合して、「宇宙航空研究開発機構」という単一の機関が発足します。

　簡単に3つの機関の概略を説明しましょう。

　宇宙科学研究所は「理学と工学を含む宇宙科学の研究」を目的とした組織で、ストレートに言えば、宇宙の謎を飛翔体を用いて研究するところで、相模原市に本部があり、内之浦に発射場、能代市に地上燃焼試験場、臼田町に64mの大型アンテナ、三陸に大気球観測所などの施

松尾弘毅博士

設があります。

　宇宙科学研究所が科学を標榜するのに対し、宇宙開発事業団は実用を旗印とする組織で、実用衛星（気象、通信、放送、地球観測など）とその打上げ手段の開発に関わっています。NASAのスペースシャトルに乗り込む日本人宇宙飛行士たちの管理もしています。本部は浜松町の貿易センタービルにあり、筑波に研究開発のセンターが、また種子島に発射場が、その他にも全国に施設があります。

　航空宇宙技術研究所は、文字どおり航空研究と宇宙研究に取り組んでいる研究所で、6割から7割くらいの人が航空でしょうか。宇宙については、宇宙往還機に関連した推進やシステムの研究などが行われています。角田市にも研究施設があります。

　さて、こんな3つの組織が合併するわけですが、新しく誕生する「宇宙航空研究開発機構」には、4つの本部が設けられることになっています。宇宙科学本部（仮称、本拠地は相模原）、技術研究本部（仮称、本拠地は三鷹）、利用推進本部と基幹システム本部(仮称、本拠地は筑波)の4つです。その詳細は省きますが、宇宙科学研究所としては、松尾所長の任期がもともと来年の1月までだったので、10月の統合の少し前に新しい所長を選出し、その新所長が、統合してできる「宇宙航空研究開発機構」の宇宙科学本部の本部長になればいいという予定でした。

　ところが、このたびの松尾所長の突如の宇宙開発委員就任により、所長の席は空位になり、急遽新しい所長を選ばなければならなくなったのです。宇宙開発委員と宇宙科学研究所の所長は兼任できないのです。新しい所長は1ヵ月以内に決めなくてはなりません。その人を軸にして日本の宇宙科学は新機関のもとで新たなスタート台につくことになります。

　松尾退任劇は、松尾さんに引き続き政権を担当してほしいと考えていた私にとってはとてもショックで、今回のメールマガジンを書き始めたときには、愚痴を言おうと思っていたのですが、読者のみなさんにこうして各組織の説明をしているうちに気が変わりました。

2003年

　松尾さんは、糸川研究室で私の3年先輩で、初めて六本木の生産技術研究所で出会ってから38年になります。数々の思い出を持つ先輩なので、私の今の思いを限られた紙面では語りつくすことができませんが、日本の宇宙開発が直面している「出口が見つからない閉塞状況」を打破するために、大いに力を振るってほしいと思います。非常に聡明な人なので、夢に浮かれたりすることがなく、根拠の無いことへの警戒心が強いなどの保守性はあると思いますが、ひとたびこの人が立ち上がると、それは可能性があることの証拠でもあり、確実に事を成就すること疑いなしという感じがします。私が彼のもとで働いてきた数十年の実績がそれを証明しています。

　私の軽挙妄動にいつもブレーキをかけるのもこの人でしたから、腹の立つことも時にはありましたが、全体としては、やはり大物はよく現実を見ていると感謝することのほうが多かったようです。彼も私も同じB型なんですけどねえ。細かい分類が違うのかしら？

　ともかく松尾さんがシャープな頭脳と抜群のマネージメントを日本の宇宙開発全体のために奮える時代が来たことを、心からうれしく思います。愚痴はどこかへ飛んじゃった。

4月 16日

ウサギ追いしかの山、小鮒釣りしかの川

　東京では桜の花がほぼ散りましたね。先日の日曜日に神奈川の千本桜とかいろいろと見て回ったのですが、やはり「日本人は桜」という感を深くしました。ところで私はお月さまも大好きなのです。雪も好きだなあ。雨が降ればそれも情緒があるし、きれいな青空を見れば感動するし、……と言ってしまえば、誰でも同じだと済ませていたのですが、最近になって、実は自分のこの感覚が他の人と微妙に異なっていても、結局お互いにその違いは分からないかもしれないと思うようになってきました。

　たとえば低い山をどこかで見ると、故郷の呉市の北に

宇宙研の桜散る

「聳えている」灰が峰という低い山がイメージに重なってくるし、入り江を目にすれば、兄貴に連れて行ってもらった音戸の瀬戸の夜釣りを思い出すし、……といった具合で、人はそれぞれ自己の過去に出会った事柄の連想も交えて物を見ているような気がするのです。それがいい意味でも悪い意味でも固定観念や錯覚や個性ある見方などを生み出しているものなのでしょう。

日本には野山が少なくなったと言われます。でも私たちの周囲には、空も山も海も川も道も花も虫も空気も、いっぱい「物」はあるので、五官を澄ませば魅力的なターゲットに変身するように思うのですが、いかがですか。日本人のアニミズムは、一般には欧米の一神教に比べて自然科学的な要素の薄い背景として理解されているようですが、それは何だかそうじゃないんじゃないかと強く思うようになってきているんです。まだうまく言えないんですが……。

4月 23日

イラクを思う

シュメール王朝の政治・経済の中心地だったイラク南部のウルの町には、約4000年前にシュメール人のウルナンム王がレンガで建設した現存最古のジッグラト（聖

2003年

塔）があるという。1991年の湾岸戦争では、遺跡近くにイラク軍の基地があり、多国籍軍のミサイルの破片がジッグラトに当たって大小数百の穴があいた。このときは、戦後シーア派の反乱などで治安が悪化し、各地の博物館が襲撃と略奪に遭い、美術品など合計4000点が流出したと言われている。他の古代遺跡にも被害が出たのだが、考古学を専攻したいと真剣に考えたことのある私にとっては、悲しく腹立たしい事件だった。そして今回も、ユーフラテス川に架かるナーシリーヤの橋の近くで、橋の確保をめぐって、米英軍とイラク軍との間で激しい攻防があった。

　予想どおりアメリカ軍の文化財保護は後手後手に回っている。くさび形文字が刻まれた碑や石器などが保存されているメソポタミア文明の一大研究センターであるバグダッドのイラク国立博物館は、フセイン政権の崩壊後、世界的に貴重な文化遺産がごっそり略奪され、廃墟と化した。バグダッド陥落後の4月10日か11日ごろ、何者かが侵入。約5万点もの品々を盗み出したという。床一面に散乱する土器の破片と空っぽになった陳列棚の前に呆然と佇む考古学者らしい人の写真を見て、再び私は怒りがこみ上げてきた。イラクの考古学者たちは「考古学に詳しい国際的な専門家の仕業だ。普通のイラク人じゃない」と指摘している。それを読むと別種の新たな怒りもないまぜになって押し寄せてきた。

　開戦直後の3月22日、国士舘大学のイラク古代史研究所の松本健教授や、シカゴ大学のマクガイア・ギブソン教授をはじめとする考古学者グループが、国際協力による遺跡の保護を訴える声明を、米科学誌"Science"を通じて発表した。声明は書簡でブッシュ米大統領、ブレア英首相、アナン国連事務総長に送られたと聞く。また、アメリカの考古学団体や国連教育科学文化機関（ユネスコ）も、すでに開戦の数ヵ月前に、イラクの文化遺産や古代遺跡の場所について情報をアメリカに提供していたと言われている。米英軍の攻撃に備え、イラク政府が国内各地の遺跡から文化財の移動作業を始めたとも報じられ、ほっとしたのもつかの間で、次々と悲しむべき

ニュースが伝わってきた。すべてを避難させることは不可能であったろう。もちろん遺跡は動かせない。

紀元前3000年ごろ、チグリス、ユーフラテス河畔の沃野が生んだメソポタミア文明は、シュメール王朝、バビロン王朝などが栄え、建築、美術、法典など貴重な人類遺産を多数残している。高校生時代、私は40人ばかりの寮生を擁する、楽しくてしょうがない雰囲気の男子寮で生活していた。あれは高校2年生のころだろうか。休日で空っぽになった寮の一室で、メソポタミア文明の遺跡がある場所を現代の地図の中に同定する作業に、一心不乱に没頭した覚えがある。

普段が生徒会の活動ばかりで忙しい毎日を送っていたために、休日を大好きな古代史との交わりに充てる習慣になっていたのである。今回の米英軍の攻撃のニュースが、チグリスやユーフラテスの名前に言及するたびごとに、私は、あのころの思い出を甘酸っぱい気持ちで思い出しながら、心配を募らせるばかりだった。一生のうちに一度は彼の地を訪ねてみたい思いがある。それもまだ果たしていないうちに、次々と遺跡の消えていくことへの私の怒りは大きい。

北上を続ける米英軍とイラク軍が市街戦を繰り広げたヒッラの近くには、メソポタミア最大規模の都市跡が一部復元されて残るバビロン。首都進入を図る米英軍との間で攻防があったと思われるバグダッドの南の関門にあたるクテシフォンには、ササン朝ペルシャ時代の宮殿跡。米英軍が占拠したサダム国際空港の近くには、カッシート時代の要塞都市ドゥル・クリガルズ（アガルクーフ）。ここには、ジッグラトの跡が復元されて残っているはずである。バグダッド市の中心部にあるテルハルマルには、シュメール初期王朝の神殿、宮殿跡。そして旧石器時代から紀元後のイスラム時代まで、文化遺産が多数収蔵されているイラク国立博物館。すべて人類共通のかけがえのない文化遺産であり、心あるイラク国民の精神的な強い支えになってきたことは容易に想像しうる。

ブッシュには石油や戦後復興の利権とかへの下心が丸見えになっている。石油施設はあちこちで保護しながら、

人類の文化遺産についてはおざなりの対応しかしないアメリカの政治のリーダーたちのレベルの低さに、私は絶望を感じている。

4月30日

ミューゼスCの打上げ間近

いよいよミューゼスCの打上げが迫ってきました。5月9日午後1時30分前後に、内之浦の発射基地からM-Vロケット5号機によって旅立ちます。3年余ぶりの打上げとあってムズムズと腕を撫してきた実験班は、すでに大半が現地にあって忙しく立ち働いています。私の内之浦入りは5月3日です。ゴールデン・ウィークをすっぽりと犠牲にしての打上げということで思い出すのは、日本初の地球重力脱出ミッションとなった「さきがけ」（1985年1月）です。あのときはクリスマス前から内之浦入りして、いわゆる「冬休み」を返上して作業したものでした。家族から離れての大晦日は、まるでその鬱憤を晴らすかのような大カラオケ大会を挙行しました。

10月に3つの宇宙機関の統合を控えているので、これが「文部科学省宇宙科学研究所」としては最後の科学衛星打上げということになります。以後は「宇宙航空研究開発機構」の「宇宙科学本部」（仮称）としての打上げに移行するわけで、何とか有終の美を飾りたいものです。大変野心的なミッションです。宇宙科学研究所の若手グループが核となって育ててきた「日本の固体惑星探査の船出」です。乞御期待。私は5月3日に鹿児島へ飛びます。

5月7日

内之浦、徐々にヒートアップ

鹿児島県内之浦の発射場からミュー・ロケットを打ち上げるのは3年余ぶりになります。今回のペイロードは

ミューゼスCです。地球周辺から小惑星という小さな天体まで「イオン・エンジン」という新しい方式のロケット推進を使って接近し、表面から塵のサンプルを収集して地球に持ち帰るという、実にドラマティックなミッションです。打上げに使われるのはM-Vロケットの5号機で、日本の誇る全段固体燃料の4段式です。新聞でもテレビでも報道されるでしょうが、今回初めて「TV・ISAS」という生中継をネット上で行いますので、宇宙科学研究所のホームページを開いてください。私も現在内之浦に来ています。打上げ予定は5月9日午後1時半前後です。なお詳しくは来週また。

5月 9日（特別号外）

「はやぶさ」誕生！

　5月9日午後1時29分25秒、宇宙科学研究所の工学実験探査機ミューゼスCが、鹿児島県内之浦の発射場からM-Vロケット5号機によって打ち上げられました。まるで天に導かれているかのように、標準飛翔経路の真上をまっすぐにたどっていきました。前回の苦杯から3年、長いトンネルでした。とはいえ1回1回の打上げがいつも背水の陣となる日本の状況には変わりがありません。身を引き締めて前進しなければと思っています。現在「はやぶさ」と命名されたミューゼスCは、地球脱出軌道の上を100万キロ彼方の惑星間空間をめざして航行中です。次の大きな注目点は、（少し前後するかもしれませんが）3週間先のイオン・エンジンの噴射開始です。

M-V発射前に（真中は宇宙研広報の渡辺遊喜枝さん）

　日本惑星協会の大変な御協力で達成された「星の王子さまに会いに行きませんか」キャンペーン、打上げ延期によって漁業との厳しい交渉があって連日の飲みながらの折衝で悪化した糖尿病、ドクターストップでとりやめたヒューストン（国際学会）行き、始めたダイエットですっかり直った糖尿病と10kgの減量、宇宙科学研究所の新所長の誕生、そして統合を控えて研究所内外のさま

2003年

M-V-5号機による「はやぶさ」打上げ

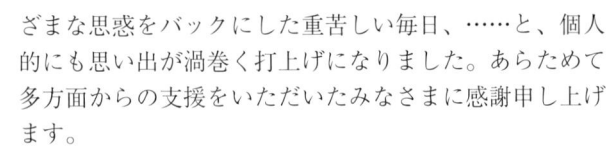

ざまな思惑をバックにした重苦しい毎日、……と、個人的にも思い出が渦巻く打上げになりました。あらためて多方面からの支援をいただいたみなさまに感謝申し上げます。

これでやっと本格的に日本の未来のために宇宙機関の統合を考える態勢の初期条件ができたという感じです。

5月 14日

苦しい次世代シャトル構想

次世代シャトルをめぐって、NASA（米国航空宇宙局）の厳しい闘いが続いています。NASAは、完全再使用の往還機X-33とX-34計画を完全に閉じた後、次世代シャトルとしては、「OSP（Orbital Space Plane）」と呼ばれている往還機の開発に踏み切る発表をしました。これは建設中の「国際宇宙ステーション（ISS）」への往復を主任務とすることになっています。OSP構想は、まだメーカーからの提案を募集中のものです。すでにいくつかの有力なアイデアが提出されてはいます。NASAがこのたび発表した「レベル1」の開発要求は、メーカーがOSPのシステムについてのアイデアをまとめるにあたっての指標を与えるものです。そこには、次のような要求が列挙されています。

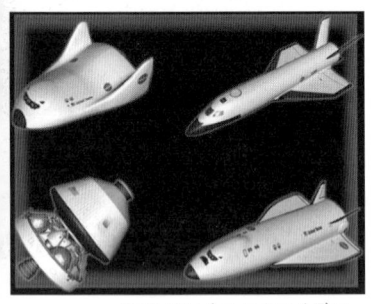

OSPのいくつかのアイデア

- 地上からはデルタ4やアトラス5のような使い切りロケットで打ち上げる、
- 2012年以前に人員を乗せてISSと地上の間を往復し始める、
- 出発時にはフライトスーツを着なくてもいい生命維持システムを装備する、
- 少なくとも現在ISSのライフボートになっているロシアのソユーズと同程度の信頼性を持つ、
- 打上げ作業がスペースシャトルよりも信頼性が高く機動的ですばやくできる。

でも事はそう簡単ではなさそうで、共和党からも民主党からも、このOSP構想に批判の矢が向けられています。「コロンビア」の事故があって、ロシアのソユーズに当面の人員輸送を頼らざるをえなくなったアメリカでは、そのプライドから来るNASA批判が湧き起こってくるのは当然としても、それをカバーするためにISS建設を当面の重点にしようとしたら、今度は「ISSのことばかり考えている」という別の批判が出てきているのです。四面楚歌のNASA、まことに同情に耐えません。
　NASAは強気です。今年の末までには、さらに高い「レベル2」の要求を煮詰めて発表する予定になっています。もちろん現在のスペースシャトルは今年中には再発進するつもりです。その運航開始への動きと次世代シャトルの開発からは、当分目が離せません。
　それにしても、21世紀の有人輸送を左右するこのような動きを、技術開発の大きな可能性も高い志も持っている日本の宇宙技術陣が、なぜ指をくわえてアウトサイダーとして眺めていなければならないのでしょうか。

5月 21日

パグウォッシュの会議でスペインへ

　5月21日の火曜日に成田を出て、スペインのカステロンという町に行ってきます。パグウォッシュ関連の会議のためです。バルセロナの南のほうにある海辺の町のようです。スペインは四度目か五度目ですが、相変わらず会議ばかりやってとんぼ返りします。成田到着は5月26日の月曜日。10月から発足する新宇宙機関の理事長が決定したようで、そっちの統合関係ですぐにでもやらなければならないことが沢山あるのですが、よんどころない事情でスペイン行きを選びました。あちらの様子は帰国したらお話できるでしょう。私のいない間に新機関の英語呼称やロゴが記者会見で発表されるでしょう。どうかご愛顧のほど宜しくお願いします。では行ってきます。

パグウォッシュ会議の激論

2003年

5月 28日

ISS飛行士がソユーズで帰還

　スペインから帰ってきました。カステロンは静かな素敵な町でした。

　さる5月4日に「国際宇宙ステーション（ISS）」から宇宙飛行士を乗せて地球に帰還したソユーズのカプセルが、予定の場所（カザフのステップ地帯）から見て500kmも手前に着陸したため、3人の飛行士の救出までに2時間くらいかかったというニュースがありましたね。

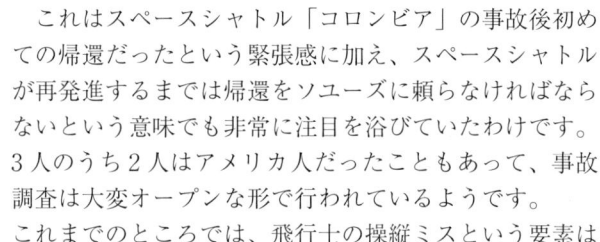

　これはスペースシャトル「コロンビア」の事故後初めての帰還だったという緊張感に加え、スペースシャトルが再発進するまでは帰還をソユーズに頼らなければならないという意味でも非常に注目を浴びていたわけです。3人のうち2人はアメリカ人だったこともあって、事故調査は大変オープンな形で行われているようです。

　これまでのところでは、飛行士の操縦ミスという要素は消え、制御システムの一部が故障したことが原因で、そのため飛行士はかなり厳しい再突入時のGを経験したようです。実はアメリカ人が外国の帰還システムで宇宙から帰ってきたのは、今回が初めてだったのですから、アメリカ側は相当神経質になっていたことは当然でしょう。

　ロシアの「RKKエネルギヤ」という会社の副主任設計者であるニコラーイ・ゼレンシチーコフという人の発言によれば、この不具合は、人災でもソフトウェア上の問題でもなく、ソユーズの帰還に際して25年間も使い続けてきた制御システムの中の1つの機器（ということまでしか分からないのですが）が故障したことが第一原因だったということです。「これまでのところ状況を再現できないでいるのですが、この機器をどう改良すればいいのかだけは明らかになっている」というのが彼の弁。

　もう1つ調査委員会が要請しているのが、帰還にあたって動員される航空機とヘリコプターの数の補強です。予算が足りなくて、それまで28機使っていたヘリは12

カステロンの駅

248

機に、9機の航空機は3機に減らされていたそうですから、発見に手間取ったのは当然と言えるでしょうね。500kmも予定から離れているとすれば、東京から大阪ぐらいの距離ですから、結構大変だったことはうなづけます。

また調査委員会は、ソユーズに衛星通信のシステムを装備するよう助言もしたようです。今年中には、補給船プログレスに衛星電話を搭載して、現在ISSにいる飛行士たちに渡されます。そうすれば帰還したソユーズの正確な位置を、飛行士が空中にいる間に発見できなかったとしても、地上の関係者はやきもきする必要はないわけです。衛星電話で、少なくとも生きていることは確認できるのですから。もっとも、これまで電話のシステムが搭載されていなかったこと自体に、私は新鮮な驚きを感じましたが……。

それにしても、逆説的な言い方ですが、こんな心配を、日本でも「当事者として」してみたいもんですねえ。ちょっと不謹慎ですが、素朴すぎる私の感想です。

6月 4日

新組織の名称とロゴ

来る10月1日を期して、日本の3つの宇宙関係機関（宇宙科学研究所、航空宇宙技術研究所、宇宙開発事業団）が統合されます。さる5月23日に、新機関の理事長に決定している山之内秀一郎さんから、その名称「宇宙航空研究開発機構」が発表されました。

英文名称は「Japan Aerospace Exploration Agency（JAXA＝ジャクサ）」です。"Exploration"には、探査だけでなく、研究・開発まで含む広い意味を持たせています。またロゴについてはAerospaceのAを星というモチーフで意匠化していますが、星は「希望」「誇り」「探求心」の象徴であり、また私たちに道を示してくれる道しるべでもあります。JAXAも日本の、ひいては人類の星となり、燦然と輝きたい――そのような願いを込めています。

JAXAのロゴ

2003年

　日本語名も英語名もロゴも、それぞれ難産でしたが、名前がついたことで、何となく実体ができたような感じがするのは、赤ちゃんの名前をつけたときのような実感でしょうか。

　Exploration という言葉に込めた冒険心や野心を忘れないように進んでいきたいものです。H-2A ロケットは5回続けての打上げ成功、M-V ロケットは「はやぶさ」を惑星間軌道へ投入と、日本の宇宙開発も小康状態といったところですが、とりあえずのイベントは「はやぶさ」のイオン・エンジンの本格運用開始でしょう。これは6月中旬に予定されています。楽しみです。

6月 11日

スピリットとオポチュニティが旅立ち

　アメリカの火星ローバーの打上げが悪天候のために2日延期になり、さる6月11日午前2時58分47秒（日本時間）にデルタ2ロケットで打ち上げられました。今回のロケットに搭載されている火星ローバーが「スピリット（Spirit）」、それから少し遅れて打ち上げられるローバーが「オポチュニティ（Opportunity）」と名づけられました。合わせて「MER（Mars Exploration Rovers）」と呼ばれています。

　「スピリット」は2004年1月24日に火星に到着し、パラシュートと逆噴射ロケットとビーチボールのようなクッションを使って、グーセフ・クレーターに着陸します。またもう1つの「オポチュニティ」は、今月25日に打ち上げられる予定になっており、2004年1月25日に同じ方式でメリディアン平原に降り立ちます。

　この「スピリット」「オポチュニティ」という名前を提案したのは、ソフィ・コリスという名前の小学校3年生（9歳）の女の子です。彼女はシベリアで生まれ、ある人の養子になってアメリカに渡るまでは孤児院にいたそうです。彼女は言っています、「シベリアは暗くて寒くて寂しかった。そんなときは星を見上げて少し元気に

スピリットの打上げ
（デルタ2）

なった。あそこへ飛んで行きたいと思った。アメリカという国は夢に溢れている。私はいつか宇宙飛行士になりたい。」

　この2つの探査機とそれらの名前は、人生の始まりが不幸だったこの幼い少女の生きていく一生に、輝き続けることでしょう。いい採用、いい名前だと思います。日本に来た外国の人たちが、「日本は夢に溢れた国だ」と言ってくれるような国を築きたいものですね。「宇宙開発に携わっている人たちが夢をなくして狭いところに閉じ込められていったら、それをサポートしている人は一体何を頼りにすればいいのですか。もっと広々と遠くを見て、自信をもって仕事をしてください。」これはもう10年以上前になるでしょうか、あるパネル・ディスカッションで漫画家の里中満智子さんが、「失敗したらすぐ謝る」ある宇宙機関のトップに向かっておっしゃった言葉です。その含蓄を大切にしなければと心から思います。

　すでに「スピリット」は地球脱出軌道に無事乗ったそうです。Bon Voyage!

6月 18日

火星探査機「のぞみ」最後の挑戦

　1998年の7月8日に鹿児島県内之浦の発射場から轟音とともに打ち上げられた世界最大の固体燃料打上げシステム「M–V」ロケットは、火星探査機を地球周回軌道に乗せた。宇宙科学研究所がこの「プラネットB」に用意した名前は「のぞみ」であった。日本初の地球脱出ミッション「さきがけ」「すいせい」から数えて12年、打上げロケットもM–3SⅡからM–Vに成長して、日本にとっては久しぶりの惑星間空間への船出となった。

　火星へ！——しばらく地球を周回した「のぞみ」は、二度にわたって月の重力を使って軌道を変更するスウィングバイを行い、さらに1998年末に地球のスウィングバイを行った。スウィングバイとは、天体の重力と運動エネルギーを利用して速度ベクトルに大幅な変更を加え

2003年

る技術である。燃料をほとんど使わないので省エネルギーの航法を実現することができ、惑星探査においては必須のテクニックとなっている。

　1998年末の地球スウィングバイは、単に地球の近くをそのまま通り過ぎるだけでなく、少しだけ制御エンジンを噴かす「パワー・スウィングバイ」であった。その際、ヒドラジンを吐き出すスラスターの1つに不具合が生じるという事態に見舞われた。そのため厳密に計算され計画されたタイミングでの速度追加に不足が生じ、「火星にどうしても到着しなければ」という願いを込めて再度の噴射が行われたが、これによって制御用燃料を使いすぎたことが判明した。そのまま火星に接近する1999年10月にスラスターを噴かしても、燃料不足のため、計画した火星周回軌道に「のぞみ」を投入することは不可能になる見通しとなった。

　宇宙科学研究所のミッション解析グループの死に物狂いの格闘が始まった。グループは1998年の年末年始を返上して懸命の「新軌道発見」に取り組んだ。そして白々と1999年の扉が開いたころ、ついに探し求めていた軌道が見つかったのである。このまま「のぞみ」を太陽中心軌道に放置し、さらに二度の地球スウィングバイを敢行して軌道を変更すれば、2004年の初めには予定した

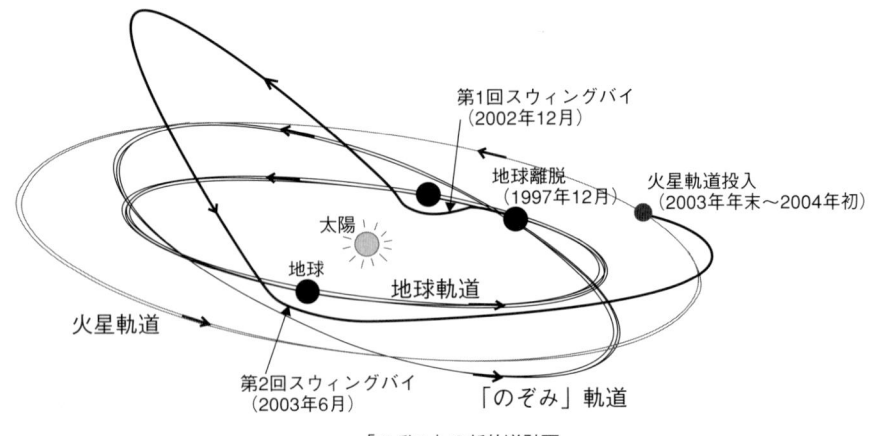

「のぞみ」の新軌道計画

火星周回軌道を達成できることが分かったのである。頭脳とコンピュータを駆使した不眠不休の、一糸乱れぬ奮闘の勝利であった。
　ただし問題点がないわけではない。「のぞみ」はすでに惑星間空間にあって、太陽中心軌道上にある。4年間の長きにわたって太陽中心軌道に探査機を回しておいて大丈夫だろうか。衛星システム・グループの厳密な検討が開始された。そして「不慮の事件が起きない限りシステムとしては大丈夫」ということが確信され、「のぞみ」は予想を超えた長旅のモードに移った。
　ただ飛んでいるだけではおもしろくない。搭載機器のチェックも兼ねて、「のぞみ」は太陽系空間にあっていくつかの重要な観測を行う計画も立てられた。まず、「のぞみ」の紫外線撮像分光計は、惑星間空間の水素ライマン・アルファ光を測定した。次いで、地球から遠く離れた領域（地球半径の約十倍）までヘリウム・イオンが存在していることが明らかになった。転んでもただでは起きない。日本の宇宙科学の強靱な執念を象徴した方針である。
　しかしその後、衛星システム・グループが指摘していた唯一の心配である「不慮の事件」は起きたのである。それは1億5000万キロメートルの彼方からやってきた。2002年春、太陽面で信じられないような大フレアが発生したのである。それはまさに太陽観測史上で最大規模の大爆発の1つであった。膨大な量の粒子群の直撃を受けた「のぞみ」の電源の1つがやられた。その電源は、姿勢制御に使う燃料を温めるヒーターを司っており、しかも衛星の状態や観測結果を地上局にテレメトリー・データとして送る際の（送りやすくするための）変調をも担当している。
　今度はテレメトリー・グループの壮絶な努力が展開された。ビーコン・モードだけの心細い通信路と「のぞみ」に賦与してあった自律化機能をフルに活用して、ちびりちびりと「のぞみ」の健康状態をチェックする気の遠くなるような作業が続けられた。そして2002年夏、何という確かな予言だろうか。「のぞみ」が地球に接近する

2003年

につれて、向井さんの言ったとおり、制御に使うヒドラジンの温度がじりじりと上昇し始めた。

　12月には念入りなチェックの末の速度修正を経て、地球から3万6000 kmの距離を通過させるスウィングバイに成功して絶妙のコントロールを見せた。いったん黄道面を離れて時間稼ぎをした「のぞみ」は、再び地球にじりじりと近づいてきている。来る6月19日、もう一度同じような状況での地球スウィングバイを予定しており、そのための準備である軌道修正はすでに済ませてある。あとはニュートンさんの力学が正しいことが証明されるだけである。したがってこれも成功することは疑いない。

　しかし問題の電源はまだ修理が終わっていない。これに成功しなければ、火星接近の際、火星周回軌道に投入するための二液推進系のスラスターを噴かすことができない。もし予定の周回軌道に入ることができなければ、満を持した「のぞみ」の観測陣のいくつもの世界初の観測の大部分が露と消えるであろう。幾度も障害を乗り越えてきた波瀾万丈の「のぞみ」チームは、その遠隔修理に向け熱い議論を展開している。幾度も起死回生のヒットを放った「のぞみ」チームの力と執念を私は信じたい。

　「のぞみ」は、日本で初めての惑星探査ミッションである。これまでの息づまる経験で、すでにお釣りが来るぐらい貴重な教訓を得たとはいうものの、6月のスウィングバイ後の、まさに最大の障害を乗り越えて、来年1月にアメリカやヨーロッパの火星探査機が火星に集合する「マーズ・ラッシュ」に間に合ってほしい。私は今、祈るような思いである。

6月 25日

時代と命のリレー

　私の父は19世紀の末に生まれました。私が生まれたとき父は46歳でしたから、父の時代は私の時代に対して約半世紀分の時間をリレーしてくれたことになります。

私たちが一生を生きて、懸命に仕事に精を出した証は何だろうか、よく私は考えます。何か普遍的な意味を私たちの一生から見つけ出すとすれば、それはそれぞれの時代を後の世代にリレーするにあたって、何か人類を幸せにする大切なものを見つけて手渡していくことではないか、そんな風に感じています。

　父が生まれ育った時代は、日清戦争、日露戦争、第１次世界大戦、日中戦争、太平洋戦争、朝鮮戦争、ベトナム戦争、中東戦争などなど、まさに世界が戦争に明け暮れた日々でした。だから父は、私が「戦後の教育はねえ……」と切り出すと、「戦後ってそれはどの戦争の後のことだ？」と茶々を入れるのが常でした。なるほど、それぞれの戦争の後で、それぞれの「戦後」があったことは当然です。

　父の育った時代に、世界は戦争に明け暮れながらも、宇宙の分野では過去に例を見ないほどにそれまでの価値の転換を可能にする画期的な偉業がなし遂げられました。第一は、コンスタンチン・ツィオルコフスキーによる科学的かつ壮大な人類の宇宙進出の夢の創出です。そして第二は、巨大な宇宙と強力な重力と光速に近いスピードを扱う相対性理論の登場、さらに第三は、物質の小さな階層つまり素粒子のような小さい物質を扱う量子力学の誕生です。

　人類は、父が生まれ育った時代に、宇宙へ進出する科学的手段であるロケットを「再発見」し、ニュートンの力学とマックスウェルの電磁気学に支配された私たちの日常生活のスケールより極端に巨大な宇宙および極端に極微の素粒子までを扱う理論的武器を手にしたのでした。そして日本という国は、その父の育った時代に、いやおうなく鎖国を脱して近代化への道が整わないうちに戦争へとひた走りました。新興国として大変な快進撃もあったし、世界の趨勢に遅れをとっていても一向平気でいられる幼い精神を宿したままの悲劇も多くあったと思います。

　父の育った時代の創造力に溢れた理論的成果をリレーされたことによって、私の育った時代は数々の華々しい

ツィオルコフスキー

2003年

発見と技術的飛躍をなし遂げました。宇宙膨張、ビッグバン、ブラックホールをはじめとする天体物理学上の諸発見がそれであり、またアポロ計画を頂点とする人類の宇宙進出もその典型的な例です。本質的には政治的な闘いであったと評価されるアポロ計画は、人類が外から地球を見る視座を獲得する時代の始まりだったと考えると、あの全世界を興奮させた意味が見えてくる気がします。

私の育った時代のこれらの輝かしい成果は、宇宙の誕生から私たちの命までの絶望的に長い時間の歴史を、大まかにではあるが一貫した1つのシナリオに描くことを可能にしてくれました。これは、それまで「神様の創造」とつなげて理解するほかなかった「人類の生きる意味」に新鮮な光を投げかけるものとなりました。時間的には宇宙進化の道程に人類を位置づけ、空間的には途方もない宇宙空間の広がりの中に人類を位置づける目を、私たちは持ったのです。これこそが20世紀が後世に引き継ぐ最大の知的遺産であると思います。

しかしこの「遺産」を作り出す過程で、新たな矛盾と問題点が生まれました。

第一に、かつて宇宙がとても小さかったことが確実であることから、相対性理論と量子力学の統一を図る必要が生まれました。その努力は現在進行形のものです。

第二に、観測が飛躍的にその精度とスケールを高めることによって、ダークマターやダークエネルギーという不可思議な謎が出てきました*。

第三に、宇宙から地球を見ることによって、人類は地球環境が破壊されつつあるとの認識を確かなものにしました。

第四は、私たち地球上の生命以外の生命の可能性について、科学的追求の火の手をあげられる時代になりました。

そして第五に、日本は現在ひたすら一億総官僚化への道を歩み始めている気がするのですが、この点はむしろみなさんのご感想を聞きたいと考えているところです。官僚は自分たちが日本の未来を握るべきであると考えている。一方国民のかなりの部分が、それに反発を覚えな

*：最近の宇宙科学の成果によれば、私たちの宇宙にあるエネルギーの70％が実は真空のエネルギー（ダークエネルギー）であり、あと26％ぐらいが暗黒物質（ダークマター）で、残った4％が普通の星や私たちの体を作っている普通の物質である。まったく当惑すべきことだが、この宇宙の96％が今のところ正体不明のものなのである。

がらも、国家の中枢を握られている弱みから、官僚の機嫌を伺わざるをえない状況に追い込まれ、その気分にのっとって実に"官僚的"に仕事をし始めている。私には、つらいつらい時代が始まっているような気がしてなりません。

　日本は長年にわたって政治教育をさぼってきました。政治教育は右か左かの偏向と受け止められ、そのような発言すら控えるムードが出てきています。平和とか夢とかいった言葉を嫌うインテリ層も出てきています。政治教育をさぼった、あるいは意識的にネグった結果は、投票率の低さです。選挙への関心がこんなに薄い「先進国」はこの地球上のどこにもありません。つまり経済大国は先進国とは限らないということです。「政経分離」というスローガンが見事に実を結んでしまったのですね。政治に関心のない時代が一定程度実現したところで官僚支配を強めていく。これほど水際立った戦略はありません。

　私の頭はまだ整理されていないので、もっと別の仕方で述べたほうが適切である可能性は高いのですが、こうしたいくつかの新たな諸問題は、新たなパラダイムを創出しなければ解決できないでしょう。そしてその仕事は、私が育った時代の次の世代に遺さざるをえない大きな課題となって私たちの前にあります。

　私は、私を産み、大空襲で私を背負って逃げてくれた母、病気で死にかけた私を懸命に看病して救ってくれた母に「命の大切さ、貴重さ、尊さ」を教えられました。長じて外国の、特にクリスチャンの人たちと話しているときに、彼らの「命の尊さ」が神様から授かった命であることの自覚から発していることに驚きを隠せませんでした。宇宙の分野で人類がなし遂げた成果を学んでいる今では、私はその「命の貴重さ」が科学的に証明されつつあるという確信に近い心を持っています。

　現在、宗教心の薄い、または宗教に対して非常に寛容な日本人が、今「命の尊厳」を守る上で重大な岐路に立たされていることは、日々生起しているさまざまな事件に照らして明らかです。これを乗り切っていく最も強力なパートナーは、科学的な物の見方、科学的な世界観で

2003年

　す。逆に、日本人がその固有の武器として科学的世界観を身につければ、現在の閉塞状況から脱皮して無類の強さを発揮し世界の行方をリードできる可能性も見えていると思います。

　大きな矛盾を内包し、新たなパラダイムを築いて乗り越えなければならない次の世代の子どもたちに、私たちの世代がプレゼントできる最良のものは、宇宙の悠久の歴史から俯瞰した「生きる意味」「命の意味」についての科学的な見方です。一方で、自分の頭で考え、自分の指針にのっとって行動する無数の若者たちが育っていかなければ、現在行われつつあるリレーは、バトンタッチに失敗するかもしれないというあせりもあります。

　宇宙は百数十億年の長さ、人類の文明は1万年に過ぎません。そして宇宙からの目を獲得してからは50年も経っていません。この大切な「宇宙からの視座」とそれに基づいた「命の大切さの獲得」を、子どもたちには健全に大胆に育ててほしいと願っています。

7月 2日

キューブサットの打上げ成功

　2003年6月30日23時15分26秒（日本時間）、モスクワの北800kmにあるロシアのプレセーツク発射場から、ユーロコート社のロケット「ロッコート」が9つの衛星を抱いて打ち上げられました。その中には、「キューブサット（CubeSat）」と呼ばれる可愛い衛星が6つ含まれています。そのうちの2つが東京大学の「XI（サイ）」と東京工業大学の「CUTE」です。他に、トロント大学（カナダ）、オルボア大学（デンマーク）、デンマーク工科大学（デンマーク）、スタンフォード大学（アメリカ）のキューブサットも乗っています。

　「キューブサット・プロジェクト」は，10センチ立方、1kg以下の超小型衛星を地球周回軌道上に打ち上げ，運用することを目的としたプロジェクトで、1999年の「USSS会議（University Space Systems Symposium）」で

採択され，日米の大学を中心として衛星の開発が進められてきたものです。すでに60を越える世界中の機関がキューブサット開発に取り掛かっていると聞いていますが，その第一陣としてこのたびの快挙がなされたものです。

それにしてもよく頑張ったものです。中須賀先生をリーダーとする東京大学のグループでは，学生が人工衛星の設計から製作・運用までの一連の過程をすべて経験できる非常に貴重な機会と考えて，このプロジェクトの発足当初から積極的に参加してきたのですが，長年の苦労が実って喜びもひとしおでしょう。

今回の東大機は，超小型衛星バスシステムの機能実証および民生部品（宇宙用ではない部品）の動作実証を行うそうです。通信に関してはアマチュア無線家の皆さんにデータ形式等を公開してくれます。またカメラによる地球撮像実験も行うと聞いています。

反面，実際の私の気持ちとしては，この日本の初のキューブサット2機が外国のロケットで打ち上げられたことが非常に残念です。内之浦の発射場をロケットと衛星の一大教育施設にしたいとかねがね思ってきましたが，統合を契機に，そして今回の「屈辱」を胸に，新たな気持ちで挑戦したいと考えています。まあ，私が現役で働ける時間はそんなに残されているわけではありませんが……。

まずは打上げ成功おめでとうございます。本当によかったですね。

7月 23日

今は女時

世阿弥に「男時（おどき）」「女時（めどき）」という概念* があります。今は確実に「女時」です。

社会が閉塞的な雰囲気で満たされているときには，じっと目を閉じて虚心坦懐にさまざまな出来事を思い出していくと，大きな新しい社会革新の波が見えてくるも

*：世阿弥の著作『風姿花伝』には，「時の間にも，男時，女時とてあるべし。いかにすれども，能に，良き時あれば，必ず，また悪きことあり。これ力なき因果なり」とある。「男時（おどき）」は自分に勢いがある時，「女時（めどき）」は勢いが相手にある時をいうらしい。世阿弥の造語である。世阿弥の生きた時代の能の世界は，舞台での勝負が熾烈を極めていた。人生は男時と女時の繰り返しで，相手が男時の時に自分がいたずらに勝負に出ても効果はない。むしろ，相手の男時が弱まり，自らに男時が訪れるのを待って勝負に出ることを世阿弥は勧めた。世阿弥が，人気の出ない苦しいときでも，いつでも勝負に打って出られるよう，常に自分の芸を磨いて怠りなく準備していたことが分かり，彼の真摯な人生哲学が伝わってくる。「初心忘るべからず」（世阿弥）とともに，私の大好きな言葉である。

のなのではないか。そんな期待を込めて、最近いろいろと考えをめぐらせています。「期待を込める」と、虚心坦懐にならないのかもしれませんが……。

　現在までの沈思黙考では、「心の復権が大切」という命題と「経済の活性化が大切」という命題の並立が見えてきています。もう1つ、「平和が大事」と「日本があぶない」という構図です。こうした図式を総合的な国づくりの戦略を共有して乗り越えていきたいものですね。勢力の配置から言えば、一方で行政改革を強引に進めていく政治家・官僚主導の流れと、市民パワーを盛り上げていこうという底辺の（しかし着実に広がりつつある）動きとが両極をなしています。

　10月1日に新しい統合宇宙機関JAXA（宇宙航空研究開発機構）の発足を控えながら、日本の宇宙活動が日本と世界の未来に新鮮な貢献をするビジョンを示すことのできないもどかしさが、滓のように胸に溜まっていきます。行動計画が私の意志として明確な形になることを願いつつ、わずかな空き時間を利用しての「黙考」が続きます。

　時間が欲しい。楽しそうな予感や、まあ大体こんな方向でいいか、といったムードだけを動機にして前進するには、私に残された時間は少なすぎます。何か時どき暗闇の向こうに光が見えるときがあるにはあるのですが。

7月30日

宇宙研一般公開に1万5000人余

　10月1日の3機関統合を控え、「宇宙科学研究所」の名を冠する最後の一般公開が、さる7月26日に相模原キャンパスで行われました。入場者は1万5200人。年々、宇宙科学研究所でも若い人が意欲的に一般公開の準備に積極的に関わるようになってきて、出展がinteractiveになっているように感じます。相変わらずの熱気に包まれた1日でした。

　今年は、宇宙開発事業団から若い人が10人くらい、

一般公開のひとこま

新宇宙機関の宣伝のために来てくれていたのですが、宇宙科学研究所の長老方がスタンプラリーの判子をせっせと運んだりしているのを見て、大層うらやましがっていました。所長以下、全員が一丸となって取り組む行事のすがすがしさは、統合後も必ず残ることでしょう。サービスという観点だけではないのです。この1日が、私たち宇宙科学研究所の職員自身に与えている有形無形の影響は実に大きいものがあると考えています。

8月 6日

日本初の衛星「おおすみ」が33歳で大気圏突入

8月2日午前5時45分（日本標準時）、日本最初の人工衛星「おおすみ」が大気圏に突入し、消滅しました。再突入した位置の直下は、北緯30.3度、東経25.0度で、北アフリカ（エジプトとリビアの国境の砂漠地帯）です。

1966年、糸川英夫先生が率いる東京大学宇宙航空研究所は、人工衛星を打ち上げる技術を習得するため、L-4Sというロケットを使って小さな衛星を軌道に乗せようとしました。ところがこれがうまくいかず、日本初の人工衛星は予期に反して4年にわたる長期戦になりました。この間、一部のマスコミの心ない批判*にさらされた糸川先生は退官し、種子島宇宙センター建設に伴う漁業問題が発生する等、日本の宇宙開発はあたかも大海に浮かぶ小舟のように揺られながら苦闘を続けました。

そしてついに1970年2月11日13時25分、鹿児島県

おおすみ

*：昭和30年代後半から40年代初めにかけて朝日新聞が行った反糸川キャンペーンはすさまじいものであった。社説や天声人語を含めたもので、糸川が辞任するまで5回におよんだ。それは「東大宇宙研の経理に疑惑がある」とはじまり、女性問題まで登場する、まことにぎにぎしいものになった。ただ、騒いでいるのは朝日新聞だけで、「記事は某紙の完全な独演で他のマスコミ各紙・各局はこれを黙殺した」（「週刊サンケイ」昭和42年12月29日号）という奇妙な事態であった。反糸川キャンペーンの裏には様々な確執があったらしいが、主役となった人びとが物故された今となっては、言わぬが花である。ともかく糸川はこの自分に対してだけ張られた一紙だけのネガティブ・キャンペーンに嫌気がさした。東大ロケット・グループの幹部が懸命に慰留につとめたが、「宇宙研は若い人にまかせてだいじょうぶだから」と辞意は固かった。1967年3月、著者を含め糸川研究室の大学院生7人が糸川教授室に呼ばれた。不安な面持ちの全員を前に、いつもよりも丁寧な口調で糸川が語った。「私は辞めます。皆さんのことは、すでに他の先生にお願いしてあるから、どうか頑張ってください」。たんたんとした手短な激励を最後に、東大を去って行った。

2003年

　内之浦にある鹿児島宇宙空間観測所から、輝く青空に吸い込まれるように旅立ったL-4Sの5号機によって、日本初の衛星「おおすみ」が地球周回軌道に投入されたのでした。この長い辛苦の期間に、「悲劇の実験主任」と呼ばれて大変なご苦労をされた野村民也先生が、現在日本惑星協会の会長を務めていただいていることに、私は高い誇りを覚えます。野村先生に「もうじき突入します」とご報告したところ、「ずいぶん長生きしたね」と感慨を述べておられました。

　「おおすみ」は、チタニウム合金でできた第4段モーターの上にアルミニウムのカバーをもつ計器部が取り付けられた形をしています。外側には2本のフック型アンテナ、4本のベリリウム・カッパーのホイップ型アンテ

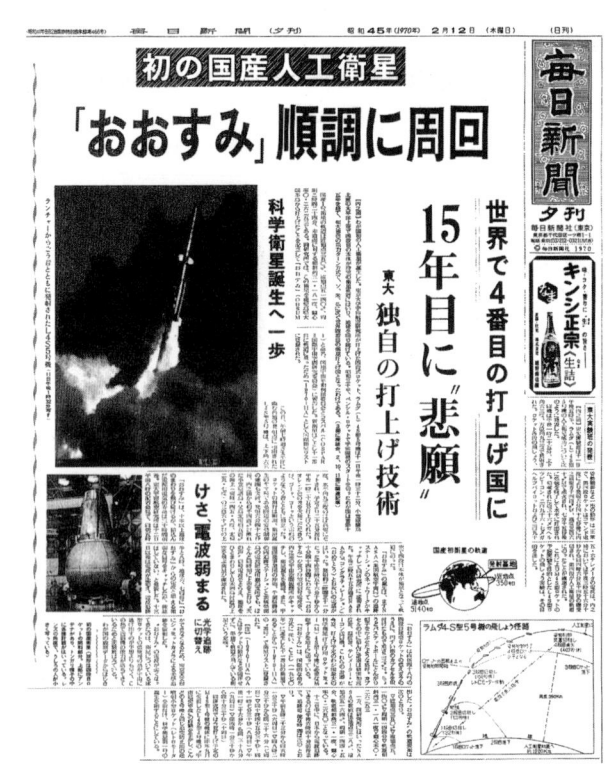

打上げ成功を伝える当時の新聞
（提供：毎日新聞社）

ナ（円偏波）がついており、重さは、計器部が 9 kg、第 4 段の燃焼後が 15 kg で、合計 24 kg でした。

　もともと衛星軌道への投入のためのロケットの練習でしたから、「おおすみ」に搭載した機器は、加速度計、温度計、送信機ぐらいで、他には電源の酸化銀－亜鉛電池が載せられていました。打上げ後に内之浦の視界から消えた「おおすみ」の電波が最初にグアム島の追跡局から「受信！」の報が入ったときの感動は、忘れることのできないものです。

　発射後約 2 時間半を経過した 15 時 56 分 10 秒、「おおすみ」からの最初の電波が発射場の西の山の方向から到来しました。それから約 10 分の間、ロケットのモーター・ケース表面の温度が約 50℃ だとか、テレメトリー送信機の水晶発振部の温度が 68℃ などと叫んでいるうちに、16 時 6 分 54 秒、再び「おおすみ」は山陰に姿を隠しました。

　「おおすみ」が地上と連絡をとっていた時間は 14〜15 時間だったのですが、投入された軌道が、近地点 337 km、遠地点 5151 km という長楕円軌道だったために、かなり長生きしたものです。もちろん大気圏に突入した「おおすみ」は、跡形もなく消滅して、自らを葬りました。

　私個人にとっても青春の喜びの頂点に位置する「おおすみ」の誕生は、多くの関係者にとっても「宝の思い出」でもあります。あのころの湧き上がるような団結の力を、日本の宇宙開発が再び取り戻すことができる日を願って、10 月 1 日の JAXA（宇宙航空研究開発機構）の誕生を迎えたいと思います。大気圏に突入する直前「区切りをつけろ」と叫んでいる「おおすみ」の声を聞いたような気がします。それは単なる錯覚ではないのかもしれません。

「おおすみ」のころ、65 kg の私(右)。畏友・高野雅弘くんと。

8月 13日

「はやぶさ」のターゲットを「いとかわ」と命名

　さる 5 月 9 日に打ち上げた小惑星探査機「はやぶさ」（ミューゼス C）がめざす小惑星 1998SF36 に「いとか

2003年

わ」の名前が冠せられることになった。

ある小惑星が「まとがわ」と命名されたときに送られてきた《小惑星名鑑》を何気なく見ていて、糸川英夫先生の名前がまだ小惑星につけられていないことが判明したとき、えらく居心地の悪い思いをしたことがある。

当初はミューゼスCのめざす相手が1989MLという小惑星だったから、その発見者に対して、「いとかわ」という名前を国際天文連合に申請してくれとお願いしてあったのだが、打上げが延びたためにターゲットを変更せざるをえなくなって慌てた。

「このままでは、何でもない小惑星に糸川先生の名前がついてしまう」——あの世で糸川先生に叱られてはかなわないとばかり、新たにターゲットに決定された1998 SF36の発見者であるMIT(マサチューセッツ工科大学)のチームに「いとかわ」申請を要請したという次第であった。

この小惑星は、MITのリンカーン研究所・地球軌道接近型小惑星研究チーム(LINEAR)がニューメキシコのソコロにある望遠鏡で見つけたものである。その後の観測では、長さ600m、幅300mくらいでサツマイモのような形をしていると報告されており、自転周期は12時間、地球軌道と火星軌道の間の太陽周回の楕円軌道を1.5年の周期で公転している。

糸川先生からは、「あんなちっぽけな天体に私の名前をつけるなんて」と怒られる可能性は大きいが、これで自分勝手な居心地の悪さからは解放されそうである。

8月 20日

中国の有人飛行近し

「いよいよ10月、最初の中国人が宇宙を翔る」というニュースが洩れてきた。有人宇宙船「神舟5号」が酒泉発射場から長征2Fロケットによって打ち上げられるというのである。今のところ、10月10日の朝7時ごろ(日本時間)の打上げが有力視されているらしい。私のある

友人の話では、今回の中国人初飛行は、1人乗りになるのではないかとのことだが、別の情報では、12人の宇宙飛行士候補のうちから打上げの数日前に3人に絞り込まれ、当日になってから最もコンディションのいい飛行士が飛ぶことになるという。

「神舟5号」には、お茶、トウモロコシ、アスパラガス、ネギなど20種類の植物の種子が持ち込まれることになっており、そこから類推すると、この中国の飛行士は、ガガーリンのように地球を1周してすぐに帰還するのではなく、1週間か2週間ぐらいは滞在するのではないかと考えられる。

これまでの中国の打上げスケジュールから見て、打上げロケットの長征2Fは、今週か来週には北京から酒泉ロケット発射場に向けて運び出されることになるだろう。

中国は、これまではどちらかと言えば打上げキャンペーンは控えめだったが、今回に限っては実に華やかに宣伝をしている。9月23日に始まる「科学教育キャンペーン」でも、この「神舟5号」の打上げに関連した催しが主役で、「神舟3号」や「東方紅2号」（中国2機目の衛星）の実物や参加型のロケット・オペレーション展示などが予定されている。

この「神舟5号」で国内のムードと社会主義の誇りを、一気に盛り上げようとの狙いは確かなもののように見える。日本でも、せめて戦略作りぐらいはやっていかなければ。

8月 27日

ブラジルのロケット事故

さる8月22日（金）の午後1時30分（現地時間）、ブラジル北東部の赤道近くの大西洋岸にあるアルカンタラ発射場において、飛翔前テスト中の打上げロケットVLSAが爆発し、20名以上の人が亡くなった。このロケットには、これまで約10年間にわたって準備してきた小さな衛星2機が搭載されていた。

2003年

　ブラジル国防省は早速原因究明に乗り出しているが、これで過去3回の打上げの試みはすべて失敗に終わったことになる。1回目の打上げが1997年、2回目が1999年だったが、これはいずれも発射直後に指令破壊されている。

　その後の調査によれば、VLSロケットはこのとき、発射台に屹立していた。月曜日に迫った打上げを前に、たくさんのエンジニアがロケットまわりに取り付いて点検作業を進めていた。4本あるブースターのうちの1本が何らかの原因で点火したらしい。VLSは3段式のロケットで、コア・ロケットが4本の固体燃料ロケットを抱いている。

　これまで分かっているのはそれぐらいなのだが、ぜひくじけないで頑張ってほしいものである。それにつけても思い出されるのは40年足らず前に展開された日本初の人工衛星打上げのキャンペーンである。二度の打上げに失敗した後に、糸川英夫という偉大なリーダーを失うことになり、さらに二度の苦杯の後、1970年2月11日に初の衛星「おおすみ」を得たのだった。

　失敗は成功より尊い。日本のエンジニアたちが身をもって経験した教訓を、ブラジルのロケット関係者とそのサポーターたちに、エールのしるしとして送りたい。

9月 3日

ストラスブールへ

　早いもので、3機関の統合まで1ヵ月を切ってしまいました。これまでの数ヵ月とこれからの数ヵ月、統合準備の中心にいる人たちの家族は大変だったでしょうね。本人は仕事だから仕方がないと思っているでしょうが、家族としては、これで本当にいい組織ができるのであれば陰で支えた甲斐があるでしょうが……。「そのためにも頑張らなくては！」と気合が入って、さらに忙しくなっていくのです。

　さて今日から4日間、フランスのストラスブールへ

行ってきます。「ISU（国際宇宙大学）」の理事会に出席するためです。こんなにみんながラストスパートをかけているときなので、本音を言えば行きたくないのですが、私が理事になって第1回の理事会ではあり、またアジアから1人なのでさぼれない事情があります。

　向こうの様子は帰ってからゆっくりとご報告しますが、ISUは非常にユニークな組織で、かつてMITの学生たちが創設した宇宙教育のメッカです。はじめのうちは世界を巡りながらサマー・スクールをやっており、10年前には北九州市で開催したことがあります。そしてついに数年前に、ストラスブール郊外にパーマネント・キャンパスを開きました。

　宇宙に関係した仕事は、ロケット開発から宇宙の謎への挑戦、宇宙法や宇宙政策づくりからスペース・アートまでと、実に多彩です。世界中のそれぞれの分野の研究者・専門家がほとんど手弁当で参加して、世界中から集まった若者たち（大学卒の35歳まで）に講義をし、議論を闘わせるのです。

　日本の事務局を担当している日本宇宙フォーラムは、「宇宙関連分野で活躍する人材を育成するための国際的な高等教育機関」と表現しています。現在のISUの教育プログラムは、毎夏ところを変えて開催する2ヵ月あまりの夏期セミナー（SSP：Summer Session Program）と、フランスのストラスブール郊外にあるセントラル・キャンパスで1年間かけて学ぶ修士コース（MSS：Master of Space Studies）の2つがあります。

　受講費が結構高いので、なかなか私費での参加は難しい状況ですが、アメリカやヨーロッパは宇宙機関が大いに援助をして宇宙開発の未来に投資をしているのです。日本の場合は、これまでNASDAが小規模ながら派遣をしていたのですが、今年度はゼロになってしまいました。必ずしも派遣に消極的になったのではないと聞いていますから、JAXAになったらまた新たな気持ちで前向きに取り組む必要を感じています。

2003年

9月 10日

ストラスブールから帰りました

　フランスのストラスブールへ行ってきました。ISU（国際宇宙大学）の理事会に出席するためです。前にちらっと立ち寄ったことはあるのですが、今回は町を少しだけれど見る余裕がありました。生えている植物がすべてでかいのにびっくりしました。

　それはともかく、清楚なパーマネント・キャンパスは感じのいいものでした。勤めている人たちも暖かい人柄で、実に気持ちがよかったのですが、理事会になった途端に雰囲気が一変しました。財政的に大変なピンチなのです。素晴らしい発想で、素晴らしいコースと教授陣を持ち、受講生にも大人気の学校なのに、一皮むくと火の車なのです。

　遠く離れた日本から眺めていると、ちょっとだけ付き合うために参加する感じだったのですが、帰りの飛行機では、国際協力の奥行きをいろいろと考えさせられました。

国際宇宙大学（ストラスブール）

9月 18日

ライト、ツィオルコフスキー、そして母

　今年は、ライト兄弟が初の動力飛行をしてから100年にあたり、世界各地でさまざまな催しがすでに行われています。宇宙開発のほうでは、パイオニアとして最も素晴らしいのはロシアのツィオルコフスキーですが、この人はすでに19世紀末に、「宇宙へはロケットでなければ行けない」ということを考えついていた形跡があります。それは彼の遺した手記から分かるのです。その考えを、ニュートンの力学を使って論文に著したのが、これまた偶然1903年のことでした。

　私事で恐縮ですが、私の母が生まれたのも、1903年なのです。先日、ライト兄弟とツィオルコフスキーのこ

ライト兄弟の初飛行（1903年）

とに思いを馳せていて、ふと母のことを思い出しました。「生きていれば百歳なんだなあ」と。丈夫で病気などしたことのない母が、腸のがんで急逝したのは、60歳のときでした。

　ライト兄弟以来の飛行機のめざましい発展は、世界の人びとの地上における「移動」のありようを根本から変えてしまいました。ツィオルコフスキーが先鞭をつけた宇宙への道は、人類の活動領域を大きく3次元的に広げ、無限の可能性を導きました。

　私は心で母に語りかけました。「お母さん、あなたが生まれて以来の100年は、人間が大変な飛躍をした時代だったんだね」と。私が生まれた年は、ミッドウェー海戦の年。私が生まれてしばらくしてから日本は負け始めたのでした。そして同じ年にはるかドイツのペーネミュンデでA-4というロケットが初飛行に成功しました。後のV-2ロケットです。

　人間は誰でも特定の時代を背景として生まれ、生き、死んでいきます。こうして時の流れを俯瞰すると、人びとの幸せのために生きていくことの意味が瞭然と浮かび上がってくるような気がするのですが、いかがですか？どうせ大きな時代の動きに翻弄されるのなら、せめてこせこせと「せこく」生きないで、人類の進歩の歴史に棹差す漕ぎ手として一生を全うしたい……これが私の考えていることです。

2003年

9月 24日

さよならガリレオ

　NASA の最も輝かしい業績を残した惑星探査機の1つである「ガリレオ」が、さる日曜日（2003年9月19日）ついにそのミッション・ライフを終えました。クラウディア・アレクサンダー率いるガリレオ・プロジェクト・チームは、「放っておくと木星の衛星に衝突して汚染する可能性もあるから、それならいっそのこと木星の厚い大気に突入させて消滅させてしまおう」と決心したものです。ガリレオは、大気への突入に際して何の熱防御システムも持っていないので、急速に容易に蒸発して果てました。私が1980年代の終りにジェット推進研究所（JPL）に滞在していたころからガリレオ・ミッションに関わっていたトーレンス・ジョンソンという友人に、お悔やみともお祝いともつかないメールを送りましたら、「ガリレオの最期を JPL のミッション・コントロール・ルーム周辺で見届ける人は1500人以上もいる。本物のガリレオ・ガリレイが亡くなるときよりも多いんじゃないか」と、彼らしい返事が返って来ました。

　ガリレオは、1986年1月のスペースシャトル「チャレンジャー」の爆発事故のため打上げ延期を余儀なくされ、やっとスペースシャトル「アトランティス」から放出されたのは1989年10月18日のことでした。そのため JPL のミッション解析グループは非常に苦労して VEEGA（金星・地球・地球を順にスウィングバイして速度をかせぐ飛び方）という妙案をひねり出しました。それだけではなく、ガリレオは途中で高利得アンテナが不完全にしか開かないというアクシデントに見舞われたため、ソフトウェアとデータ圧縮の能力を大幅に改善して、低利得アンテナで大量のデータが送れるように工夫したのでした。

　木星に到達して以降の最初のハイライトだった木星大気へのカプセル突入、木星本体はもちろんのこと、4つのいわゆる「ガリレオ衛星」（イオ、エウロパ、ガニメ

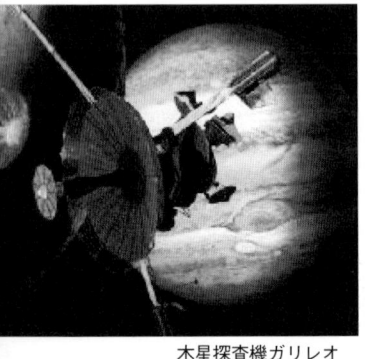

木星探査機ガリレオ

デ、カリスト）の徹底観測は、ボイジャーの冒険に次ぐ20世紀末の素晴らしい人類へのお土産となりました。中でも、21世紀に遺してくれた最大の贈り物は、エウロパの生命への期待かもしれません。氷に包まれたエウロパの素顔の下には広大な水をたたえた大洋が存在していると言われています。溶けた水がいっぱいあるということは温かいことは確実なので、一挙に生命の可能性が出てきたのです。これで私たち人類の惑星探査は、火星、エウロパ、タイタン（土星の衛星）という3つの星に生命（またはその痕跡）を求める旅を計画する楽しさを満喫することが可能になっています。

　これまでガリレオのために働いたJPLを中心とする多くの科学者・技術者に対し、心からの感謝を捧げます。ガリレオさん、ありがとう。そしてさようなら。

10月 22日

ヨーロッパの月ミッション順調

　ドイツのブレーメンから帰ってきました。「IAC（国際宇宙航行連盟の会議）」からです。
　直後にビッグニュース。
　さる9月28日朝（日本時間）に南米のフランス領ギアナのクールー基地から打ち上げられたヨーロッパ初の月探査ミッション「スマート1（SMART-1）」には、イオン・エンジン搭載されています。探査機の主推進機関としてイオン・エンジンを使うのは、日本の小惑星探査機「はやぶさ」に続いて世界で二度目ですね。
　イオン・エンジンは推力が小さいので、通常の化学燃料を使うロケット・エンジンと違って、軌道を劇的に変えることはできません。シコシコと低い推力を連続的に噴かして、少しずつ軌道を大きくしていき、遂には目標の軌道に達するものです。「ちりも積もれば山となる」を地でいくエンジンと言えます。
　地球まわりの軌道に乗った「スマート1」は、近地点を中心とする半周だけイオン・エンジンを噴かすので、

ヨーロッパ初の月探査機
スマート1

*：宇宙を飛んでいる衛星や探査機が、自分が今どこを向いているのかを知るための有力な手立ては、無数に見える星である。「スター・トラッカー」というのは、いまどんな星が見えるのかを教えてくれる装置である。コンピュータがこの情報を受け取り、あらかじめコンピュータに憶え込ませている星の地図と見比べれば、自分が今どこを向いているかを知ることができるわけである。

遠地点だけがどんどん遠くへ伸びていきます。現在は50周を終えてイオン・エンジンを560時間くらい稼動したところです。スター・トラッカー*に若干の不具合がある以外は順調とのことで、このまま軌道を伸ばし続け、2005年3月には遠地点が月に届くので、そのころから月の鉱物や氷のマッピングを開始します。

全体としてはイオン・エンジンを主とする工学実験ミッションです。初めての月ミッションとしては当たり前のことですね。

10月 29日

史上最大の太陽フレアと「みどり2号」

記憶にないほどの強烈な太陽フレアが発生しました。折りしも「みどり2号」の不具合が起きています。偶然の一致か、別の原因か。緊張した原因究明が続いています。このとき必ず生起する現象が2つあります。お役人の「断念するなら早くしろ」という催促と、日本のマスコミの「鵜の目鷹の目」です。後者は、私の知る限り現役の最前線の科学記者の方々は非常に冷静に客観的に見ようとしてくれているのですが、デスクあたりの段階で捻じ曲げられることが多いと聞いています。前者の点は、お役人の意識に「自分の責任」ということが色濃く存在する場合も多々ありますが、政治情勢を見ながらの「保護者的な感覚」のときもあります。いずれにしても、不具合の現場はあちこちへの対応を同時にやらなければならないので、結構振り回されることになり、肝腎の原因究明の作業に打ち込めない結果になることがしばしばです。早く原因究明をすれば救えたかもしれない衛星を、お役人とマスコミへの対応に追われたため時期を失して救えなかったということのないよう祈りたいものです。不具合の原因を見つける原動力は、ひたすら集中力を凝縮した時間ですから。

みどり2号

（補注）：「みどり2号」は、太陽電池電源系統の故障で2003年10月に運用を停止した。文部科学省宇宙開発委員会の調査部会は2004年7月26日、設計ミスにより電源コードが焼き切れた可能性が高いとする報告書をまとめた。コードは太陽電池パネルから衛星本体へ電力を伝える「生命線」で、直径1mmの銅線を104本束ねてある。銅線の温度はセ氏143度までしか上昇しないとみて、200度まで耐えられるエチレン系樹脂を各銅線に巻いた。ところが、故障後に地上試験や模擬計算を行った結果、銅線は最高230度に達することが判明。樹脂が溶けると銅線同士が接触し、ショート（短絡）が起きて焼き切れてしまうことが分かった。

11月 12日

音楽と宇宙の夕べ

　先日はジャズのグループとの「音楽と宇宙の夕べ」を楽しむチャンスがありました。音楽というのは、少なくとも子どもたちのコンテストという形においては、絵画よりも宇宙との結びつきが薄いようです。でも、もちろん宇宙や星や月を主題にした音楽はいっぱいありますし、5月の「はやぶさ」の打上げのときのように、宇宙ミッションに応援歌ができる時代です。

　あの日は、私の拙いトークの後で、Fly me to the Moon や Star Dust などなど素敵なジャズ演奏がありました。クラシックやジャズが人間の心に語りかける世界と、宇宙という自然な存在が人間の心に呼び起こす世界は、それぞれ独自のやり方で人間性というものを育ててくれてきたものです。無理やり結びつけるのではなく、友人関係を濃くするというやり方でお互いに楽しく接し続けることが大切と感じました。主催した日本宇宙フォーラムの安藤恵美子さんや出演してくれた藤井摂トリオ、周到な準備をしてくれたスタッフの方々に感謝します。

11月 19日

「のぞみ」についての誤報

　読売新聞に、日本の火星探査機「のぞみ」が火星に衝突する、という記事が掲載されたのをご存知かもしれません。事実関係を言えば、このままいくと、「のぞみ」は12月14日に火星に最接近し、その表面から894 kmを通過するのですが、軌道決定誤差を考えると、1％くらいの確率で衝突の可能性を排除しきれない、ということです。さる6月18日付けの本コラムで、「"のぞみ"最後の挑戦」について書いたので、過去の経緯についてはそれを参照していただくとしましょう。

　ご存知の方も多いと思いますが、「のぞみ」には、打

上げ前に行った「あなたの名前を火星へ」というキャンペーンに応募された27万人の人びとの名前を焼き付けたアルミ板が搭載されています。自らの願いを託した熱い思いがそれぞれの方にあったために、「衝突！」の記事を読んで怒りに駆られ、「責任を取れ」「謝罪しろ」などの怒りのメールも数本届いています。

世界の宇宙科学の世界を代表するCOSPARという組織では、特別の措置（滅菌など）を施していない火星周回衛星については、打上げ後20年以内に火星に落ちる確率を1％以下に抑えるという基準を"Planetary Protection"として定めています。一方、観測から言えば、できるだけ近づいたほうがいいに決まっているわけで、今回の「のぞみ」の最接近距離894 kmは、軌道計画としてはぎりぎり最適のものになっているのです。

ただし、これもご存知のように、現在電源系の不具合を修理するために懸命に「最後の挑戦」を続けているので、その結果が出るまではその作業に専念するのが、「のぞみ」グループの科学者・技術者たちの本来やるべきことです。故障箇所の回復ができた場合は、周回軌道投入作業に入り、予定した観測を続けます。

もし残念ながら回復できなかった場合には、894 kmよりも少しでも最接近距離を遠ざけるための軌道修正を行うつもりでいます。この場合は、「のぞみ」はいったん火星に接近した後、再び火星の重力圏を脱出して永久に太陽を中心とした軌道をめぐる人工惑星になります。27万人の方々の名前は太陽のまわりを数億年にわたって回り続けることになります。

まだ「のぞみ」グループが努力を続けているうちは、私たちは祈るような思いで彼らのオペレーションを見守りたいと思います。決着がついたら、丁寧にご説明とお詫びをするつもりでいました。フライングで、しかも誤った内容の記事が大新聞に出てしまったのは残念ですが、どうかいま少し（12月初めまで）時間をくださるようお願いします。現在の人間にできることは、最後まであきらめないで全力を尽くすことだと信じています。

11月 26日

誤報と友情

　もうだいぶ前のこと。ミュー・ロケットについて、ある新聞社が不正確な情報を流したことがありました。私も（その記者も）若かったので、当然私は猛然と抗議をしました。私が対外協力室の仕事をし始めたころのことです。その記者も反撃しましたが、理はこちらにあり、その記者も「ちょっと行きすぎた報道だった」ことを認めざるをえませんでした。

　2ヵ月くらい経ったある日、虎ノ門の本屋さんでその記者にばったり出くわして、何だかげっそりしているので「どうしたの？」と聞くと、「お宅の研究所はファンが多いのねえ」と言うので、「何でそんなこと言うの？」と訊くと、記者は「あれからそちらのサポーターの人たちの猛烈なバッシングに会ってさ、社内でもひどい状態に置かれちゃったんだよ」とのこと。ちょっとただならぬものを感じて、近所の「ながしま」という飲み屋さんに誘って、3～4時間話し込みました。

　問わず語りに彼は語りました。「あの記事は、俺が書いたときにはもっとマシだったんだよ。デスクが《もっと読者の好奇心を刺激するようにしなくちゃ駄目だ、お前はまだ甘ちゃんだな》とか何とか言って、俺がそちらの研究所を評価して褒めた部分は削るし、見出しは品のないものに書き直すしで、あんな形になっちゃったわけ。」私は聞きました、「それで何で君だけがバッシングに会うんだい？」「俺だって組織の一員だしさ、自分の会社の内情を外にべらべら暴露するわけにはいかないよ。それにデスクはそんなときガードはしてくれないしさ。自己弁護の余地なしさ。」

　現場の新聞記者の厳しい仕事の一端を見た思いでした。「それで君は何で僕にそんなことをしゃべっているわけ？」「それはさ、あんたが好きだからさ。」まあ、この「好き」というのは、男同士の話としては気持ちのいい台詞とは言いがたいけれど、私も常々その記者のものの

考え方、日本の将来を憂える情熱などが非常に気に入っていたので、その日を境に、私たちは無二の親友になりました。そしてお互い年をとりました。まだ会えば口角泡を飛ばす論議にはなるけれど、お互いの正義感は健全であることを、いつも確認できる素晴らしい飲み友達です。

12月 3日

「のぞみ」最後の闘い

1998年7月に鹿児島県内之浦の発射場からM-Vロケット3号機によって打ち上げられた日本初の惑星探査機「のぞみ」が、昨年4月に発生した不具合との闘いを続行しています。

現在のオペレーションは2段階の展開になります。まず、12月9日までに通信系・熱制御系機能が復旧した場合は、火星周回軌道投入に必要な作業を予定どおりに行います。その順序は、「探査機の姿勢決定→姿勢変更→探査機の軌道決定→軌道変更→火星周回軌道投入」というものです。第二は、12月9日までに復旧しなかった場合で、このときは、火星に最も近づく点（近火点）の高度をさらに遠ざけるため、軌道変更を行います。

現在の軌道に沿って進むと、火星への最接近時刻は12月14日午前3時19分（日本標準時）で、火星表面から894kmのところを通過します。このまま何もしなければ、「のぞみ」は近火点を通過後、火星中心の双曲線軌道をたどって、やがて火星の重力圏を脱出し、太陽中心の軌道に入るわけです。そしてそのまま半永久的に太陽中心軌道の旅を続けることになります。

最接近が12月14日なのに、なぜ12月9日までに復旧していなければならないかというと、上記の一連の火星軌道投入のための準備作業があるからです。「のぞみ」は姿勢や軌道の変更のために使う2種類のスラスターを備えています。1つは小さな推力で機動的に姿勢・軌道制御を行うもの。もう1つは大きい推力で、火星に接近

したときにブレーキをかけるために使えるものです。前者は生きていますが、後者の推進剤が（ヒーターが使えないために）凍っているのです。そのヒーターに電力を供給しているシステム・ラインは、また「のぞみ」のデータを地上局に送りやすくするための電波の変調も受け持っているので、ここが昨年4月の太陽フレアで粒子の直撃を受けたことは、「のぞみ」にとって大変な損害になりました。

今「のぞみ」グループが不眠不休で取り組んでいるオペレーションが効を奏して12月2日までに復旧すれば、予定どおりの火星周回軌道に投入できるので、観測も予定どおりに実行できます。もし12月2日までに復旧できない場合は、復旧が遅くなればなるほど火星周回軌道が予定から少しずつ外れてくるので、科学観測のスケジュールなどの再調整が必要になってきます。

「のぞみ」は、日本で初めての惑星探査ミッションです。惑星探査機の設計技術、スウィングバイをはじめとする制御技術、遠距離通信、惑星探査機の運用技術、軌道計画の柔軟な運用など、今後の日本の惑星探査に数々の貴重な経験を蓄積できたと考えています。その成果は、2003年5月9日に打ち上げられた小惑星探査機「はやぶさ」に最大限に生かされています。

科学観測においても、いくつかの成果が得られました。もちろん現在の最大の障害を乗り越えて、来年1月にアメリカやヨーロッパの火星探査機が火星に集合する「マーズ・ラッシュ」に間に合うことが「のぞみ」グループの願いで、彼らの現在の必死の奮闘は、見ていて涙が出るほどです。ミッション計画がスタートして以来の十年間の青春を、すべて「のぞみ」にかけてきた人たちは、これまでの「のぞみ」の運用によって、これからの日本の惑星探査への何ものにも代え難い力を身につけてきていることが分かります。彼らは、これからの日本の太陽系への進出を担う強力なグループに育ちました。しかし、やはり最後の最後の瞬間まであきらめない強靭な意志が、疲れ切った彼らを「ラスト・オペレーション」に駆り立てているのです。今はそれを、期待を胸に静かに見守る

ことが、「のぞみ」グループをサポートするために私たちのできるただ1つのことだと信じています。

12月 10日

火星探査機「のぞみ」にお名前を託された27万人の人びとへの手紙

　1998年7月に地球を後にし、5年余にわたって皆様のお名前とともに太陽系空間を旅した「のぞみ」は、チームの健闘もむなしく、2003年12月9日（火）午後8時30分の時点で不具合の箇所を修復することができなかったことを確認し、火星周回軌道への投入を断念せざるをえなくなりました。そこで、同日午後8時45分から9時15分まで、火星への衝突確率を下げるため、ちょっとだけ軌道をずらす電波指令を送りました。それに応えて姿勢制御用のガスジェットが、指令された方向に、指令された回数だけ噴かされたのです。その結果「のぞみ」は、12月14日に火星の表面から約1000kmのところを通過し、12月16日には火星の重力圏を脱出して、再び皆様のお名前とともに太陽を中心とする軌道上の旅を続けることになりました。

　日本初の惑星探査機として、超遠距離通信、軌道制御、惑星探査機の設計・運用技術をはじめとする数々の貴重な経験を私たちに与えてくれた「のぞみ」の成果は、2003年5月に打ち上げた小惑星探査機「はやぶさ」に全面的に活かされておりますし、今後の日本の太陽系探査に大きな寄与をしてくれることでしょう。とはいえ、搭載した科学観測機器は、惑星間空間にある間に、ホームページにご報告したようないくつかの観測成果をあげはしたものの、当初の目的を果たすことができませんでした。断腸の極みであります。そして何よりも皆様のお名前を最終目的地である火星に送り届けることのできなかったことを、心からお詫び申し上げます。

　振り返りますと、あの「あなたの名前を火星へ」というキャンペーンを展開した当時、皆様のお名前を送って

いただいた葉書の1枚1枚に記されたメッセージは、そこから27万人の方々のお名前を切り取る気の遠くなるような作業に従事した研究所の職員・大学院生に、深い感動を呼び起こし、宇宙と太陽系の謎に挑戦する私たちの事業への圧倒的な共感を伝えていただきました。

　「いつまでもおじいちゃんといっしょにいたい」と書いた5歳（当時）の男の子の書いた葉書には、2cm×6cmの四角の中に、おじいちゃんとお孫さんのお名前が可愛らしくたどたどしい字で書き入れられておりました。

　「昨年亡くなった私の1歳の赤ちゃんの名前です。本当の星にしてやってください」と書かれた葉書には、お子さんを亡くされたお母さんの切々たるお気持ちが暖かく込められておりました。

　私はこのキャンペーンの発案者として、寄せられた葉書に1枚残らず目を通しました。皆様の1人1人の生活と人生模様を反映したありがたいメッセージは、宇宙科学研究所（当時）の私たちに、「宇宙をともに感じることのできる無数の友人がいる」ことを実感させ、自信をもって進するための勇気を与えてくれました。

　また、修復オペレーションが最後の山場にさしかかった2003年の秋から12月にかけては、「がんばれ、のぞみ」の熱い激励のメールや電話をたくさんいただきました。それらの暖かい励ましが、「のぞみ」との会話を復活させようと奮闘を続ける「のぞみ」チームを、どんなに元気づけてくれたことでしょう。

　最終目的は叶いませんでしたが、今後も「のぞみ」チームは今しばらく修復の努力を続行します。それがどのような結果になろうとも、私たちの仲間が丹精をこめて作り上げた日本最初の惑星探査機は、皆様のお名前と一緒に、半永久的に太陽のまわりを運動し続けるでしょう。その道行きが、天にあって私たちの未来を見守り、地球に住むすべての生き物と私たちの愛する日本を励ましてくれることを願いつつ、27万人の皆様へのお礼とお詫びの言葉に変えさせていただきます。皆様、本当にありがとうございました。これからもよろしくお願いいたします。

2003年12月10日
宇宙航空研究開発機構・宇宙科学研究本部
（旧宇宙科学研究所）対外協力室長　　的川泰宣

12月 17日

世界の惑星探査の未来のために
——日本初の惑星探査機「のぞみ」が遺したもの

　1998年7月4日に地球を後にし、5年余にわたって27万人の人びとの名前とともに太陽系空間を旅した「のぞみ」は、チームの健闘もむなしく、2003年12月9日（火）午後8時30分の時点で不具合の箇所を修復することができなかったことを確認し、火星周回軌道への投入を断念せざるをえなくなった。そこで、同日午後8時45分から9時23分まで、火星への衝突確率を下げるための軌道変更のコマンドを打った。その結果「のぞみ」は、12月14日に火星の表面から約1000 kmのところを通過し、12月16日には火星の重力圏を脱出して、再び太陽を中心とする軌道上の旅を続けることになった。

　この5年間、日本で初めての惑星探査機にふさわしく、さまざまな困難に遭遇しながら、チームの知恵と頑張りで数々の難関を乗り越えてきた「のぞみ」は、今一歩のところで及ばなかった。

　日本初の惑星探査であった「のぞみ」が、X線天文学や宇宙プラズマ物理学ほどの成熟を示すことが難しいことは当然としても、この5年間の「のぞみ」チームの苦闘が遺した教訓を、今後の惑星探査に最大限生かすことが、国民から科学・技術の現場を預かっているグループの努めである。謙虚に冷静にこれまでの足取りを振り返ることによってこそ、活路は開ける。天体物理学関係の業績に劣らない世界の惑星探査への寄与をなし遂げるには、これまで30数機の火星探査機を送って20機が失敗している米ソの経験も含め、「過去から学ぶ」以外に道はない。

　よかった点に依拠し、うまくいかなかった点を克服し

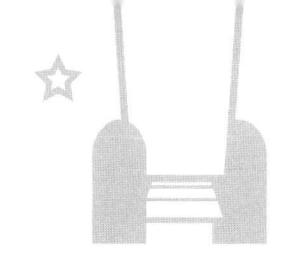

ていくこと——懺悔でもなく自虐でもない、正々堂々とした総括を行っていきたい。

1．工学上のはなし

　地球の重力圏を脱して惑星間空間に出た日本の探査機は、これまでに4機ある。最初は1985年に打ち上げたハレー彗星探査機「さきがけ」「すいせい」である。そして「のぞみ」。最新は2003年5月に旅立った小惑星探査機「はやぶさ」である。惑星そのものをターゲットにしたのは、「のぞみ」だけである。

　限られた人員と予算、厳しいスケジュールという制約のもとで、惑星探査という未知の課題に挑戦することは、無上の楽しみでもあり、また最終的には軌道上で確認・実証しなければならない数々の技術があった。

　まずミッション解析。多くの条件に縛られながら無数の工学技術を総合的にトレードオフして、最大の成果を狙う最適のシナリオを作成する仕事は、「のぞみ」の経験によって一段と強化された。

　そして月や地球などの天体を使ったスウィングバイ技術を核とする軌道の設計・運用技術も、1990年打上げの「ひてん」の経験に加えて、しっかりとした技術的基礎を確立することができた。この「軌道・ミッション」チームが、1998年の地球スウィングバイに伴って生じた燃料不足という不具合にあたって、新たな軌道計画、ミッション計画を年末年始返上で探し出した際に示した英雄的な献身と優れた頭脳は、日本の宇宙科学陣をどんなに勇気づけたことか。

　次に軌道を精密に決定する技術。地上から発した電波と探査機からの返答を用いて、視線方向の距離、速度データを収集し、精密な力学モデルによって深宇宙探査機の軌道を精密に決定する技術において、確実な技術を身につけ習練を積んだ。

　自律化技術。探査機までの距離は遠い。時には電波で十分以上もかかる距離にいる探査機と会話しなければならない場合もある。だからできるだけ探査機には、搭載したコンピュータによって自律的に判断ができるよう工

2003年

夫する知能化の技術を大幅に適用しなければならない。この目的を一定程度達成できた「のぞみ」の経験は、「はやぶさ」に至って、非常に高度な自律性を持たせる技術として存分に生かされた。

最大2億5000万kmにもおよぶ超遠距離の通信を実現するための通信機器技術と運用技術において、多くの実践経験を積み上げることができた。長野県臼田町にある直径64mの巨大アンテナの運用は、いまや磐石である。

搭載機器の軽量化においても大きな成果があった。惑星探査機は、地球周回衛星に比べて格段に大きな打上げエネルギーが必要なので、エレクトロニクス、電池、アンテナ、太陽電池、推進系を含むすべての搭載機器を極度に軽量化する技術が要求される。設計技術には常に反省すべきところは多いが、「のぞみ」では厳しい軽量化を見事に乗り越えた。

図らずも長期の巡航フェーズを含むことになり、複雑な制約条件下で安全な運用を続けることになった「のぞみ」では、地上支援のために必要なソフトウェアを大いに人工知能化しなければならなかった。この経験から多くの貴重な教訓がもたらされた。

このように、「はやぶさ」をはじめとして今後の惑星探査に大きな足跡を残した反面、深刻に反省すべき第一の点は、アメリカのマーズ・オブザーバーの苦い経験から学んで装備したバルブが逆効果となったこと。制御エンジンの酸化剤を送る供給路に取り付けた逆流防止弁が半開きになったことが、「のぞみ」の苦しみの始まりであった。「他山の石」というのは使いにくいものである。アメリカから学んだはずが、なくてもがなの冗長系を加える結果になったのだろうか。その際のオペレーションのあり方とともに、慎重な検討が待たれる。

次に太陽風粒子の直撃を受けてショートを起こした回路の問題がある。大規模な太陽フレアによって起きる衛星機器の不具合は後を絶たない。最近の太陽面での爆発では世界の衛星が少なくとも十数機やられている。国際的な水準であると言って済まさず、日本が先駆けて解決

の方途を示す雄々しさが望まれる。

　この点に関しては2点の反省点がある。

　1つは、ショートした回路にコマンドを送ると、過大電流が流れてブレーカーが働き、一瞬のうちに電流が切れてしまうという設計になっていたことである。しかし考えてみると、このブレーカーは元来回路を保護するためにつけてあったものなので、これも「よかれ」と思ったことが裏目に出たということになった。あらゆる事態を想定することは不可能でも、慎重を期したことが逆効果になる場合は、弁のことでもブレーカーのことでも、ありうるのである。これまでも世界の宇宙ミッションには、このような無数の「逆効果」はある。今回のブレーカーの教訓を生かす道は1つではなかろうが、今後の探査機設計について賢くなったことの1つであろう。

　第二は、この回路がテレメトリーの変調と制御燃料用ヒーターの両方を司る設計になっていたこと。軽量化という至上命題もあったろうが、せめてどちらか1つでも機能が活きていれば、活路は見い出されたかもしれない。徹底した議論の必要なポイントであろう。

2．科学観測のこと

　「のぞみ」は、合計15の観測手段を持っている。1998年の地球スウィングバイにおける蹉跌の後、待機していた5年間の太陽中心軌道において、機器のチェックも兼ねて多くの科学観測を行った。中には世界初の観測も含まれている。

　火星撮像カメラは、話題を呼んだ「地球と月のツーショット」や日本としては初めての月の裏側撮影に成功した。

　紫外線撮像分光計は、惑星間空間の水素ライマン・アルファ光を測定した。太陽から出てくるライマン・アルファ光は、惑星間空間に漂っている中性の水素原子によって散乱され、惑星間空間を光らせる。それはまるで、地球を包む空気の粒子が太陽の光を散乱して美しい青空を演出している事実を連想させる。この水素はどこから来るのだろうか。その源は「星間風」と呼ばれる銀河系

の中の物質の流れである。だから、ライマン・アルファ光の分布図で明るく見えているのは、星間風が吹いてくる方向（上流）ということになる。水素は軽いために太陽からの光の圧力により跳ね返され木星軌道付近よりも内側には入ってくることができない。このため、星間風が吹いてくるのと反対の方向は、ライマン・アルファ光で見ると暗く見えることになる。「のぞみ」は、この惑星間空間の水素ライマン・アルファ光の強度分布を観測し、星間風がどの方向からどのくらい入ってくるのかを観測したのである。

地球の電離圏からは常に電荷を帯びた粒子（プラズマ）が流れ出している。プラズマは、磁場によって地球のまわりに捕らえられていて、その磁場に大きな乱れが生じない限り、宇宙空間には逃げ出せない。電離圏起源の冷たいプラズマは、平均的には赤道面上で地球の半径の4倍くらいの高度を通過する磁力線の内側に閉じ込められていると考えられてきた。捕らえられたプラズマの90%は水素イオンであり、残りはほとんどヘリウム・イオンである。このヘリウム・イオンは、太陽が放射した極端紫外線を散乱する。「のぞみ」の極端紫外望遠鏡が、この散乱光を捕らえることによって、世界で初めてこの領域を外側から見ることに成功した。「のぞみ」の観測により、この領域からは想像以上にヘリウム・イオンが外側に流れ出していることが明らかになった。

ダストカウンターは恒星間ダストを検出した。高エネルギー粒子計測器の太陽フレアの観測、電子エネルギー分析器による月ウェイクの観測、イオンエネルギー分析器の星間風の観測も行った。イオン質量分析器と磁場計測器は地球から遠く離れた観測点として太陽風の貴重な長期モニターとなった。Xバンドを用いた電波科学観測による太陽近傍ガスの詳細観測なども加え、多くの成果をリストアップできる。

火星に接近しながら活躍の舞台に一度も上れなかった観測機器の担当者のことを考えると断腸の思いに駆られる。現在火星に向かっているアメリカとヨーロッパの火星探査機たちが束になってもできない世界最高の磁場と

プラズマの観測機器を搭載していた「のぞみ」は、固体惑星としての火星を探査する欧米の観測と相補的な役割を立派に果たすはずであった。慙愧の念に絶えない。

オペレーションの終盤には、「《のぞみ》がんばれ」のメールや電話が続々と舞い込んできた。それらの人びとの期待に応えられなかったことに対し、心からお詫びしたい。とはいえ、27万人の人びとの尊い願いに支えられながらたどり着いた2003年12月の土壇場での、「のぞみ」チームの最後の死闘と、全国・全世界から寄せられた熱い声援を、私は生涯忘れることはないであろう。

12月 24日

ヒツジからサルへ

内憂外患だったヒツジの歳が去っていきます。どこへ行っても愚痴しか聴かれない昨今です。「忘年会」の「忘」の字がこんなに期待に満ちた気になるのは、私の生涯で初めてのことです。「サル者は追わず」と歓迎する気持ちでいたところ、考えてみると来年はその「サル」なのですね。嫌な予感がします。

私は、文句ばかり言っていても、所詮B型ですので、心のどこかに暢気な部分があって、「なあに、頑張れば何とかなるさ」と感じていることが多いのですが、私は決心しました。来年は体面を取り繕うことはやめよう、と。「宇宙機関の統合がいかなる意味で日本と世界の未来にプラスの収穫を残せるか」——この一点だけを評価基準にする生活をしてみたいと思うようになりました。せめて宇宙だけは、散々だった今年を脱却して、志と夢を追う存在であり続けたい、と。

私が生まれた広島の呉市では、(たぶんよそでもそうだったのでしょうが)生まれるときは男は家の外に出されたそうです。「おぎゃあ」という声が聞こえて、産婆さんが「どうぞ」と言ってから、親父と2人の兄貴が急いで玄関から入ると、嬰児の私が新聞紙の上にゴロンと転がっていたそうです。当時の新聞の印刷技術はそれは

2003年

　どよくなかったのでしょう。私の体には、新聞から半ば剥がれた活字がびっしりとくっついていたと言います。「あれからお前は活字中毒になった」とは、2番目の兄貴の弁。

　それから61年も経ちました。同窓会を開けば、ほとんどの友人が「悠々自適」を決め込んでいる年齢です。まだ青春時代を過ごした世界とまったく同じような夢を追いかけている自分に、何か他人と異質なものを感じないではいられません。でも「世の中がよくなる」ということが自分の究極の願望であれば、心が満たされていないのは当然と思うことにしています。

　さてYMコラムも今年はこれで最終とさせていただきます。みなさんの「ヒツジ」はいかなる1年間をお過ごしになったのでしょうか。日本の政治を先導していく人たちが、自分たちがどこに向かって国民を引っ張っていこうとしているか分かっていないうちは、この国は幸せにはなれないでしょう。「闘うサル」が重い腰を上げて力を合わせれば、新たな歴史の流れもついてくるに違いない、などと言っていると、B型の本性が丸見えになってくるので、この辺で。

　1年間お疲れ様でした。そしてYMコラムにお付き合いいただき、ありがとうございました。どうぞよいお年をお迎えください。来年1月7日にお目にかかります。

2004年

■ この年の主な出来事

- ・東部アジアで鳥インフルエンザ禍拡大
- ・イラクに自衛隊派遣、邦人拉致被害も
- ・三菱自動車の死亡事故で元社長ら逮捕
- ・韓流ブーム、ヨン様人気沸騰
- ・北朝鮮拉致被害者の家族ら帰国
- ・出生率低下隠し年金改革法成立
- ・佐世保で小6女児がネット仲間の同級生を殺害
- ・プロ野球再編問題、初のストも
- ・日歯連事件
- ・関電・美浜原発で復水管が破裂、蒸気噴出し5人死亡
- ・メダルラッシュ　アテネ五輪で史上最多の金16銀9銅12
- ・イチロー、大リーグの年間最多安打記録を更新
- ・国内では新潟中越地震や度重なる台風の来襲など、海外ではスマトラ沖大地震によるインド洋津波など世界的に自然災害が多発

2004年

1月7日

NASA、人類の牙城を守る

　火星にとっては4機目の、あのマーズ・パスファインダー*以来のアメリカのローバー着陸をもって、2004年の新年は華々しく始まりました。みなさま、明けましておめでとうございます。

　人類最後の砦は健在でした。悔しくも嬉しいマーズ・ローバー「スピリット」の活躍が期待されます。多くのNASAの友人に「おめでとう」のメールを送りました。みんな異口同音に「我々はラッキーだった」と、リプライ・メールを送ってきました。「のぞみ」を気遣っているのです。尊大と言われるアメリカ人もやるなあといったところ。

　感想1．最初に届いたモノクロのパノラマ写真によって、「スピリット」は、目標であった最高の場所に降り立ったとの感を深めました。エアバッグによる二度目の着陸です。あの着陸直後のジェット推進研究所（JPL）のミッション・コントロール・ルームの中での喜び方は、まさに彼らが非常な不安を持っていたことを裏書しています。ヨーロッパが同じ方式で失敗したばかりですからね。それだけこちらも「おめでとう」の言葉に力が入ろうというものです。エアバッグの降りやすいゴツゴツし

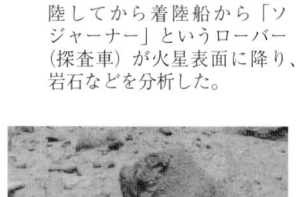

＊：1997年7月4日に火星に軟着陸したアメリカの探査機。1976年のバイキング以来21年ぶりの軟着陸となった。着陸してから着陸船から「ソジャーナー」というローバー（探査車）が火星表面に降り、岩石などを分析した。

マーズ・パスファインダーのローバー「ソジャーナー」

スピリットの着地

た岩石の少ない平らな場所、しかもかつて水が存在したであろうことが十分に予想される場所——まさに探査目標から見てピッタリの場所のようです。このグーセフ・クレーターは、火星の初期に大きな隕石が衝突してできた直径150 kmほどのものと考えられており、かつては大きな湖だったのではないかと……。ローバーの動きやすそうな場所ですね。1日に100 m動けるそうですから、活躍が楽しみですね。100 mって、あのマーズ・パスファインダーが歩いた距離の合計なんです。

　感想2．そのモノクロの写真ですぐに目にとまったのは、近くにある小さな窪地でした。訪れた某有力テレビ局の人に「これ、大きな隕石でできたクレーターに、後で小さな隕石が衝突してできた窪みかもね。水がその後で溜まったとしたら、湖が干上がったときには、この小さな窪みには最後まで水が残っていたでしょうね」と一気に勝手な想像を話したら、「それは断言できますか？」と、不安そうに私の顔を覗き込んでいました。「そんなこと、分かるわけはありませんよ。風でえぐれたものかもしれないし……。でも想像をたくましくすることは勝手でしょ」と答えたら、夜のニュースで、迷った末にそのコメントを放送したらしい（私は新年会だったので放送を見ることができなかった）。そしたら翌日電話がかかってきて、「放送した直後にアメリカの学者が同じことをコメントしたそうです。私たちのほうが一足先にコメントしたんですから、鼻が高いです」だって。さて、この小さな窪地は、すぐに「眠れる窪地」（Sleepy Hollow）と名前がつけられました。着陸地点から120 mくらいのところにあり、直径が80 mくらいらしいですよ。まあ、ここが、もうじき動き出すローバーの最初のターゲットになることは、まず間違いありませんね。小さな隕石が衝突したときに内部の石が露出している可能性もありますしね、興味津々です。

　感想3．3Dもカラーも送ってきました。ローバーの一番上につけた「PanCam（Panorama Camera）」から撮ったもので、これは、ローバーが動き始めると、地上から

2004年

　1.5ｍの高さから写真を撮るので、ちょうど人間が歩きながら火星表面を見るのと同じ感覚で楽しめるでしょう。このカラーの拡大写真は、私の見た限りでは、これまで人類が他の天体を写した写真では、最もくっきりしたものですね。カラーの補正がどれぐらいやられているのか分かりません。今度のローバーには、日時計が取り付けられており、そのまわりに、地球でしっかり確認された4つの基準の色が描いてあります。火星表面の写真を撮ったら、その日時計のまわりの色と比較して、正しい色彩に補正を加えることになっているのです。その補正がやられているのかどうかは不明ですが、大体はこんな色なんですねえ。

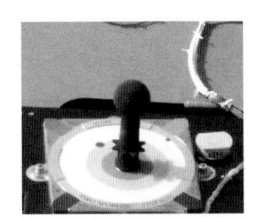

スピリットの日時計
（カラー口絵参照）

　情報： ローバーのハイゲイン・アンテナを動かす2つのモーターのうちの1つが時どき不調になるそうです。それから、思ったよりダストが多くて、太陽電池の出力が予定の83％しか出ていないそうです。「スピリット」がランダーから降りていくときのランプに2つの障害物があり、岩石かなと思われていたのですが、その後の調べで、エアバッグの一部分と分かりました。これは引き込めるので問題ないということです。

　新年にJAXAの山之内理事長が「今年は信頼性を確立することに全力を注ぐ」と言明されました。信頼性を確立することと、高い目標にチャレンジすることとは、矛盾ではなく相補的なことです。「スピリット」が人類の牙城を守ってくれたのを見ながら、私も猛然とファイトが湧いてきました。「日本の宇宙開発も、これまで半世紀の間、数々の難関を乗り越えてきた。負けるもんかの意気込みで、大きな志を持って前進しよう！」と。

　今年もよろしくお願いします。

1月 14日

ブッシュの月・火星へのラッパと日本

　1．威勢のいいラッパがアメリカで鳴り響いています。

アポロのように月へ戻り、火星へも人間を送ると。スピリットの明るいニュースに合わせた絶妙のタイミングで大統領選挙への布石を打ちましたね。私にとっては、このニュースは予測されたものでした。ジョンソン宇宙センターの友人がそんなことを言っていましたし、パパ・ブッシュも1990年あたりに「2019年に火星へ人間を送る」とラッパを鳴らしたことがありましたから。

２．アメリカの世界戦略が、一国主義を中心にして打ち出されていることが、日本の態度を決める基本的な留意点です。日本は世界情勢を睨みながらも独自の戦略を策定すべきだと思います。国際宇宙ステーションの轍を踏むわけにはいきません。それは、日本の国民がこの国の方向を自分で舵取りすることを意味します。

３．すでに日本のグループは1990年代に、月面基地構想を練りました。火星に基地を建設するなんて、月面基地を作る前にできるわけがないという発想でした。世界的な視点から見て、歴史はそのように動くに違いありません。月が先、火星が後です。2、3日で行けるところと200日もかかるところでは、使い勝手が違いすぎます。他の天体に基地を建設するノウハウを月で学んで、然る後に火星です。

４．ただし、月そのものも大いに独自の意味があります。トップに来るのは月面天文台です。ハッブル宇宙望遠鏡の数倍の能力を持つ天文台——これも日本で論議したことがあります。日本は今こそ、月への道に大きく踏み出し、世界戦略の重要な柱として「月」を押し出すべきではないでしょうか。

５．火星は、これから100年から200年の間、人類の大きな目標になり続けるでしょう。そこへ本格的に進出できるかどうかのカギを握っているのが月です。1990年代に打ち出された研究会の方針は、「無人ロケットで次から次へと資材を月へ運び、順序良く環境を作り上げて、万端整ったところで人間を運ぶ」というものでした。

2004年

6．お金だけあって、構想を作る人がいない現在の日本の政府では、なかなか踏み切れない性質なのかもしれませんが、日本にはこうしたことを立案できる人はいっぱいいるのです。そういう人が陽の目を見られないだけです。ロボティクスとエレクトロニクスという日本の能力を全面的に活かし、失われつつあると言われる物づくりの伝統を復活させる大きな契機にする「月へ！」のスローガンはいかがですか。

7．そのような議論をする機会を JAXA が準備しました。
- （1）1月23日（金）　10：00～17：00　千代田区大手町の経団連会館
- （2）題して「月で拓く新しい宇宙開発の可能性と日本」というシンポジウム（入場無料、誰でも OK）です。
- （3）五代富文さんの基調講演「日本における月探査と将来展望」に続いて、
- （4）アメリカ、ヨーロッパ、インド、中国からそれぞれの月探査計画の発表があります。わざわざ本国から来てくれるらしいですよ。
- （5）その後で日本の月探査計画の発表です。
- （6）そして最後に「今なぜ再び月を目指すのか――日本の選択は？」というパネル・ディスカッションです。井田茂、野本陽代、松本信二、海部宣男、川勝平太、吉田和男というパネリストの面々の名前を見るだけでも、単に宇宙関係の人だけが気焔をあげているわけではないことがお分かりと思います。月計画を軸として、日本の科学、文化、政治、経済、技術を語り合います。私がコーディネーターを務めます。

この日を日本再生の出発点にするという意気込みです。多数のご来場をお待ちしています。

8．さあ、今年もいろんなことがあるでしょうが、一つひとつにつまずかないで、未来を見つめ、未来に向かって頑張りましょう！

| 1月 | 21日 |

火星の「日本料理」

　アメリカの火星ローバー「スピリット」が最初の調査のターゲットに選ぼうと思った岩が、「さしみ」と「すし」と名づけられたそうですね。誰がつけた名前か知りませんが、おそらくJPLの人でしょうね。JPLのあるカリフォルニア・パサデナには、おいしい日本料理の店がいっぱいありますからね。写真で見た感じでは、確かにさしみとすしに似ているようです。マーズ・パスファインダーのときも感じたのですが、岩に愛称をつけるという発想が、私は好きです。若干アニミズム的で、キリスト教の人間中心主義から少し冒険しているようで、日本人の感覚からしてホッとします。
　地球環境の問題も、こうした発想が原点になれば健全なのですが……。森を愛し、川を愛し、海を愛するという古来の日本の文化を起点にして地球環境問題を発信する"must"が、私たちにはあると思っています。人間中心主義では、京都議定書は批准できないでしょう。地球環境は、日本がイニシャティヴを握れる大切な課題なのだと思い続けているのですが、いかがですか？

さしみ（真中）、すし（右）、わさび（この地域）

| 1月 | 28日 |

サルに毛があり、ヒトに毛がない

　先週の月シンポジウムは盛り上がりましたねえ。会場は満席で、議論も弾みました。月は日本にとって非常に大事なテーマであることが実感されました。
　閑話休題。
　上野動物園の園長さんから聞いた話。外出する途中にサルの檻の前を通った園長さんは、檻のそばの横木にへばりつくようにしてサルを凝視している小学生に、ただならぬものを感じて、「君はサルが好きなの？」と訊くと、「ウン、大好き」という答えが返ってきた。1時間

半ぐらいして会議を終えて帰ってくると、どうやら先ほどの子どもがまだサルの檻の横木にもたれている。「君、まだ見てるのか」と声をかけると、その子は口を開いた、「おじさん、このサル、いつ人間になるの？」どうやら小学校で「サルがヒトになる」と教わったのだが、進化にかかる時間がどれぐらい長いのかを教わらなかったらしい。

ところで私が小学校や中学校のときに「人間と猿は共通の先祖を持つ」と教わって、先生に「チンパンジーは体じゅうに毛が生えているのに、なぜ人間は生えていないの？」と訊ねたことがあります。小学校の先生は「そんなこと知るか」という態度だったのですが、中学校の先生はよく勉強していたらしく、言いました。「むかし人類の先祖が住んでいた森が地球の気候変動で縮小したとき、先祖たちは競争に負けて森の外の草原に出て行った。そこにはライオンなどの怖い敵がいたので、遠くから敵を発見するのに便利なように直立歩行するようになった。そして日照りの強い熱帯の草原で生活するために、体温調節をする必要から体毛が邪魔になった」と。

急に直立歩行の話が出てきたので、私はそのとき「敵を発見するときは2本足のほうがいいかもしれないけれど、逆にそれは敵から発見されやすいんじゃないですか」と質問しました。先生は言いました。多少しどろもどろで。「うーん、だから敵を発見したら、すばやく逃げたんだろうな。」

その後で、逃げるならきっと四つ足のほうがいいに決まってるな、と考えたのも覚えています。そして体毛の問題は、(他のもサバンナにはいっぱい動物がいるわけだから、人間だけ体毛が極端に少なくなっているのは変だな) という疑問をずっと持ち続けていました。でも人類学者の知人が出現したときに質問しようと。

ところが数年前に町田の本屋さんで、エレイン・モーガン（Elaine Morgan）という人の書いた『人類の起源論争』(原題は The Aquatic Ape Hypothesis) (望月弘子訳、どうぶつ社) という本に偶然出合い、読み進むうちに幼いころからの疑問が次々と氷解していくのを感じま

した。読んだあとは猛烈に嬉しくて、その後調べていくと、この著者が「ヒトは陸から水に戻って直立し、体毛を失った」という「アクア説」を確立するために30年近く闘い続けたことを知りました。今なお、「サバンナ説」と「アクア説」は論争中です。詳しいことは省きますが、魅力いっぱいの「アクア説」に一度接してみませんか？　たぶん読むならエレイン・モーガンの書いたものがいいでしょう。彼女の本を列挙します：

　　女の由来（The Descent of Woman）
　　人は海辺で進化した（The Aquatic Ape）
　　進化の傷あと（The Scars of Evolution）
　　子宮の中のエイリアン（The Descent of the Child）
　　人類の起源論争（The Aquatic Ape Hypothesis）

　だまされたと思って読んでみてください。虜になること請け合いです。

2月 4日

『私の糸川英夫伝』

　大学院のころの指導教官であった糸川英夫先生について、もうじき私の著書ができあがります。次の土日で脱稿します。というより、出版社から言われてる締切期限が来てしまうので、不満足ながらこれでおしまいということです。糸川先生がロケットの世界にいたころのことは人口に膾炙していますし、私も現場でいろいろと存じ上げていたわけですが、あらためて調べてみると、私の想像とはまったく異なる糸川英夫像が浮かび上がってきました。詳しくは述べることができませんが、糸川先生が太鼓のグループ「鬼太鼓（おんでこ）座」に声援を送っていたことを知り、本当にうれしくなりました。私も偶然に彼らの迫力ある公演に接したことがあるのです。肉体の底から力が湧いてくる素晴らしいパフォーマンスでした。すでに亡くなった先生には、いっぱい相談したいことがあったのですが、両親との本当の会話が、父と母

の死から始まっているような気がする私にとっては、糸川先生と同じ思いが「鬼太鼓座」を舞台として共有できたことは、うれしい発見でした。

2月 11日

ISAS の宇宙学校　盛況

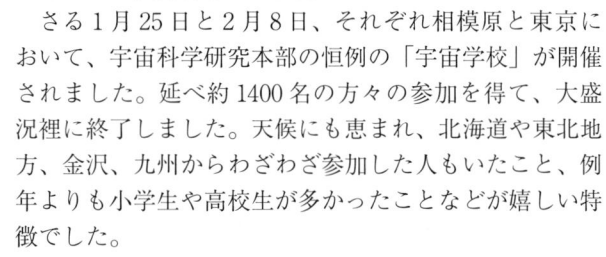

　さる1月25日と2月8日、それぞれ相模原と東京において、宇宙科学研究本部の恒例の「宇宙学校」が開催されました。延べ約1400名の方々の参加を得て、大盛況裡に終了しました。天候にも恵まれ、北海道や東北地方、金沢、九州からわざわざ参加した人もいたこと、例年よりも小学生や高校生が多かったことなどが嬉しい特徴でした。

　これは宇宙に関するQ&Aを1日かけて行うというユニークなイベントで、テーマを太陽系科学、宇宙工学、天文学の3つに分け、シリーズで3時限構成にしてあります。熱気溢れる質問の一部を紹介しますと、

宇宙学校・東京

　　「木星はガスでできているそうですが、着陸はできないのですか？」
　　「宇宙に行ったカエルは、二度目の宇宙旅行では慣れてきましたか？」
　　「再使用ロケットの耐熱材の開発はどれぐらい進んでいるのですか？」
　　「小惑星探査ローバー"ミネルバ"はどうやって制御しているのですか？」
　　「ミニ・ブラックホールは、存在するとすればX線で観測できますか？」
　　「ビッグバンがあったと、科学者たちはどうして信じるようになったのですか？」
　　「月が1年に数センチずつ地球から遠ざかっていると聞いたけど、それは地球と月の関係だけに起きている現象ですか？」
　　「単細胞でも多細胞でもいいのですが、宇宙での細

胞実験というものは過去に例がないのでしょうか？」
　「再使用ロケットの垂直離着陸実験ではエンジンを冷やすのにどのような方法を使うのですか？」
　「宇宙の仕事に最終的に就きたいと思ったのはいつごろですか？」
　「宇宙が膨張する力はいったいどこから来たのですか？」
　「音速が温度によって変化する公式を教わりましたが、その公式に当てはめると、音速は5億度になると光速に達するほどになります。そんなことが起きるのですか？」

　特に上記最後の質問は講師陣が「いい質問だなあ」と異口同音に語っていたものです。
　さて、あなたならどう答えますか？

2月 18日

意気高いモスクワ

　モスクワへ行ってきました。久しぶりのモスクワはもちろん雪世界。明け方はマイナス20度、昼間でもマイナス10度前後の日が続きましたが、一緒に行った同僚の渡辺勝巳さんが有名な晴れ男で、信じられないようないい天気に恵まれました。
　宇宙教育センターをロシアの「宇宙科学研究所（IKI）」が立ち上げたと聞き、「現在進めている国際的な宇宙教育チームに仲間入りしないか」との打診に行ったのですが、予想どおり意気軒昂でした。昨年の4月にアレクセイ・ガレーエフの後を継いでIKIの所長になったレフ・ゼリョーヌィとは、もう20年来の付き合いになります。友人というのはいいものです。大歓迎をしてくれ、ロシアの宇宙教育についてつぶさに語ってくれました。とはいえ、IKIの職員は15%近く減って、今では1000人くらいになってしまいました。国情厳しい折りとはいえ、寂しいですねえ。ただし、ロシアの中での科学アカデミー

モスクワの宇宙飛行士の並木で
（JAXA 渡辺勝巳さんと）

2004年

　の位置はさすがに高く、乏しい予算ながら意欲的に計画を練って、来るべき日に備えている様子。頼もしい限りでした。どうやら1996年に打上げに失敗した火星のフォボス・ミッション以来、久しぶりで惑星探査ミッションに予算の認可が下りたらしく、新たなフォボス・ミッションを進めています。実績のある分野だけに楽しみです。

　ついでといっては何ですが、エネルギヤという会社も訪問し、重要な人物に会ってきました。名前は伏せておきましょう。アメリカのコロンビア事故の余波でソユーズへの期待が国際的に高まっているという状況の中で、エネルギヤは極めてファイト満々にソユーズの改良計画などを語ってくれました。ブッシュの新宇宙政策でも、たとえば2010年から2014年までは、国際宇宙ステーションとの往復にあたってはソユーズを頼らざるをえないようなので、胸を張ってこれまでの実績を強調していました。クルーを運ぶにも、貨物を運ぶにも、ごく近い将来に手薄になることが明らかなので、日本は今が勝負時なのですがね。「時や至れり」の声は、JAXAの内部からは出てきそうにありません。すぐそばの「外部」からも出てきません。日本の子どもたちが、すべてにわたってアメリカの子どもたちに比べて「覇気がない」というアンケート結果を見たばかりですが、それはまったく大人の姿を反射しているのだということが判明しましたね。

　モスクワの元気な人たちと接して、私は精神的にはすっかり元気になって帰ってきました。ただし、帰りは、予定した飛行機が故障して小型機に変更になったため、チェックインの遅かった乗客が30人ばかり積み残しになってしまい、空港のホテルに送られてしまいました。それにしても、アエロフロートという会社は、「ごめんなさい」の一言を言えず、威張り散らしながら、まるで犯人を牢獄へ導くかのような態度でホテルへ案内していました。モスクワ市内の友人たちと比べて何という違い！　私は複雑な思いを抱きながら日本へ帰ってきました。

2月 25日

誕生日無情

　2月23日は私の誕生日とあって、札幌行きを多少恨めしく思って羽田に着いた。自動チェックイン機で手続きを終えたと思ったら、画面に出たのは——「欠航」。

　慌てて搭乗手続きのカウンターで「一番早く札幌に着く方法は？」と訊ねると、「函館まで飛んでそこからJR」とてきぱきと答える。きっぱりしていて気持ちいいと思いながら「函館から札幌まではどれくらい時間がかかる？」と訊くと「1時間半」と再び言下に答えが返ってきた。

　すぐに切符を変更して到着した函館では、札幌行きのJRが切れ切れの運航になっていることが判明。しかも、函館から札幌までは一番速い電車でも3時間以上かかると言う。あの全日空の女性の自信たっぷりの「1時間半」は何だったんだろう？　3時間以上もかかるなら初めから間に合わなかったのである。

　腹が立ってももはや詮無し、先方に断りを入れて羽田にとんぼ返りした。函館を発つ前に、癪だから「いくら丼」を食べた。丼のご飯が見えないくらいの「いくら」の厚盛りで、これは満足のいく味だった。

　考えてみると、モスクワから帰って沖縄に飛び、帰ってすぐ函館へ。また今日は宮崎へ行く途中の車内でパソコンを叩いている。寒い暑い寒い暑いの繰り返しで、体も適応しかねているのが、何となく分かる。母からもらった丈夫な体よ、いま少し頑張ってくれ。

　それにしても恨めしきは全日空のいい加減な「1時間半」発言。もうあまり残っていない貴重な誕生日をすっかり棒に振ってしまった。

2004年

3月 3日

NASAが火星に大量の水があった証拠を確証

　ついにNASAは、火星にかつて大量の水が存在した証拠を見つけました。まあ、水そのものが見つかったわけではないけれど、過去の水の痕跡の「しっぽ」を確実につかんだという感じでしょうか。

　NASAの火星探査ローバー「オポチュニティ」は、いくつかの機器による岩石や土壌の調査で上記の結論を出しました。

　第一の証拠は硫酸塩の存在です。まずアルファ・パーティクルX線分光計が、資料がイオウを豊富に含んでおり、そのイオウがマグネシウム、鉄などの「塩（エン）」と一緒になっているようだという発見をしました。同じ地域から、鉄に関係した鉱物を見つけるためのメスバウアー分光計が、「鉄明礬石（ジャロサイト）」と呼ばれる水を含んだ鉱物（硫酸鉄）を見つけ、さらにミニチュア放射分光計も硫酸塩の証拠をつかみました。

　地球上では、今回のようにたくさんの塩を含む岩石は、水の中でできたか、できた後で長期間水に晒されたかのどちらかのケースであることに間違いありません。ジャロサイトは、この岩石がかつて塩をふくむ湖のようなところにあったことを示しています。

　第二は、結晶成長の観察からの証拠です。オポチュニティのパノラマカメラと顕微鏡は、「エル・カピタン」と命名された岩石が、1cmくらいの大きさの（向きがばらばらの）窪みで覆われていることを見つけています。海底にあった岩石の中に塩を含んだ鉱物ができていき、その鉱物が浸食か溶解かによってなくなったときに、これらの窪み（vugs）ができたのでしょう。昔の鉱物の「化石」ですね。

　オポチュニティの観察からは、散弾くらいの大きさ（0.5mm）のまんまるい球も見つかっています。これらの小さな球体（spherules）は、地球上では、火山の噴火や隕石の衝突、または多孔質で水分の多い岩石の中から

エル・カピタン

小さな球体 spherules

溶け出した鉱物が集まってできることが多いのですが、現在までのオポチュニティの観測では、球体が特定の層に集中している様子はないので、どこか外部でできたものがやってきたものではないらしく、どうやら火山や隕石のせいではないと考えられます。

　もう1つ、メインの層とある角度をなしている岩石に見られる「斜層理（crossbedding）」というパターンは、風や水の働きでできるものです。他のいくつかの観測からは、このオポチュニティのものは水が原因らしいと推定されています。

　さて、これらの岩石が水に晒されていたことは分かりました。次に NASA がやることは、湖の底で沈殿した鉱物によって作られたのかどうかを検証することでしょう。その次はいよいよ生命の本格的な探査へ。

　それにしても桧舞台に立てなかった日本の「のぞみ」の観測機器を、運んでくれる探査機はないものでしょうか。それらには、アメリカやヨーロッパの現在の機器が束になってもかなわない大気・プラズマの観測機器がつまっており、今回のアメリカの発見をグローバルに検証するための大切な「武器」になるのですが……。

3月 10日

閑話休題──博多にて

　漁業の人たちとの話し合いで博多に来ています。相変わらず漁業の不振は続いているようです。ロケットの打

2004年

上げに対する操業への影響の問題は普遍的にあるわけですが、「それにしても、成功に次ぐ成功という事態になっていかないと言いたいことも言えない」と漁業者側から言われると、複雑な気持ちになってしまいますね。宇宙開発委員会の事故調査部会では、H-2A の調査報告を一応最終案まで煮詰めました。しっかりと踏まえて前進しなければなりません。

3月 17日

宇宙の旗を高く掲げよう

　JAXA が発足したら、日本の宇宙開発に新しい時代が訪れるのではないかと期待した人はいっぱいいたでしょう。その人たちは今どんなことを考えているのでしょう。落胆、怒り、悲しみ、絶望、……？　はっきりしていることは、10 月以降の成り行きから勇気と希望を持つに至った人はあまりいないということでしょう。それは「みどり2」「H-2A」「のぞみ」のトリプルパンチから来るものでしょうか。

　宇宙開発委員会の事故調査部会の先生方には、頻繁な会議に出席していただいて、貴重な検討をお願いしています。これから相次いで報告書が出ます。報告書で数々の課題が指摘されるでしょう。それを粛々と乗り越える努力が真面目になされるでしょう。今は「忍の一字」と割り切って、嵐が過ぎるのを待てば、海路の日和が来るのでしょうか。

　調査部会の指摘に基づいた実行だけでも大変な作業になることは確実です。そしてそれは誠実にやり抜かなくてはなりません。でも、何か足りない感じがするのです。

　JAXA の組織を立て直すのは、宇宙開発委員会とその周辺の人びとではありません。JAXA 自身に、健全な組織になるための内発的な力が生じない限り、外からの指南によってたくましくなることはありえないと、私は思います。個々の人を見ると、JAXA には素晴らしい資質を持った人びとがたくさんいます。しかし、どうして動

き始めると紋切り型になってしまうのか、それは驚くべきことです。

　活動の形態や組織の仕組みに欠点が多く、官僚的な構図があちこちにあることは確かなのですが、それだけを何とか直そうとすると、堂々巡りで泥沼に入り込んでしまうのを、私は10月以降に何度も見てきました。みんながそれぞれに何とかしようと思っていても、行き着くところは平行線と膠着状態。統合って難しいなあ、と思います。

　悶々とした毎日から生まれた結論は、「組織の変革を前向きになし遂げるカギは、みんなが共通の目標をめざすという精神状況をいかに作り出すかだ」ということです。泣いても笑ってもJAXAにはJAXAの職員しかいません。現在の人たちが生まれ変わったように前進するためには、みんなが喜びをもって苦労をするターゲットを共有する以外にないと考えています。

　JAXAの人びとの意気が阻喪している今こそ、高く高く宇宙の旗を掲げるべきです。世界と日本の人びとを幸せに導くためには、宇宙活動の活発化がどうしても必要だという意識に立ち返ることだと思います。それが「自覚」ということです。何のために私たちは宇宙活動という現場に集合したのか、何のために私たちはJAXAにいるのか。その原点から、私たちの道を築き直すことにしましょう。

　冒険心と好奇心に溢れていたはずのJAXAの人びとが闘志と笑顔を取り戻すことによってのみ、社会に貢献する宇宙活動を作り出せるのです。「勇気」という言葉の重さが問われています。慣習や前例にとらわれない自由な議論によって、私たちの時代の新たな目標を作り上げるときが到来しています。

3月 24日

パリにて

　学会の国際プログラム委員会でパリに来ています。珍

ノートルダム・ド・パリ

2004年

しく晴れていて明るいパリです。ノートルダム大聖堂にちょっと出かけてみました。薄暗い堂内で瞳をこらしていてふと気がつきました。ここでは目は無力だと。そこで目を閉じていると、耳と鼻が活躍し始めました。目を開いているときは聞こえなかったウォーンウォーンという微妙な響きが堂の大きな空間を共鳴体として私を襲って来ました。においもかすかに独特のものが感じられます。ステンドグラスだけを光のもとにしてある原因が初めて理解できたような気がしました。「荘厳」の一語で表される雰囲気に浸り切って30分間ぐらいを過ごし、会議の合間を縫う束の間の慌ただしい時間ながら、すっかりリフレッシュして外へ出ました。

　パリには一戸建て住宅はありません。大統領でも首相でもマンション暮らしです。パリの美しさを保つための数百年にもわたる法律があるのですね。その美しさは、ベランダで洗濯物や絨毯を干すと罰せられるというような配慮にもうかがえます。

3月 31日

『戦争論』からの想い

　若いころの愛読書に、クラウゼヴィッツの『戦争論』があります。その中の最も人口に膾炙しているのは、「戦争は、異なる手段をもってする政治の継続である」という言葉でしょう。この名文に初めて接したときの、腹にずしんと来る感覚を憶えています。戦争と政治の狭間で一生を送った人でなければ発することのできない迫力が感じられます。

　スケールも次元も違いますが、JAXAが発足後にトリプルパンチをくらった後にやってきた事態は、まさに戦争状態と呼ぶことのできるものです。これが一段落すると、通常はいささかほっとして少し休息したいような気分になるものなのですが、実際には戦争の後の政治が最も難しいのと同様に、失敗の後始末を終えた直後に、「戦時下でない」ビジョンと活動をどう組み立てるかという

クラウゼヴィッツ

ことこそ、JAXA の力量が最も問われるところであろうと思われます。この時期の「政治」を渾身の力をもって組み立てなければ、再び戦時になったときに苦労するのですね。

　まだしばらくは苦しい時期が続きます。不退転の決意で臨まなければ、クラウゼヴィッツの愛読者として恥ずかしい、と最近は思うようになりました。この YM マガジンの記事を読んでから送られてくるみなさんの一つひとつのお声は、私自身にとってかけがえのない励ましになっています。遅ればせながらありがとうございます。

4月 21日

『私の糸川英夫伝』

　標記の著書、やっと脱稿しました。以下は、その「はじめに」の粗書きです。

　糸川英夫先生の生涯は実におもしろいものでした。なぜおもしろいかというと、その一生を「やんちゃ」が貫いているからです。「やんちゃ」は求めて得られるものではありません。糸川先生の表情には、子どものような好奇心に溢れた「やんちゃ」が、あらゆる局面で浮かんでいたのです。魅力がありました。「母性愛をくすぐる」と言った女性もいました。

　戦闘機の主翼の前縁を一直線にする、ロケットの性能を水平飛行で調べる、丘陵地帯にロケット発射場を建設する、60歳を越えてバレエに挑戦する──その「独創的な発想」が糸川先生の一生を特徴づけるもう一つの側面です。

　私は、80年以上にわたって驀進したこの「やんちゃな独創」を描きたいと思いました。そのために、多くの資料を吟味し、糸川先生が生前に付き合いのあったさまざまな人たちに会いました。人類が未来において幸せになるために祖国日本が大いに貢献すべきであると、糸川先生は強烈に願い続けた人でもあることが分かって、嬉

2004年

しかったです。

　私が大学院生のころ、「あなた、大和ことばをよく使うね。日本の歴史や文化が好きでしょ」と喝破した、ある春の日の先生のいたずらっぽい視線が、いつまでも瞼に焼きついています。残念でならないのは、私が糸川先生を指導教官に仰いでいた大学院時代、神出鬼没のこの恩師にじっくりと指導していただく時間がなかったことです。いつも私は、その背中だけを見て過ごしました。が、その背中からは生きるエネルギーをたくさんもらった気がします。

　糸川先生は東京の六本木で生まれ育ちました。高層ビルの立ち並ぶ現在と違って、当時の六本木には豊かな自然が残っていました。ここを拠点として、糸川英夫少年は、トンボの幼虫に親しみ、マムシと戦い、太陽の光をレンズで紙に集めて火をつけ、試験管とマッチ棒でロケットを飛ばし、やんちゃの限りを尽くしました。まるで自分が自然の一部となって同化しながら、少年時代を満喫したようです。

　私たち自身が自然そのものであるという意識は、日本古来の素晴らしい発想です。糸川先生の「やんちゃな独創」は、まさにその自然児としての特徴が一生持続したものであると思います。その源泉を、私は先生の少年時代に見つけました。

　その強烈な個性ゆえに、糸川先生をめぐる毀誉褒貶はさまざまです。しかしこの人がいなければ、日本のロケット開発は随分と後発になったでしょうし、日本固有のロケット技術が育ったかどうかもあやしい。そういう意味で、糸川先生の生きた証の中で、最も彩り鮮やかなのはロケット開発であったと、私は考えています。

　「糸川英夫は日本の宇宙開発の父である」と言われます。糸川先生の拓いた宇宙への畦道の周辺には、後輩たちによって耕された広大な宇宙活動の田畑が広がっています。現在の日本には、宇宙のことが好きで好きでたまらない若者がいっぱいいます。とりわけ小さな子どもたちにとって、宇宙は常に夢と憧れの源であり、好奇心と冒険心の発露する力強い原点です。この人たちがいる限

長野・丸子の糸川山荘

『やんちゃな独創』の表紙

り、日本の宇宙活動は力強い蘇りを果たすことができると信じています。私たちが彼らの自由な発想と飛躍を妨げてはなりません。

2005年は、世界に雄飛する志を持って糸川英夫先生の率いるグループが「ペンシル・ロケット」を水平試射してから半世紀の節目となります。頼もしい日本の青少年たちが、あの半世紀前の糸川先生の気宇と独創を受け取ったとき、日本の宇宙活動は大きな翼を世界に羽ばたかせることでしょう。このパイオニアの生い立ち、足跡、時代を追った本書*は5月中に店頭に並ぶでしょう。手にとって見てください。

*：的川泰宣『やんちゃな独創─糸川英夫伝』(日刊工業新聞社)：国産ロケットの生みの親でベストセラー『逆転の発想』の著者、糸川英夫(1912～1999)の伝記。「国産ロケットの父」は何を考え、何を成したのか、最後の弟子が綴る「逆転発想」の生涯。

4月 28日

宇宙飛行士訓練センター（ロシア）にて

モスクワにいます。仕事で来た空きの半日を利用して、モスクワの北方150kmぐらいのところにある「ガガーリン宇宙飛行士訓練センター」（愛称「星の町」）を訪れました。ちょうど日本の若い宇宙飛行士たちが訓練をしているからです。古川聡、星出彰彦、角野直子の3氏です。

この町には4000人ほどの人びとが（家族を含めて）住んでいるらしく、学校から郵便局、警察、病院などまで完備して、自立した運営ができるように何もかもが揃っています。緑と水の豊富な素晴らしい環境を楽しみながら、モスクワのようにけばけばしくない、素朴な生活が展開していると見ました。

飛行士たちと（星の町で）

ここに来たのは三度目ですが検問が随分と厳しくなっているのに驚きました。3人は国際宇宙ステーションのために活躍する人材として採用されたわけですが、現実の建設にはロシアとの協力が不可欠であり、場合によっては帰還の際にロシアのソユーズを使うことも想定されるため、ソユーズを使った訓練も実施しているのです。ロシア人宇宙飛行士とのコミュニケーションも大切なので、ロシア語の勉強も頑張っています。

宇宙へ飛び立つ日を夢見て精進している姿はまことに尊いと思いました。北斗七星もカシオペアも1年中見えている美しい夜空を含め、自然は素敵ですが、彼らの住宅環境は決して恵まれているとは言えません。そのような中で愚痴の1つも言わないでハードなスケジュールをこなしている彼らを見るにつけ、人間の宇宙活動の原点が「挑戦」であることをしみじみと感じながら「星の町」を後にしました。

5月 5日

なぜ宇宙をめざすのか？——アメリカのデータ

　ジョージ・ワシントン大学のジョセフ・ペルトン博士によれば、「なぜ人類には宇宙計画が必要なのか」についての、アメリカ人の答えのトップテンは以下のようなものです。

1. 環境破壊に起因する災害の阻止
2. コミュニケーションや娯楽のための全地球的規模のネットワークの構築
3. 教育・健康についての全地球的規模のサービスの提供
4. 安価で環境に優しいエネルギーの提供
5. 輸送安全の保証
6. 警報と修復のシステムの提供
7. 国家の防衛と戦略的安全保障
8. 太陽系のカタストロフィックな事件に対する対策
9. 新たな仕事と産業の創出
10. 21世紀の新たなビジョンの策定と真に新しいフロンティアの開拓

　それぞれの課題について、具体的な衛星のイメージが浮かびますが、10番目の課題だけは、非常に重く、いまだに解答が与えられていません。確かに1から9までの課題に示されているこれまでの宇宙活動も、これがな

くなれば人びとの生活に甚大な影響が出てくるものであることは間違いないところです。しかし今や10番目の課題こそが、未解決のさまざまな地球上の問題を乗り切る喫緊のテーマであることを、感じざるをえません。人類の宇宙活動は、根底的にはソ連の崩壊から、また即物的にはスペースシャトル「コロンビア」の空中分解から、必ず超えなくてはならない問題を内包した新しい時代に入ったのです。

モスクワで、現代ロシアのトップレベルの科学者・技術者たちと話をして、ますますその感を深くして帰国しました。私たちは、21世紀を本気で築くために、これまでの蓄積を大切にしながらも宇宙活動の新しいパラダイムを作り上げなくてはいけないと考えています。みなさんは、このトップテンの項目を見て、宇宙活動の意義についてどう思われますか？

5月 12日

「はやぶさ」の世界初の快挙なるか

昨年5月9日に当時の宇宙科学研究所（現在JAXA宇宙科学研究本部）が打ち上げた小惑星探査機「はやぶさ」が、本日（2004年5月12日）、1週間後に迫った地球スウィングバイに向けて、軌道の微調整を行います。

スウィングバイの際には、東太平洋上3700 km上空を通過するわけですが、「はやぶさ」がスウィングバイの際に達成しなければならない距離許容誤差はわずか1 km、速度誤差は毎秒1 cmです。「はやぶさ」1周年を1ヵ月後に控えた4月9日に私がデータを見たときの地球からの距離は1500万kmでした。ここから1 cmの大きさの標的を打ち抜くのは、甲子園球場のホームベースからバックスクリーン上の0.1 mmの大きさのターゲットを狙うよりも難しいのだと思い至って、思わず溜め息が出ました。

ご存知のとおり、「はやぶさ」はイオン・エンジンの推力を使って常に加速をしながら航行してきたわけです

2004年

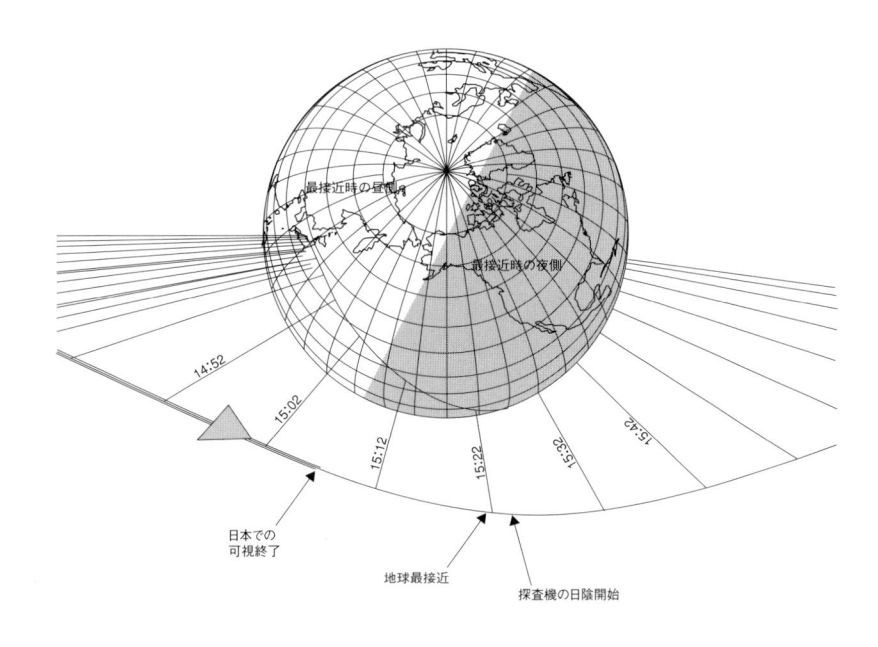

はやぶさスウィングバイの際の直下点の軌跡

が、3月末からはこのイオン・エンジンを停止し、探査機の軌道を精度よく決めることに力を注いできました。今回は、イオン・エンジンではなく、瞬発力を出せる化学ロケットを用いて、軌道の微調整を行います。

5月19日のスウィングバイのときには、「はやぶさ」は地球の夜側を通過していきます。この間約30分間、「はやぶさ」は「日陰」(地球の陰を通過) を体験するわけです。これまで地球脱出以来、惑星間空間を飛行している間は、「はやぶさ」と太陽の間を遮るものはなかったので、常に太陽電池によって探査機が必要とするエネルギーをまかなってきました。今回初めて「はやぶさ」は搭載バッテリーだけで動くのです。

ともかくイオン・エンジンを主推力とする探査機が惑星のスウィングバイに成功するのは、世界で初めてのことです。「はやぶさ」ミッションの大きな山場を、チームがどのように乗り切るか、そして誇りある日本のマスコミがどれぐらい見識ある報道をしてくれるか、私はそ

の両方を非常に心待ちにしています。その実質上のオペレーションが5月12日に相模原の深宇宙管制室で粛々と行われます。

5月 20日

「はやぶさ」地球スウィングバイと地球画像

　広島で開催された「YAC（日本宇宙少年団）」の分団長会議に出席してきました。帰ったら嬉しいニュース。

　5月18日から20日にかけて、JAXA相模原キャンパスの深宇宙管制センターに喜びの表情が溢れました。昨年5月9日に打ち上げた工学実験・小惑星探査機「はやぶさ」が地球スウィングバイに成功し、そのカメラが、5月19日の地球最接近のチャンスを利用して捉えた地球と月の画像が、送られてきたのです。特に地球の画像は、予想どおりの素晴らしい出来栄えでした。

　「はやぶさ」は、この1年あまりの間、太陽を周回す

「はやぶさ」が捉えた地球画像

2004年

る軌道を順調に飛翔し、イオン・エンジンを使用して加速してきました。今回の地球スウィングバイによって、小惑星「ITOKAWA（いとかわ）」へ向かう新たな楕円軌道に入りました。

今後は1週間程度をかけて詳細な軌道決定を行いますが、5月19日15時22分（日本時間）ごろに地球に最接近したものと思われます。最接近時の高度は、約4000kmと推定されています。

先週も書いたように、イオン・エンジンによる加速を地球スウィングバイと組み合わせて用い成功したのは、世界で初めての快挙です。軌道決定の作業を終えると、イオン・エンジンの運転が再開され、2005年夏の出合いをめざして、小惑星「いとかわ」に向かいます。

日本の宇宙科学、特にX線天文学を中心とする天体物理学では、観測されたカメラの画像を手にする喜びが、すでに長年にわたって共有されてきました。しかし固体惑星のグループとしては、今回が本格的なミッション運用に使うカメラによる初めての傑作だと思います。

若い研究者たちの感動的な顔をいくつも見るたびに、私の胸にも熱いものがこみ上げてきました。この今の気持ちを、彼らは一生忘れないでしょう。私があの「おおすみ」打上げ成功の瞬間をその後何度も思い出したように、この感動をステップにして日本の太陽系探査をたくましく育ててほしい……本当に久しぶりに爽快な風を全身に感じながら、管制センターに立ち尽くしました。

この朗報をお届けするために、メールが1日遅れになったことをお詫びします。みなさんの税金の一端を使わせていただいた宇宙ミッションが、こんな素敵な実をつけたことを報告し、「星の王子さまに会いに行きませんか」キャンペーンに世界中から名前を寄せられた88万人の人たちとともに、このたびの快挙を祝いたいと思います。

なお、「はやぶさ」が取得し地上で処理した画像は、以下のホームページでご覧ください。

http://www.isas.jaxa.jp

「はやぶさ」の小惑星接近想像図

喜びに沸く管制室（はやぶさ）

5月26日

日本の宇宙活動のビジョンを作る時期

　「はやぶさ」は見事にいくつかの世界初をやってのけました。イオン・エンジンの連続運転の世界記録、イオン・エンジンを主推力とする世界初の惑星スウィングバイ、宇宙用に開発されたリチウム電池の世界初の使用などなど。すべて完璧と言える運用でした。5月24日にはスウィングバイ後の軌道決定を行いました。ハワイ付近上空での最接近距離は、高度3700 kmだったことが判明し、予定した高度からの誤差はわずか1 kmというすごさでした。

　若い人たちに技術と経験の蓄積がなされていく過程をこうして見つめていると、宇宙で新しい課題に挑戦することの素晴らしさを味わうことができます。このまま「はやぶさ」が何事もなく順調にいくかどうかは誰にも予測はできません。しかし到達した現在の段階は、すでに世界に誇れるものであることは確かです。

　失敗から起き上がることは、形而上学的な議論や石橋たたきだけでは不可能です。世界と日本の人びとの生活と人生と生命（一言で言えばLife）の充実に貢献するビジョンを早急に打ち立てましょう。ビジョン作りも、他力本願はやめましょう。自らの手でたたき台を作っていくことが何よりも求められているようです。

　『やんちゃな独創——糸川英夫伝』（日刊工業新聞社）が5月末に発売されます。今日刷り上った本が私のところに届きました。私が青春を預けた先生の一生を読み返してみると、1955年のペンシル・ロケットから半世紀目となる来年に、日本の宇宙活動を蘇らせなければと、沸々とした闘志が湧き上がってきます。日本の宇宙に「待ったなし」の時代が到来しています。

2004年

6月 2日

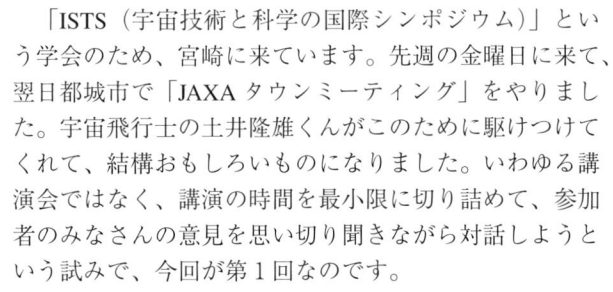

JAXA タウンミーティング

　「ISTS（宇宙技術と科学の国際シンポジウム）」という学会のため、宮崎に来ています。先週の金曜日に来て、翌日都城市で「JAXA タウンミーティング」をやりました。宇宙飛行士の土井隆雄くんがこのために駆けつけてくれて、結構おもしろいものになりました。いわゆる講演会ではなく、講演の時間を最小限に切り詰めて、参加者のみなさんの意見を思い切り聞きながら対話しようという試みで、今回が第1回なのです。

　さすがに疲れました。講演会だとこちらのペースで進めればいいのですが、今回のような形式でやると、発言によってどんどん方向性が変化するので、臨機応変に気を利かさなければなりません。でもそれだけ得たものも多かったと思います。このようなタウンミーティングをできるだけ多く開いて、宇宙開発の現場に人びとの声を直接届けることが、非常に大切だと考えています。みなさんの住んでおられる土地に、JAXA タウンミーティングがやってきたら、ぜひ出席してくださいね。

タウンミーティング（宮崎・都城）

6月 9日

4つの"Life"と宇宙

　英語には Life という「便利な」単語があります。その意味の多様さが日本人泣かせで、しばしば文脈によってどういう意味かを判断しなくてはなりません。英和辞典を牽くと、10個あまりの訳語が充てられています。大きく分類すれば4つでしょう。つまり、生命（あるいは生き物）、人生（あるいは生涯）、生活（あるいは暮らし）、活気（あるいは元気）。「人類がなぜ宇宙をめざすのか」という命題を考えるとき、Life の持つこの4つの側面が大切なことを語ってくれています。

　人びとはすでに宇宙とお茶の間が緊密に結びついてい

ることを感じています。天気予報と気象衛星、通信衛星と国際電話、放送衛星とテレビ中継、航行衛星とカーナビ、……数え上げれば切りがないくらいに、日常生活が宇宙開発のお世話になっています。これらをすべて私たちは日々の生活から失ってしまうことができるでしょうか。これらすべてと無縁の暮らしをしている人もいそうだとは思いますが、大部分の日本人にとっては1960年代以前の時代に後戻りすることは難しいと推察されます。Lifeの「生活」の側面です。

　この世界は1人1人の一生が複雑に絡み合って構成され、そのもたれ合いが時代の様相を形づくっています。翻って私たちの生涯には時代の刻印が押され、生きた時代の特徴が個人の生きる軌跡に大きな影響を与えます。その意味で、現代を生きている人びとにとって、宇宙時代と呼ばれるこの半世紀の人類の歴史は、東西対立を軸とする米ソの宇宙競争という巨大な波となって私たちの「人生の船」に襲いかかりました。Lifeの「人生」の側面です。

　西欧的な進歩史観が新たな角度から再吟味されつつある現在、私たちの心を活気づける基礎をどこに置けばいいのか、政治のリーダーシップが大いに失われている日本ならずとも気になるところです。多民族国家であるアメリカでは、多くの民族の心を横断して一体感を醸成するビジョンづくりが、大統領の重要な任務の1つとなっています。1960年代以来、それが宇宙という舞台でなされてきました。事実アポロ、スカイラブ、スペースシャトル、国際宇宙ステーション、……とたどってきたこの半世紀の歩みを見れば、宇宙活動によってアメリカの人びとが大いに元気づけられてきたことは明白です。「ソ連と闘う団結の旗印」が宇宙ミッションでした。東西対立の時代が過ぎた後、そうした目標を失ったかに見えたアメリカに、ブッシュの「月から火星へ」という新宇宙政策が登場してきました。これがアメリカの人びとの心を活気づける新たなバインダーの役割を果たせるか否かは不明です。このLifeの持つ「元気」の側面は、日本の国にあってはそれほど重視されていないようです。日

2004年

本の総理大臣の口から「宇宙」という言葉が聞かれることはきわめて少ないと思いませんか。日本という国を元気づけ、活気を取り戻すためのスローガンそのものが無視されている時代に、なぜ宇宙のような未来志向の分野に目を向けないのでしょうか。私の立場から言えば牽強付会の感を免れませんが、国民の心を奮い立たせる長期的な視野を期待したいですね。

さて、Life にはもう1つ、「生命、いのち」の側面があります。生命の秘密を探求する仕事は、主として生命科学という領域においてなされます。この分野は今や花盛りで、日本でも多くの予算が投じられ、優秀な若者たちが続々とその隊列に加わりつつあります。同時に多くの倫理的な問題も生じています。科学そのものに倫理的な価値観の基準を求めることには異論もあるので、私のようなこの方面での素人が発言することには逡巡がありますが、少なくとも生命の起源を探る試みにおいて、宇宙科学の分野がグローバルな土俵を提供していることは言を俟ちません。20世紀の百年にわたる宇宙の謎への挑戦は、生命がビッグバンから生まれた「宇宙進化」の途上で出現した歴史上の産物であることを明白に証明しました。多くの肉迫中の未解決の課題はありながらも、百数十億年の宇宙の歴史を一貫したストーリーで記述している宇宙科学の成果は、この私たちの宇宙において生命をどのように位置づけるべきかについて、極めてすぐれた視座を提供していると言えます。

私自身は、戦後のどさくさから日本の高度経済成長、バブルの崩壊へと移り変わるプロセスを、これらの Life の4つの側面と格闘しながら過ごしてきました。幼いころから宇宙への興味が大変強かったわけではありませんが、中学1年のときに耳にしたペンシル・ロケットのニュースや高校1年のときのスプートニク誕生などの強い記憶が、「一生を捧げても飽きないだろう」分野として宇宙を選ばせたと考えています。

その過程で、B29による空襲の強烈な記憶は、「母からもらったいのち」という自覚を常に呼び起こし、「いのち」の意味をいつも考えざるをえない状況で育ってき

ました。そして宇宙を勉強したことは「意外な」成果となって現れています。それは、「宇宙からもらったいのち」という揺るぎない基礎が与えられたことです。近年の少年犯罪の増加とその深刻な状況を見るたびに、日本の未来を担ってもらわなければならない青少年の心に、空間的にも時間的にも宇宙という視野から人びとのLifeを見つめる視野を身につけてほしいと願う気持ちが湧き起こってきます。

6月 16日

武術家・甲野善紀さんとの出会い

　現在漁業交渉で高知にいます。先週JAXAでふとしたことから甲野善紀さん*にお会いしました。寡聞にして氏のご活躍を存じ上げなかったために、私としてはかえって感動が衝撃的で、本当に数年ぶりで興奮しました。まだうまくその気持ちを言い表すことができませんが、日本の宇宙開発の方向性を考えていくために、きわめて重要なカギを見つけたような、そんな気持ちでおります。私自身は、小学校のころに能の師匠だった父の「命令」で、仕舞や謡曲を「やらされて」いたのですが、甲野さんの立ち居振る舞いがとても懐かしい感じのものに思えました。いろいろやってくださった実技は、武術としてきわめて驚異的なものでしたし、その動きの底流にある考え方は、これからのロボット工学をはじめとする未来の工学に大変関わりを持ってくる予感がしますが、それよりも日本人の心の奥底に眠っている非常に大切なものを掘り起こす契機になることでしょう。みなさん、甲野さんをご存知ですか。ホームページ

　http://www.shouseikan.com/zuikan0406.htm#5
がありますから、覗いてみてください。

＊：1949年生まれ。合気道、鹿島神流、根岸流手裏剣術などを学び、武術稽古研究会を開いている。ただし、特定の武道流派を伝承・保守しているのではない「創作武術家」ともいうべき存在である。江戸時代以前の日本人の歩き方が、左右同じ側の手足を同時に前に出す歩き方（ナンバ）で、現代人とはまるで違っていることを例にあげ、昔の武術の達人たちは体の使い方・動かし方が現代とは根本的に違っていたのだから、体の動かし方から変えなければ、昔の達人のような動きはできないと言う。現代スポーツで常識となっているヒンジ（蝶番）運動、つまり1つの支点で回転する動作や、ねじりをともなう身体運動を否定して、まず「井桁」、つまり平行四辺形あるいはパンタグラフのような運動原理を考えた。しかしこれだけではまだ不自由であって、さらに身体諸部分が分割され、しかもそれらが同時に協調運動する動きに進んだ。そしてさらに身体諸部分の間のあそびを除き、また急激に力を出す方法をも練磨しているとのことである。私は、ふとした偶然で甲野さんを知ることとなったが、たちどころにその人に魅了された。甲野さんは、「他人から言われたことを訳も分からずに繰り返していても進歩がなく、結局飽きて、やめてしまうのだから、本人の学びたいという気持をもとにする、自発性の教育が必要だ」と述べている。全面的に共感できる意見である。

2004年

6月 23日

民間宇宙船で初の有人飛行

　さる6月21日、カリフォルニア州モハーヴェ砂漠から航空機「ホワイト・ナイト」に搭載されて打ち上げられた宇宙船「スペースシップワン」（SpaceShipOne）が、高度15 kmで切り離され、ロケット・エンジンを噴射して高度100.1 kmに到達しました。アメリカ連邦航空局では高度100 km以上を「宇宙」と定義しているので、スペースシップワンはこれで連邦航空局とギネスブックから世界初の民間有人宇宙飛行と認定されました。

　スペースシップワンはスケール・コンポジット社の製作になる機体で、社長のバート・ルータンはかつてボイジャー計画に参加したNASAの技術者だった人です。現在アメリカでは、Xプライズという財団がこの民間有人宇宙飛行の一番乗りを競う国際コンテストを行っています。この財団の代表を務めているダイアマンディスという人は、私もよく知っている人で、フランス・ストラスブールにある「国際宇宙大学（ISU）」の創始者でもあります。胸の分厚い見るからに精悍な風貌の彼は、野心的でパワー溢れる男です。

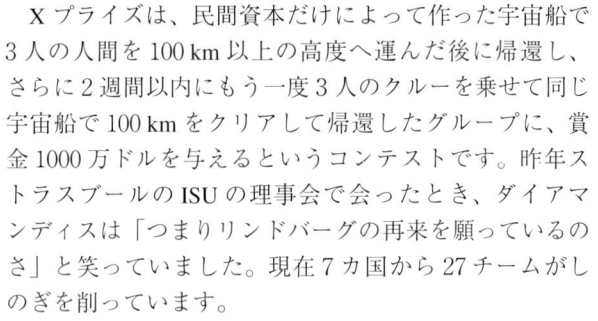

　Xプライズは、民間資本だけによって作った宇宙船で3人の人間を100 km以上の高度へ運んだ後に帰還し、さらに2週間以内にもう一度3人のクルーを乗せて同じ宇宙船で100 kmをクリアして帰還したグループに、賞金1000万ドルを与えるというコンテストです。昨年ストラスブールのISUの理事会で会ったとき、ダイアマンディスは「つまりリンドバーグの再来を願っているのさ」と笑っていました。現在7カ国から27チームがしのぎを削っています。

　チャールズ・リンドバーグは、懸賞金2万5000ドルの、大西洋無着陸横断飛行に挑戦するため、セントルイスの事業家の資金援助で特別機を注文製造し、1927年5月、単葉機「スピリット・オブ・セントルイス」号に乗って、ニューヨーク＝パリ間を33時間30分で飛び、

飛行中のスペースシップワン

大西洋無着陸横断飛行に成功しました。「翼よ、あれがパリの灯だ」は、20世紀を代表する名セリフですね。

今回のスペースシップワンの場合、スケール・コンポジット社の副社長マイケル・メルヴィルだけが乗っていたので、Xプライズの対象にはなりませんが、考えてみると「世界初の民間有人宇宙飛行」のほうが名誉なことだとも言えます。その場合、プロジェクト・マネジャーとも言うべきバート・ルータンとパイロットのマイケル・メルヴィルのどちらが「英雄」として遇されるのかと言えば、それはパイロットのほうでしょうね。シェパードやグレンの名前を知っている人は多いけれど、あのマーキュリー宇宙船の設計者ファジェイの名前はそんなに知られていないでしょうからね。

ダイアマンディスによれば、ルータンは1人2万ドルくらいで宇宙観光飛行をできる機体をめざしているそうです。もちろん弾道飛行でしょうが……。それぐらいなら乗る人は多いと私も思います。ただし、弾道飛行から軌道飛行への道*は、一般の民間人の力だけではなかなか難航するでしょう。

Xプライズの賞金は2005年1月までしか有効でないらしいので、あせって命を粗末にしないよう願うばかりです。それにしても、今回のような快挙を聞いて血が騒ぐ人がどれぐらいいるだろうかと考えると、寂しいですね。JAXAがみんなの夢を先取りして魅力あるプランを提示しなければ、日本を代表する宇宙機関とは言えませんよね。縮こまることはやめて志を大きく持って前進したいものです。今回のような冒険野郎が世界のあちこちで健在だったことに、快哉を叫びたい気分です。

スペースシップワンのパイロット
マイク・メルヴィル

*：地球周回軌道に乗った物体は「軌道飛行をしている」という。そのためには、秒速8km/秒たらずで飛ばなくてはいけない。その軌道飛行に必要なスピードよりも遅いスピードしか出せなければ、物体は打ち上げた後に弧を描いて地上（ないし海上）に落下する。このような飛行を「弾道飛行」と呼んで、軌道飛行と区別している。

（補注）スペースシップワンのパイロットは、その後人間2人分のダミー・ウエイトを乗せ、2004年9月29日、10月4日に高度100kmを超える飛行と帰還に成功し、Xプライズの賞金1000万ドルを獲得した。新たに設立された宇宙旅行会社「ヴァージン・ギャラクティック」はスペースシップワンからの技術供与を受け、宇宙旅行ビジネスを始めることを発表した。2007年からのサービス開始を目指している。

7月 7日

鹿児島ロケット協力会のよみがえりを夢みて

鹿児島のみなさんが宇宙開発（というより種子島と内之浦のロケット打上げ）に協力してくださる枠組みがあります。私たちは「協力会」と呼んでいます。県庁や町

2004年

役場、警察署や海上保安庁や漁業関係など大変たくさんの団体の協力がなければロケット打上げの事業などできるものではありません。現在私はその協力会に出席のため鹿児島に来ています。

　もう40年近くの歴史を持つ協力会も、最初のころは宇宙の側の意気込みと地元の心からの支えがあって、大変熱気溢れるものでしたが、段々と相互の結びつきが薄くなっていくのは仕方のないことかもしれません。世代が代わっていって「草創の精神」が失われていくのですね。

　発足してすぐ困難に見舞われ、世論の支えが最も必要なときにJAXAは四面楚歌の状況にあることをヒシヒシと感じます。それはとりもなおさず、2つのこと、すなわち、半世紀前に雄大な志を抱いていたころの無垢で前向きの心を失い、がんじがらめの官僚体質につかっている自らの姿勢と、歴史の一つひとつのポイントで人びとの友情と理解を確かめつつ進んでこなかった御無沙汰のツケが原因です。

　私は今、一国の宇宙事業が「信頼性あるロケット打上げ」という1つのことだけに優先度を与えて進んでいることに大きな疑問を抱いています。宇宙活動が日本や世界に貢献するやり方にはいろいろなものがあります。人びとの生活そのものと直結している実感がもっともっとなければ、所詮、宇宙開発がみなさんに支えられるという事態は期待できないのではないかという強い危惧のどまん中にいます。

　その「生活」には、以前に述べた"Life"という語の持つ4つの意味がすべて含まれます。その"Life"の全面にわたって宇宙開発の意味を問い直し、JAXAの成員が日本の宇宙開発の目標を共有してこそ、同じ組織の一員でいることの力や誇りや連携が生まれるでしょう。JAXAにつどう千数百人の人間の宇宙への想いはさまざまなものがあります。その想いを実現に向かわせるためにはその人びとの心に分け入らなければなりません。1人1人の創意が生かされる楽しい活発な組織であってこそ「未来への投資」と呼ばれる宇宙活動にふさわしい

日々が築かれていくのですね。結局リーダーシップというものの見直しが求められているのですね。

　ずっと以前にお付き合いしていたころの「協力会」の雰囲気を懐かしく思い出していると、そんな感慨が湧き上がってきました。やはり自分たちの中に「誠」が失われると、他人の「誠」も失われていくということでしょう。私は「氷川清話」に語られた勝海舟の晩年の気持ちの凄さが、今初めて理解できるような気がしています。ちょっと遅すぎた感じもしますが……。

7月 14日

地球は小惑星との衝突を回避できるか？
――ヨーロッパの「ドン・キホーテ計画」

　約6500万年前、ユカタン半島への小天体の衝突によって恐竜が滅びたとの説があります。これが真実であるか否かにかかわらず、小惑星の地球衝突が地球の生き物に甚大あるいは壊滅的なダメージを与えることは、計算と実験によって十分に推察できます。そのカタストロフからの回避について、人類はまだ技術的な見通しを持っていません。この悪魔のような衝突天体に挑む探査機ヒダルゴを、少し離れたところから冷静に見守る探査機サンチョという2つの探査機の組合せからなる「ドン・キホーテ計画」が、ヨーロッパでスタートしました。まずは小さな規模で基礎的なデータを取ろうというわけです。おもしろいですねえ。科学者・技術者の専門的な関心と一般の人びととの関心を融合させた見事な発想のプロジェクトだと思います。ドン・キホーテが風車に挑む姿は、セルバンテスによって痛烈な風刺として描かれていますが、この宇宙ミッションは単なる悲喜劇ではなく、ヒダルゴ（ドン・キホーテの愛馬）が目標小惑星めがけて衝突するのを、一足お先に到着したサンチョが、その小惑星にあらかじめ地震計のネットワークを配置しておいて沈着に観察するというものです。

　アメリカには「ディープ・インパクト」というミッ

ヨーロッパのドン・キホーテ計画

2004年

ションがあり、これは彗星をターゲットにしています。こちらは、2004年12月に打ち上げられる予定で、翌年7月にはテンペル第1彗星に到達し、彗星の核に向かって時速3万7000kmで銅の弾丸（重量370kg）を撃ち込みます。その際に生じる破片やクレーターを観測して彗星の内部の状態などを探るのです。

　またご存知のように、現在太陽中心軌道をイオン・エンジンで航行中のわが「はやぶさ」は、2005年夏に小惑星「いとかわ」に接近してサンプルを収集し、2007年に地球に帰還する練習をします。小天体は、「太陽系の化石」と言われて、私たちの太陽系ができたころの物質をそのまま内部に保存しているという「宇宙考古学的」価値がある一方、地球に衝突する軌道にあるものが発見されると、それはそれで大騒ぎになります。こうした小天体へのミッションを世界の宇宙機関がみんなで探査することは、実に大切なことですね。

　因みに、日本惑星協会の活躍によって、「はやぶさ」に世界中から寄せられた88万人の名前が搭載されていることは周知のことですが、上記の「ディープ・インパクト」にも、彗星に打ち込む弾丸に、世界中から応募した人びとの名前を刻んだCDが搭載される予定です。

7月 21日

マラトンの戦いの日付が間違っていた！

　マラトンの戦いといえば、現在の長距離競技の花形であるマラソンの語源となっている有名な戦いである。ことの起こりは、アケメネス朝ペルシャの支配下にあったギリシャ人の反乱である。イオニア地方のミレトスというポリス（都市国家）がペルシャ帝国を相手に反乱を起こし、これそのものはすぐに鎮圧されたのだが、この反乱をギリシャのアテーナイが援助していたことを知って、時のペルシャ王ダレイオス1世が激怒した。

　紀元前490年、ダレイオスのギリシャ懲罰の命を受けて、ペルシャ軍は海路ギリシャに遠征し、騎兵隊の活動

しやすいマラトンの野に上陸した。アテーナイの北東約27キロ（直線距離）にある海岸沿いの地である。

　この危機に際して、アテーナイの世論は和平派と抗戦派に真っ二つに分かれたが、将軍ミルティアデスが市民を説得してペルシャ軍との対決に踏み切らせた。ミルティアデスは10人の将軍の一人としてマラトンに赴いたが、かつてトラキアの総督をしていた経験のあるミルティアデスはペルシャの戦術に詳しく、巧みな陣形と戦法を用いてペルシャ軍を打ち破った。ペルシャ軍の死者6400人に対し、アテーナイ軍の死者は192人という圧勝であった。

　プルタルコスによれば、このマラトンの戦いの勝利を故郷アテーナイに知らせるべく、エウクレスという兵士が完全武装のままでアテーナイまでの道程46キロを走りぬき、「われら戦い、われら勝てり」と叫んで絶命したという。この言い伝えには多少の異説もあり、走ったのはフェイディピデースという名前の若者とも言われている。その名の若者は実在したらしいが、彼は兵士ではなく、アテーナイにいた職業的メッセンジャー（飛脚）だったという。

　ヘロドトスの『歴史』（紀元前5世紀）第6巻によれば、ペルシャの大軍が攻めてくることを知ったアテーナイ、スパルタの援軍を求めるため、当時飛脚として有名だったフェイディピデースを急使に選んだ。大命を帯びたフェイディピデースは、アテーナイからスパルタまで、約250キロの道程を、野を越え、山を越え、走り続けた。夜は危険が多すぎるので、昼間だけ走り、2日後、約44時間でスパルタに到着した。

　彼のもたらした援軍の要請に対し、スパルタは援助すると約束はしたものの、お祭りがあるため、次の満月の夜まで軍事行動が起こせなかった。そして次の満月の日、フェイディピデースは元気溌剌、武装した2000人のスパルタ軍を駆け足でアテーナイへと導き、3日後にアテネに到着したのだが、すでにマラトン戦争はアテーナイ軍大勝のうちに終わっていたのである。ヘロドトスはマラトンの戦いと同時代の人だから、この大著の記述を信

用するとすれば、フェイディピデースがマラトンからアテーナイまで走ることは原理的に不可能だったはずである。

　それはともかく、1896年、アテネで第1回近代オリンピックを開催しようと準備を進めていたピエール・ド・クーベルタン男爵に、ソルボンヌ大学の言語学者、ミシェル・ブレアル教授が、ギリシャ史に関係の深いこの悲壮な物語を記念して、オリンピック種目にマラトンの古戦場からアテネの競技場までの長距離走を加えることを提案した。クーベルタンはこの提案を採用して、「マラソン競走」と名づけたという。

　19世紀になり、ドイツのアウグスト・ベックという人が、スパルタが即座の出兵ができなかったお祭りが、「カルネイオス」という月に行われる「カルネイア」という祭りであると解釈した。その祭りから1週間は戦いが御法度になっていたという有名なお祭りである。そしてヘロドトスの遺した当時の月の満ち欠けの詳細な記録を研究して、(現代風に解釈した)紀元前490年9月12日という日付を割り出したのである。それが現在まで信じられてきたマラトンの故事の日付である。

　ところが最近になって、テキサスの学者たちが行った追跡調査で、意外な事実が判明してきた。本当の日付は約1ヵ月手前(8月半ば)なのではないか、というのである。テキサス大学の学者たちの研究によると、ベックは終始スパルタの暦だけを基にして計算していたに違いないという。ここが落とし穴だったらしい。というのは、このカルネイア祭を行うスパルタで用いられていた暦は、アテーナイとは似て非なる暦だった。

　まずスパルタの暦は、いつも秋分の日の直後に来る最初の新月に始まる習わしになっていた。ある年の秋分から次の年の夏至までには、普段の年だと9回の新月があるのだが、このマラトンの戦いが行われた紀元前491年の秋分から紀元前490年の夏至までには、たまたま珍しく10回の満月があった。そのため帳尻を合わせるため、スパルタの暦はアテーナイのものよりも1ヵ月先行していたという。つまりテキサス大学の学者たちの綿密な考

証によれば、「現代に当てはめれば9月12日」という、当時のスパルタの暦を基礎にしたベックの推定は、本来の年ならば約1ヵ月さかのぼる8月半ばと考えるべきものであるという結論になったようだ。

　現代のギリシャで、8月に走るのと9月に走るのとでは、えらい違いである。今回のアテネ・オリンピックにおけるマラソンは、そのマラソン村をスタート地点とし、ゴールをアテネ市内の主会場であるパナシナイコ競技場に設定してある。五輪の聖火がこの五輪スタジアムに点されるのは8月13日だそうだから、マラソン競技は、どうやら9月に行われるらしい。選手にとってはラッキーだったと言える。だって、このマラソンコースに沿った地域の平均気温は、8月半ばならセ氏38度にも達するのに対し、9月半ばにはセ氏28度まで下がるらしいから。

　1896年、アテネ大会が開幕した。ところが、オリンピックの発祥の地で復興した第1回近代オリンピックだというのに、開会以来、ギリシャの選手たちは陸上競技で連戦連敗の惨状であった。そして迎えた大会最終日の4月10日、マラソン競走が5ヵ国25名の選手の参加で開催された。コースはマラトンからアテネまでの約37キロだった。

　そのギリシャ代表に、スピリドン・ルイスというアテネから20キロ離れた村に住む25歳の水売りの行商人がいた。次々と脱落する選手たちの中にあって、自らのペースを守り通したルイスが遂に先頭を走り始めた。マラトン戦争の故事そのままに、ギリシャ選手がマラソン競走で優勝しそうだというので、競技場は歓喜と興奮の坩堝と化した。大歓声の中を競技場入りしたルイスに、ロイヤルボックス前からギリシャ皇太子コンスタンティヌス殿下と、国王の弟で審判長を務めるゲオルギオス親王はゴールまで伴走したという。記念すべきマラソン史上最初の優勝記録は2時間58分50秒であった。

　後日譚になるが、以後第2回パリ大会から第7回アントワープ大会まで、オリンピックのマラソンコースは距離が一定せず、「およそ40キロ程度」ということで走り

2004年

続けたが、1920年、IAAF（国際陸上競技連盟）が距離の統一を図ることとし、イギリス陸連の提案を採択して、マラソンの正式距離を42.195キロと決定、1924年の第8回オリンピック・パリ大会から実施した。以上、マラソン大好き人間の一席。

今回はどんな幕切れが待っているだろう。楽しみなオリンピックの夏がやってくる。

7月 28日

日本独自の有人宇宙活動

今日の読売に、総合科学技術会議の専門調査会が27日に開催され、「日本独自の有人宇宙活動の実現を視野に入れ、その準備を20〜30年後に進める」ことを骨子とする同会議の事務局案が発表された、との記事が出ています。何を寝ぼけたようなことを言っている、という感じではあります。立ち上がりは早いほうがいいに決まっているわけで、まだ事務局案ということのようですから、大いにハッスルして「準備の準備はすぐ始めよう」などと頑張ってみる価値はありそうですね。ともかく「独自の有人宇宙活動」という言葉はわが国の史上では初めて公式文書に登場したものです。この機会を最大限有効に使わなければ、後の世の人たちに笑われます。そして子どもたちに恨まれます。

それにしても暑いですねえ。先週の土曜日（7月24日）、次男坊が札幌で結婚式を挙げたので行ってきたのですが、北海道も暑かったですねえ。次男坊が挨拶で「ボクを産んで育ててくれて有難う」と言ったときは、思わず……。こんなに嬉しいセリフは他に考えつきません。「好きで生まれてきたわけじゃない」と言われる場合もありますからね。ついこないだまで何でも教えてやっていた子なのに、こんなににくい挨拶ができるようになったかと思いました。当分は札幌勤めらしいです。半導体ソフトのエンジニアになったばかりです。

さあ、これで老け込まないように頑張るぞ！

8月 4日

水星探査機メッセンジャー発進！

　NASAの水星探査機メッセンジャーが、予定から1日遅れて火曜日の2時15分56秒（米国東部標準時間）に、デルタ2ロケット（ボーイング社）に乗って、ケープ・カナベラルから飛び立ちました。これから7年の旅になります。

　水星へ行った探査機は、1974年から翌年にかけて水星に接近観測したマリナー10号が最初で最後です。到達するのに随分とエネルギーが必要なのです。その証拠に、メッセンジャーの重さの実に55％が燃料なのです。

　メッセンジャーの役割は、水星の密度、内部と表面の組成、表面の地形、磁場などを観測することです。水星到着は2011年3月で、それまでに地球1回、金星2回、水星自身1回と、4回のスウィングバイ・オペレーションを行います。

　すでに内部電源から太陽電池パネルに電源を切り換え、80億kmの一人旅に移っています。そして水星に着いたら約1年間活躍し、遂には水星に激突せしめる計画です。

　NASAの次のミッションは10月7日に打ち上げる「ガンマ線バースト衛星」です。やはり同じ場所から同じロケットで打ち上げられます。

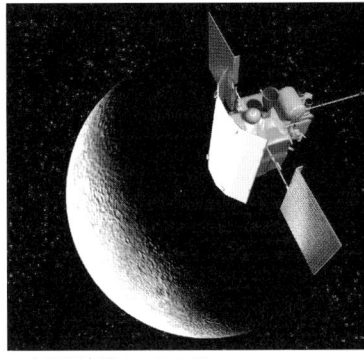

水星探査機メッセンジャー

8月 11日

「宇宙帆船」開いた！

　内之浦のロケット発射場から帰京しました。さる8月9日午後5時15分に、JAXA宇宙科学研究本部は、鹿児島県内之浦のロケット発射場から、小型のS-310ロケット（全長7m、重量700kg）を打ち上げ、宇宙空間で直径10mの薄膜の帆を拡げることに成功しました。今後は、この帆を飛躍的に大型化させる努力を続け、将来は

2004年

木星以遠までも飛んで行けるような「宇宙ヨット」を完成させたいものですね。

○ソーラー・セイルの起源と最近の状況

ソーラー・セイルとは、風を受けて海を走る帆船のように、宇宙空間で大きく拡げた巨大な薄膜で太陽光を反射して推力を得る推進方法で、推進薬が不要なため、惑星探査などの自由度を大きく拡げることが期待されています。

宇宙船の推進力を得る方法としてソーラー・セイルを使うアイデアは、すでに1919年、ロシアのフリードリッヒ・ツァンダーやコンスタンチン・ツィオルコフスキーによって提出されていました。それをツァンダーが、1924年に書いた論文で理論的に発展させました。しかし微小な光圧から必要な推進力を得るために不可欠な極軽量かつ宇宙での苛酷な環境に耐える膜面素材がなかったので、ソーラー・セイルはこれまで実現できませんでした。

ところが最近になって、素材および製造技術の向上により、有望な膜面素材が開発され、諸外国でも実験を開始するところが現れて、ソーラー・セイルが現実の課題としてクローズアップされる機運が出てきました。宇宙科学研究所（現在のJAXA宇宙科学研究本部）でも、実用化をめざしてソーラー・セイルのワーキンググループを立ち上げ、現在までに以下のような開発・研究を進めてきています。

- 膜面素材の選択（厚さ7.5ミクロンのポリイミドフィルム）
- 膜面の物性の取得と宇宙環境への耐性の確認実験
- 膜面の製作・収納方法、展開機構の研究開発
- 数値計算による展開挙動解析手法の開発
- スピンテーブル試験、真空落下試験、気球実験

○S-310ロケットを使った展開実験

ソーラー・セイルで最も大切な課題の一つは、帆を大きく拡げる技術（展開技術）です。しかし地上における

展開実験では、大気・重力の影響が大きいのでさまざまな点で限界があります。そこで観測ロケットを用い、その飛翔中の無重量かつ高真空の環境で、膜面構造物の展開実験を行うことにしました。それが今回の実験です。

今回の実験は以下の事柄を目的としています。

- 展開機構を含めた膜面構造物の設計法および加工・製作方法の取得
- 提案した方式での展開実現性の確認
- 観測された展開挙動の解析手法への反映

S-310ロケットは、固体燃料の1段式ロケット。全長約7.1 m、直径0.31 m、打上げ時の重量は約800 kg。搭載重量や発射上下角によって変わりますが、最高到達高度は約200 kmで、発射後約10分で海上に落下します。先端の頭胴部に実験・観測機器やテレメトリー等の通信機器を搭載し、頭胴部先端のノーズコーンを飛翔中に開頭して、無重量・高真空を利用した各種理工学実験や高層大気の観測等を行い、そのデータを地上に伝送するわけです。S-310ロケットは、この実験が44機目の打上げで、内之浦から32機、ノルウェーのアンドーヤ・ロケット・レンジから2機、南極の昭和基地から10機、打ち上げています。

今回の打上げは2004年8月9日17時15分。打上げの204秒後に最高高度172 kmに到達し、約400秒後に内之浦の東南東海上に落下しました。この間、地上では実験が困難な直径10 mの大型薄膜をロケット先端のノーズコーン内に収納して打ち上げ、弾道飛行中に空気力のほとんどない高度でノーズコーンを開き、展開方式が異なる2種類の大型薄膜のセイルを展開する実験を行いました。

まず発射後100秒に高度122 kmでクローバー型のセイル展開を開始し、その120秒後にクローバー型を分離、次いで発射後230秒に高度169 kmで扇子型セイルの展開を開始した後、発射後約400秒に海上に落下しました。この間、展開途中や展開後の様子を、ロケットに搭載した角速度計や搭載カメラ等各種センサで計測・撮像し、

S-310-44による薄膜展開

2004年

2台のテレメトリー送信機で計測データを地上へ伝送しました。JAXAでは、得られたデータを大型薄膜の展開挙動の解析に反映することで、解析手法の向上を図り、より大型の薄膜を開発するための資料として活用するつもりです。

　30歳代の人びとを中心とするミッションです。文字通り大きく花開くといいですね。

8月 18日

オリンピックで寝られない！

　柔道のやわらちゃん、野村、内柴、谷本、水泳の北島、男子体操団体など、金メダルがひっきりなしにテレビで報じられるので、寝られない！　日ごろ、地球の裏側のオリンピックをリアルタイムで見られるという「宇宙開発の恩恵」を説いている身としては、まさに悲鳴に近い声が体内から響き渡ってくる。やることがいっぱいあるのに、どうしてもスポーツの興奮に全身が反応するのは、何が悪いのだ？　宇宙開発の成果が悪いのではないと思いたい。とすると、そうだ！　こんなにスポーツ好きに産んでくれた母のせいだ。そして何よりも地球上に時差があることがいけない。とすれば地球が自転しているからいけないのだ、……と次々に理由を展開していっても、やはり日本が勝つというのはいいものである。

　多くの障碍を乗り越えながら頂点に立ち続けるやわらちゃんや野村忠弘選手のエピソードには感動するし、あの震えるような緊迫感の中で、まるで「お茶を飲んでいるような顔で」演技を続けた体操の富田選手のような人が今の日本人にはいるのだと思うと、嬉しくなってくる。その反面、パスワークを主体とするスポーツ種目は、ことごとく敗れ去っていく。国の決まりの曙に「和を貴しとなす」と豪語した国民はどこに行ったのかと言いたくなる。

　それはともかく、連日の新聞記事を読んでいて気がついた。敗れ去った選手達を責める新聞は見当たらない。

すべて健闘を称えるものばかりである。オリンピックのために使われてきた国の強化費というのはいくらぐらいなのか、私には見当もつかないが、税金を使って国民の期待を背負って仕事をし、成功すれば喜ばれ、失敗すれば残念——ここまでは宇宙開発と同じである。そこから先はエライ違いである。

　オリンピックも宇宙開発も一生懸命に努力しているのは同じことである。汚職とか選手選考の不透明とかがあれば騒がれるが、選手の日常の涙ぐましい努力には、心から賞賛の声が浴びせられる。こうしたスポーツへの共感を、宇宙開発も得られるように努力しなければならないと思う。

　あの古橋広之進選手が大活躍して「フジヤマのトビウオ」と騒がれたころ、そのニュースは日本中を興奮の坩堝に投げ込んだ。日本初の人工衛星「おおすみ」が軌道に乗って、日本が世界第4番目の衛星自力打上げ国になったころ、それは日本人の誇りであった。日本が存在感のある国、世界の人びとに貢献する国になるために不可欠の事柄はたくさんある。私は、その多くの事柄の中でも、人類の未来への投資である宇宙開発こそ、そのトップランクを占める重要性を持っていると認識している。

　「初心忘るべからず」（世阿弥）——草創期の瑞々しい決意を新たにして……、そうだ！　まずオリンピックを見よう！！

8月 25日

きみっしょん——高校生の体験学習

　先週は相模原の宇宙科学研究本部で高校生の3泊4日の体験学習「きみっしょん」が行われ、23人の高校生が各地から参加しました。あらかじめどんな宇宙ミッションに興味があるかを聞いておいて、こちらで5つにグループ分けし、相模原に到着後の講義とディスカッションによって最終的にミッションの詳細をプランニングさせます。

2004年

きみっしょんの光景

今年は TA（Teaching Assistant）と呼ぶ大学院生・大学生がボランティアで39人も参加してくれ、自分の専門と薀蓄を傾けて受講生の面倒を見てくれました。教え過ぎないよう高校生の内発的な思考を開花させる誘導は非常に難しいことですが、凸凹はあるものの大成功だったと思っています。締め括りの日には5つのグループが研究発表をやり、さすが若者たち、全部のグループが当たり前のようにパワーポイントを自在に操って堂々とプレゼンテーションをこなしました。

今年5グループのテーマとして決まったのは、

- ブラックホールを探査する、
- 地球外生命をエウロパに求める、
- 火星に1年間人間が滞在する、
- 火星に液体の水を発見する、
- 月に液体の水を発見する、

というものでした。あくまで高校生の自発性を重んじて選んだもので、テーマの選定には、今年世界の注目を浴びた「マーズ・ラッシュ」が色濃く影響したようです。

ミッション・プランニングの過程では、TA の人たちや、アドバイザーとしてついた宇宙科学研究本部の先生たちの指導と受講生相互の議論、インターネットによる情報収集、宇宙科学研究本部内の研究・実験・試験・組立作業などの見学などが有機的に組織されて、高校生の「生々しい現場への好奇心」も大いに満足させたようです。

3日目の夜のバーベキュー・パーティで語った高校生たちの喜び一杯の顔々が、今でも私の脳裏に浮かんできます。「一生のうちで一番強烈な経験でした」「宇宙はおもしろいなあ、ぜひこの分野に進みたい」「全国にこんなに宇宙への熱い想いを寄せる仲間がいるなんて思ってもみなかった」……思えばすごい感想でした。

一般に「宇宙」の側から伝えたいことは熱心に追究されますが、受講生の側からの潜在的・顕在的要求を最大限探っていく努力は、なかなか難しいものがあります。予算がほとんどない中で、ボランティアの TA とアドバ

イザーを中心に組まれた今回の「きみっしょん」の体制は、お金のないことがいかに人間の頭脳を必要とするかの見本のようなものでした。パワーがあればもっと大規模に実施したいという「欲望」が沸々と胸に滾りました。

日本の高校生には、みずみずしい感性で自然と宇宙と生命に高い知的関心を寄せる素晴らしい人たちがいることを、私たちに確信させてくれた点、舞台を与えれば必ず期待に応えてくれる若者たちがいることを証明した点において、私自身にも嬉しい4日間でした。

その一端は、JAXA や ISAS のホームページに掲載されています。ご覧ください。

http://www.jaxa.jp/
http://www.isas.jaxa.jp/

9月 1日

いのちの尊さ

「いのちの尊さをみんなで考えよう」という話が、いつもあちこちに散見されます。それはいのちをないがしろにする事件が頻発するからでしょう。みなさんは、いのちの尊さをどこから学ばれたのでしょうか？

私の場合は、振り返ってみるとほぼ3つの源があるような気がします。まずは母です。1945年に私の生まれた呉の街がB29による空襲を受けた日々、私を背負って懸命に避難を繰り返してくれた母の姿を想像するだけで、私には亡き母への想いがこみ上げてきます。

第2は、少年時代に戯れた虫たちです。ハチが激しく羽ばたくのを目にし、トンボが悠々と滑空するのを見て、不思議に思いました。当然のようにトンボとハチを捕まえ、羽をむしり取って付け根をしげしげと観察しました。羽ばたきの違う理由は分かりませんでした。こんなことで無数の虫たちが私の好奇心の犠牲になりました。

ある日、トンボの羽をちぎって見入っていると、足元でカサカサ音がします。見下ろしてみると、先ほど私の酷い手にかかったトンボが片方の羽を懸命にバタバタさ

2004年

せているのです。何かチクリと私の胸を刺すものがありました。そのチクリチクリが積もり積もって、私は今では虫を殺すのを好みません。あの無数の虫たちの残骸が、よってたかって「殺さないでくれ！」と叫んでいるような気がするのですね。

そして、生き物のいのちの尊さを大人になった私の心に植えつけてくれたのは、宇宙です。母と虫たちから教わったことを、理性によって確かめる作業があったのだと思います。

昨今の子どもは、お母さんから「いのちは尊いのだから大切にするのですよ」と言われて、（まるで試験の答案を書くように）いのちの大切さを「覚える」のだという話を聞いたことがあります。自らの経験に基づいていのち大切さを学ぶことが、日本の子どもたちには求められているのでしょう。

JAXAに宇宙教育センターを作ろうと、現在格闘しています。宇宙活動の中から子どもたちに伝える珠玉のようなものを探り出せたらいいなと考えています。

9月 8日

ストラスブールの雨傘

今日から5日間、フランスのストラスブールです。国際宇宙大学（ISU：International Space University）の理事会に出席してきます。

ISUは、宇宙関連分野で活躍する人材を育成するために、1987年に設立された大変ユニークな国際的な高等教育機関です。当時アメリカ・マサチューセッツ工科大学に在学していた3人の学生の提唱によって、ボストンで設立されました。非営利、非政府をモットーとしています。3人の中には、Xプライズの理事長をしているPeter Diamandisも含まれています。

コンセプトには3つのIを掲げています。つまり、

Interdisciplinary（学際的）：工学等に偏らず、経済・

政策・法律などの非技術的な分野も習得する、

　International（国際的）：国際的視野から宇宙の活用を考え国際協調の調整能力を養う、

　Intercultural（異文化交流的）：文化的背景の違いによる問題解決・利害調整法の相違を学ぶ。

　フランスのストラスブールにキャンパスがあり、1年間の修士コースと9週間の夏期セミナーを行っています。ストラスブールにキャンパスを決めるときには、日本の北九州市も立候補して奮戦したものです。北九州市では夏期セミナーを開催したこともあります。末吉市長が非常に熱心に推進されたのです。

　修士コースは2つあります。技術を主体とするMSS（Master of Space Studies）と経営等を焦点とするMSM（Master of Space Management）です。これはストラスブールのメイン・キャンパスで11ヵ月をかけて学びます。一方夏期セミナーSSP（Summer Session Program）のほうは、開催地が毎年変わっていきます。これは夏の約9週間を厳しく楽しく過ごすわけですが、基礎的な学習のほか、毎年Design Projectが設定され、たとえば太陽発電衛星計画（Solar Power Satellite Project）をSSPに参加した学生全員が力をあわせて作り上げます。文字通り学際的にあらゆる側面から検討するわけですね。

　ISUには、世界各国から威勢のいい学生たちが集っていますが、その中には日本人も数名混じっています。本国では大学生や大学院生であったり、すでにそこを卒業して宇宙関係の機関や企業に勤めている若者たちです。

　講師の先生方も世界中からやってきますが、常勤でストラスブールに在勤している先生もいます。実は、日本の向井千秋宇宙飛行士が、今年の9月から3年間の予定で客員教授として派遣されたばかりです。向井宇宙飛行士は、ISUの修士コースの客員教授（Visiting Professor）として、宇宙飛行士・ミッションサイエンティスト・医師としてのバックグラウンドを生かし、ライフサイエンスに関する講義および、国際宇宙ステーション（ISS）での宇宙医学研究ならびに健康管理への貢献を目指した

2004年

研究と教育を行う予定で、ライフサイエンス関連の初めての常勤教授なので、学生たちからも期待されているようです。

　向井宇宙飛行士は、ISUでの教育活動を通して将来の宇宙活動を担う人材を育成する仕事、宇宙環境利用のコミュニティをひろげる仕事、宇宙医学研究を通してISSに長期間滞在する宇宙飛行士への健康管理をいかにして改善するかなど、忙しい毎日を送ることになります。こうした仕事を、さまざまなヨーロッパの宇宙関連の機関や、ヨーロッパ在住の日本の組織とも協力しながら遂行してくれるでしょう。有意義な3年間を送ってくれるといいですね。こちらも梯子を外さないようサポートすることが大事だと考えています。

　今回の理事会では、理事長（President）が新しくなったので、その基本方針が披瀝されるでしょう。現地に駐在しているJAXAの伊藤哲一さんや向井さんに久しぶりで会うのも楽しみです。

　今9月8日の午前3時過ぎです。外は台風が荒れ狂っているようです。「ストラスブールの雨傘」というレベルの低い駄洒落とともに、それでは行ってきます。

9月 15日

ストラスブールから帰りました

　ストラスブールから帰ってきました。涼しくて過ごしやすかったです。久しぶりで雑用から解放されて、リフレッシュしましたが、朝から晩までの会議には疲れました。現地に駐在しているJAXAの伊藤哲一さんご夫妻に大変お世話になり、空いている時間を使って、前から行きたかったケゼルスベルグに連れて行っていただきました。アルベルト・シュバイツァーの故郷です。アルザス地方はワインの名産地。糖尿と格闘中の身にはこたえますが、見渡す限りのブドウ畑は壮大で、心が洗われましたね。広大な斜面までがブドウで埋め尽くされているんですから、そりゃすごいです。途中の街ではコウノトリ

酸性雨に汚れた
シュバイツァーの銅像

の巣が煙突の上に陣取っている珍しい光景も目にしました。

　帰途のハプニング。ストラスブール駅前からフランクフルトの空港へ行くバスが来なかったのでス。何しろ2時間45分もかかる距離なので、安易にタクシーとはいきません。1時間くらいのんびり待っていた人たちもさすがにざわつき始め、間に合わなくなる人たちから順にタクシーを呼び始めました。結局は私も、ISU（国際宇宙大学）理事会の同僚と一緒にタクシーへ。ルフトハンザのバスですから、そばのドイツ人に「日本じゃこんなことは絶対に起きない。ドイツではよくあるのか？」と言うと、彼女は色をなして「いやドイツでもこんなことはない。ルフトハンザとは言っても、ここはフランスだから、フランス人がサボっているんじゃないの」との返答でした。

　アルザス、ロレーヌは昔からドイツ領になったりフランス領になったりして忙しかった土地です。あのドーデの『最後の授業』もアルザスにおけるお話ですね。

　4泊5日の旅を経て月曜日の朝7時半に成田到着。浜松町から東京駅丸の内に引越ししたオフィスへ直行し、以後いろいろあって夜8時過ぎまで働いて、ぐったりと帰宅。丸の内では久しぶりで毛利・向井・土井・若田の4人の飛行士と会って、旧交を温めたのが忙中のわずかな時間の閑でした。

9月 22日

ちょっと疲れ気味の東奔西走

　以下はこの1週間の日記。

○　**9月13日（月）**
　先週の月曜日の朝7時半にストラスブールから帰国。その足で東京駅へ。実はJAXAの東京事務所が浜松町の世界貿易センタービルから東京駅丸の内北口の旧国鉄ビル跡地に立てられた丸の内北口ビルディング（だったか

2004年

な？）に引っ越したんです。そしてそのそばの丸善が入っている OAZO というしゃれたビルの2階に、展示オフィス "JAXA i" をオープンしたのです。その内覧会に偉い人が来るので、成田から直行という破目になりました。結局いろいろあって夜8時過ぎまで働いて、ぐったりと帰宅。でも、丸の内では久しぶりで毛利・向井・土井・若田の4人の飛行士と会って、旧交を温めたのが「忙中のわずかな閑」でした。

○ 9月14日（火）

東京事務所。朝の理事会を皮切りに午後4時までぶっつづけに3つの会議。夜は、文部科学副大臣の小野晋也さんの呼びかけによる「大風呂敷の会」で、冒頭に挨拶をさせられ、ずっと集まった人びととの「大風呂敷」を聞き続ける。日本の宇宙が元気がないので、みんなで集まって夢を語ろうじゃないかという小野議員の親心です。鬱屈している人が多いらしく、急場の折なのに60人も集合しました。

○ 9月15日（水）

相模原。取材、面会と続いた後、近いうちに中国の宇宙関係者が日本を訪問するというので、警察の方が事情調査に。以前は公安の方でしたが……。夜は深刻な相談事が1件。

○ 9月16日（木）

東京事務所。9時半から、土曜日に予定されているタウンミーティングの相談。10時になったら催促されてそそくさと羽田へ。鹿児島市内の池田小学校で、子どもたちが国際宇宙ステーションにいる米露2人の飛行士と交信するためのサポート。鹿児島のテレビ局が噛んでいるのでかなり大げさになったのはいいのですが、会場となった理科室の空調が壊れていて、暑がりの私は滝のような汗。「上着を脱がせてくれ」と懇願したのですが、「放映が11月なので不自然」と拒否されました。11月に汗をだらだら流しているシーンを放映することも「不

自然」だと思うのですがね。収録を終えてスタッフと夕食をして寝たのは午前1時をまわっていました。

○ **9月17日（金）**
都内で相談事2件、取材1件。

○ **9月18日（土）**
NHKの「科学大好き土よう塾」の収録で渋谷のNHK放送センターへ。このテーマが何とシンクロナイズド・スイミング！　アシスタントの中山エミリちゃんはいいけど、塾長の室山哲也解説委員とゲストの私は、兄弟と言われるような90数キロの体。お互いの顔と腹を見つめあいながら「何で二人がシンクロナイズド・スイミングを語らなくちゃいけないの？　シンクロナイズド・ウェイトの間違いじゃないの？」と嘆息することしきり。でも北京オリンピックをめざす選手たちの「スカーリング」と呼ばれる神技を見ることができて幸せでした。

土よう塾の仲間たち

○ **9月19日（日）**
朝7時に家を出て、東京駅から新幹線で群馬県高崎経由前橋へ。前橋ではJAXAタウンミーティング。宇宙飛行士の土井隆雄さんと一緒に、群馬県の400人くらいの人たちと宇宙開発について語り合いました。高校生からも活発な意見が出されましたが、大人の人たちよりは何だか保守的なのが気になりました。

○ **9月20日（月）**
この日も敬老の日なのに、（トホホ）ドミノ倒し全国大会の収録でNHKへ。小学生の感動的な取り組みで心が洗われました。スタッフの人たちからも涙が。

こんな生活をしています。時には休みが欲しいですね。「疲れているみたい」と周囲から言われます。本人はそうは思っていないんですけどね。そういえば、「ぼけることの悲劇は、自分ではぼけていることが分からないことだ」と言った人がいました。その人は私よりも20歳

近く年上なので、「大丈夫ですよ、先生がぼけたらボクが教えてあげますから」と言ったら、何と言ったと思います？「そうだな、頼むよ。待てよ、そのときにキミがぼけていないことは誰が分かるんだ？」だと。今週は思考停止です。すみません。

9月 29日

冒険の心と宇宙

　1960年代のアメリカは、三人乗りの「アポロ宇宙船」で月面に到達するために、一人乗りのマーキュリー計画、次に二人乗りのジェミニ計画を先行させました。そのマーキュリー宇宙船やジェミニ宇宙船を設計したのは、マックス・ファジェイという人です。その天才技術者ファジェイが、1990年ごろに私の研究所を訪ねてくれました。神奈川県の相模原にある料理屋で、天ぷらやしゃぶしゃぶに舌鼓を打ちながら、私たちは大いに語ったものです。

　ファジェイは言いました——「私たち技術者は、宇宙船のシステムをできるだけ完璧に仕上げて、人間は最小限のことをすればいいようにしたかったのですが、あの初期の宇宙飛行士たちときた日には、できるだけパイロットの力を必要とするように設計してくれと、あれこれ注文をつけて来ました。まったくいのち知らずの冒険野郎たちですよ……」

　私は思いました——その「冒険の心」こそ、私たち人類が、その誕生に地といわれるアフリカの大地からヨーロッパへアジアへ、そしてアメリカ大陸へと、へこたれることなく住処をひろげる原動力になってきたものだと。

　人間がその進化の途上でこの「冒険の心」を獲得し磨き上げなかったら、私たちの先祖は、いつまでも地球のどこかの片隅でひっそりと生きながらえていたことでしょう。そうなると現代のように地球全体を活動領域とする「人類」にはなれなかったと思います。「冒険の心」は今も、私たちを宇宙の未知の世界へいざなっているの

マックス・ファジェイ博士

です。

　私は幼いころから、人間の歴史を貫いているさまざまな種類の冒険を、非常に美しいと感じながら育ってきました。まさしく人類の歴史は数々の冒険者たちで埋め尽くされています。私は、頭に浮かんでくる人びとをちょっと並べただけでも、心がウキウキし、胸がいっぱいになってきたものです。彼らは、東に西に、北に南に、人跡未踏の地へワクワクするような大遠征をやりとげ、人びとの活動範囲を次から次へと拡大していきました。

　イタリアの商人マルコ・ポーロが、父や叔父と一緒に、実に24年間もかけてアジアを大冒険旅行した話を父から聞いたのは、小学校のいつごろだったか。

　コロンブスよりも百年近く前に大航海を行った中国の鄭和のことは意外と知られていないかもしれません。彼は1405年、永楽帝の命を受けて大航海の途につきました。現在鄭和が乗った船の櫓が残っていますが、それから想像される鄭和の船は、長さ140 m、幅58 mという巨大さで、9本マストだったと考えられています。その艦隊はまさに大帝国の国力を示すもので、その豪快な大きさの船が数十隻、乗員は一万人を越えました。コロンブスの船は乗員50名前後で、たった3隻だったのですから、鄭和の船団の物凄さがしのばれますね。鄭和は、計7回の航海で、東南アジアばかりか、インド・中近東、果ては東アフリカまでその航海を広げていきました。今でも各地には鄭和の上陸を示す碑文などが残されているそうです。

　一方15世紀から16世紀にかけてのヨーロッパの大航海時代は、未知の土地の発見と香辛料を初めとする貿易のためでした。

　まずコロンブス。これは超有名。コロンブスは西への冒険に出ましたが、東への冒険を試みたダ・ガマ、南アメリカの南端から太平洋を通ってフィリピンに着き、そこで原住民に殺されたマジェラン、苦労の末にパナマ地峡を横断して「南の海」を発見したむこうみずな冒険家バルボア、スペイン王カルロス1世の命を受けて、当時メキシコで栄えていたアステカ王国を征服して残忍な支

2004年

配をしたコルテス、マジェランがつくった世界一周の記録に挑んだドレークなど、大航海時代はさまざまな群像を生み出しました。当時のヨーロッパは、そうした新世界への冒険の憧れに満ち満ちていた時代だったようです。

南極圏や北極圏への挑戦も、クック、ナンセン、ピアリ、アムンゼン、スコットなど、綺羅星のような冒険者を輩出しました。

ヒラリーのエヴェレスト初登頂という大ニュースは、小学生だった私も憶えています。リヴィングストンが暗黒大陸と呼ばれていたアフリカの奥地深くまで伝道医師として足を伸ばした大胆な試み、気球で約1万7000mの高空を探ったピカール、初めて海底を長い時間にわたって探検し、海底の美しさを世界中に紹介したクストー、最初の大西洋無着陸横断飛行に成功したリンドバーグなど、燃えるような冒険の心を持った人びとは枚挙に暇がありません。

これらの無数の冒険は、あるときは国王に命令されたものであり、またあるときは自分自身の野望を遂げるためのものでした。しかし人類の歴史上一人もなし遂げたことのない冒険に乗り出している自分の姿を、不安の中で大いに誇りに感じていたに違いありません。

そして私たちは今、宇宙という未踏の広大な世界のあることを知っています。地球周辺の開拓はすでに1961年のガガーリンによって口火が切られ、月へも12人のアメリカ人が着陸しました。しかし、光で百数十億年もかかる宇宙の広大さに比べ、人類がたどり着いているのはほんの宇宙の浜辺に過ぎません。真の冒険と想像の心がめざすのは、もっともっと遥かな宇宙の沖合です。ツィオルコフスキーはその著書の中で、いずれ人類が太陽系全体を棲家にする日が来ることを展望しています。私たちはいつの日か、遥かな惑星、さらに遠い銀河へと冒険の旅に出たいものです。

私の心の中に住みついている宇宙への冒険の憧れは、あのジェームズ・クックの遺した次の言葉が雄弁に語ってくれています。

ジェームズ・クック

——私には誰よりも遠くへ行きたいという野望だけでなく、行けるだけ遠くへ行きたいという野望があった……。

　生き生きとした冒険の心を持つ若者たちが出現してほしいと思います。

　——民族が大きく、たくましく栄えたのは、その息子たちが冒険を愛したからである。そして、民族が衰え、没落したとすれば、それはただ、その息子たちが危険への喜びを失ったからにすぎない。（ヘンリー・ヘーク）

10月 6日

バンクーバーの青い空

　バンクーバーは美しい町です。会議の参加者が異口同音にシドニーと比較しますね。昼間に市内を歩く時間がないのでちょっとシドニーと比べることができませんが、ホテルから会場までの5分の道のりからだけでも、きれいな町であることは十分にうかがえます。

　それに広がる空の青いこと！　はるか東のほうに雪を頂いた見事な山が見えています。さぞかし名のあるロッキーの頂きでしょうが、まだ調べる時間がありません。このまま大した観光はできないまま帰ることになるのでしょうが、カナダに移住したい人が後を絶たない理由は分かる気がします。

バンクーバーのシンポジウム会場

　さて会議のほうは、前哨戦としての国連のワークショップが「自然災害」をテーマにして2日間行われ、昨日終了。来年は福岡でこの会議が開かれるので、主催国として国連のワークショップのテーマとして「宇宙教育」を提案しました。

　ヨーロッパは40人もの大学生を派遣してきています。日本は14人。未来へかける意気込みが違いますね。これから大いに日本も強化することにしましょう。私の考えが受け入れられるかどうかは不明ですが……。冒頭の挨拶で冗談を言っていたら、後に会場で何人もの学生か

2004年

ら親しそうに声をかけられました。「紳士は金髪がお好き」ではなくて「若者は冗談がお好き」ですね。外国の学生さんのリラックスした振る舞いは好感が持てます。

挨拶の後で壇上で席について、会場いっぱいの学生を見ていたら、「この角度から撮る写真は珍しい」と思い、デジカメで2枚ほどシャッターを切ったら、学生の視線が一斉にこっちを向いたので、スケジュールを説明していたESAの若い女性が話をいったん中断して私を可愛く睨みました。私がベロを出して謝ったら、会場から大きな拍手が沸きました。再び「若者は冗談がお好き」——私はその場を癒す道化になったわけですね。

いよいよ今日は本会議のオープニングです。何だかもうすっかり疲れたような……。会議の正確な名称を言うのを忘れていました——IAC（International Astronautical Congress）と言います。支えている組織はIAF（International Astronautical Federation：国際宇宙航行連盟）。世界最大の宇宙工学の学会です。最後に日本で開催されたのは1980年のことですから、来年の福岡大会は四半世紀ぶりの日本開催ということになるのですねえ。25年前は、私は学生アルバイトのまとめをやって大変だったのを思い出します。

10月 13日

新渡戸稲造記念公園で

バンクーバーから帰ってきました。向こうを出るときに日本では台風が荒れ狂っていることは分かっていました。JALの私の乗る次の便は欠航だと聞きました。こりゃあ揺れるなと思ったらそうでもなかったのですが、成田から帰宅した直後に地下鉄などが止まったというニュースを耳にしました。もうちょっと何かで到着が遅くなったら成田泊になったかと思うと、日ごろの行いの大切なことが理解できました。

ついにバンクーバーでは観光らしきことはできず、わずかに先回行きたくて行けなかった新渡戸稲造記念公園

新渡戸稲造記念公園

344

を訪れただけでした。彼はこの地で亡くなったのです。木々が美しく黄葉している中を静かに散策しました。心の洗われる2時間余でした。ウィリアム・クラーク博士や内村鑑三や新渡戸稲造のことなどを思い起こしながら、あてどなく彷徨っていました。『武士道』っていい本ですよね。あの素敵で力強い日本の国や男たちはどこへ消えたのでしょう。まっすぐに志を立てて勇敢に生きて時代を切り拓いていった男たちは？

10月 20日

『いのちの教科書』を読みました

　出張先の宮崎から帰ろうとした月曜日、私たちが乗ることになっていた飛行機が悪天候のため宮崎空港に降りることができず、福岡空港に向かったとの場内放送。あえなく1日延ばしで東京に帰ってきました。台風の影響でしょう。おかげで2つも会議を欠席せざるをえなくなりました。今度の台風23号は大変な大きさと強さらしいですよ。ご用心。

　こんなにあちこち飛び回っていると、「仕事の疲れ」とか「年齢からくる疲れ」とかいう前に、何だか「交通の疲れ」というものが確かに存在していると言わざるをえません。私の母は、60歳で亡くなったのですが、病気などした記憶がありません。よほど丈夫にできていたのでしょう。

　「何でもできるけどお金だけは興味がない」男だった父をカバーして懸命に働きました。そして「ふとした風邪」がもとでアッという間に世を去ってしまったのですが、その母の年齢を一昨年に迎えて、私の気持ちは複雑でした。

　母と同じように、丈夫で中年になってからは肥満。母は結婚式当時の写真を見ると、和服を着ていても痩せているのが分かりますが、晩年は、150 cm、55 kgと太っていました。今92 kgの私は、「やせましたね」と声をかけられて、「痩せたは言いすぎですが、体重が前より

2004年

減ったというのが正しい表現ですね」と返事をしています。ただ、一昨年、その前の年と、相次いで二人の兄貴を失ったことで、私も幾分生きることに慎重になっていることは確かですが、向こう見ずでお人好しの性格は変えようがないのですねえ。

　とりとめもない文章で申しわけありませんが、最近『いのちの教科書』という本を見つけて一気に読み上げました。金森俊朗さんの書いた本で、角川書店から出ています。金森先生は金沢の小学校の先生で、昨年NHKスペシャルで「涙と笑いのハッピークラス～4年1組命の授業～」として紹介されて全国に感動をまきおこしたご本人です。

　素晴らしいです。あらゆる人に読んでほしいと感じました。

10月 27日

いのちの大切さと宇宙

　先日（10月22日）、NHKの「視点論点」で話した際の原稿をご紹介します。すでにあちこちで話している内容で、ぴったり約束の9分15秒になるように話していたつもりが、8分あたりで時計に目をやってびっくり。時間があまりに速く経っているのです。いや、私が本番であまりにゆっくり話していたらしいのです。だから最後のほうは、この原稿よりも、はしょったものになってしまいました。口惜しいので元の原稿をお聞きください：

　私の生まれ育った広島の呉の街は、1945年にアメリカ軍の大空襲を受けて、焼け野原になりました。父はフィリピン戦線に出ていましたので、その日、「ウーウーウー」と空襲警報が鳴り響くと、母と二人の兄と一緒に近くの防空壕に避難しました。3歳の私を膝に抱っこしていた母が、ふと隣に目をやった途端に凍りつきました。おそらく私と同い年くらいの子どもがぐったりと首をうな垂れています。

「窒息死だ」と直感した母は立ち上がりました。隣にうずくまる兄たちに「出るよ！」と叫んだのですが、二人は動きません。外は爆弾が降り注いでいます。母は幼い私をおんぶして出口へと強引に進みました。兄たちも、爆弾よりも母を失くする方が怖かったと見えて、気がつくと、火の海の町へ一家4人で飛び出していました。

　隣の防空壕までの500mくらいの距離をひた走るこの時の母の背中が、私の生涯の記憶で最も古いものです。一夜明けて、前に入っていた防空壕に行ってみると、直撃弾をくらって全員が亡くなっていたそうです。

　このようにして人生が始まった私は、小学校の3年生のころ、学校の帰りに、電信柱の根元でもがいているツバメを見つけました。羽に怪我をしていました。そっとてのひらにくるんで、家に持って帰りました。いつもは、帰宅するとすぐ近所の原っぱに野球をしにでかけるのですが、その日はそんな気にはなれず、座布団の上にツバメを乗せて、途方にくれながら眺めていました。

　やがて自分で幼い看病を始めました。毎日少しずつツバメは元気になり、動きも大きくなっていって、もうじき飛べるかなという予感がして胸を躍らせていた3、4日後、学校から帰ったらツバメは死んでいました。夕方帰宅した母に取りすがって泣いた後、川原まで大事に抱えて行って、埋めてあげました。「ツバメの墓」と書いた厚紙を、盛り土の上に挿したのをおぼえています。

　6年生のときには、3年間一緒に暮らした「ジョン」という雑種のシバイヌが病死しました。このショックは1ヵ月以上続きました。

　そのころ、ハチが激しく羽ばたくのを目にし、トンボが悠々と滑空するのを見て、不思議に思いました。当然のようにトンボとハチを捕まえ、羽をむしり取って付け根をしげしげと観察しました。羽ばたきの違う理由は分かりませんでした。こんなことで無数の虫たちが私の好奇心の犠牲になりました。

　ある日、トンボの羽をちぎって見入っていると、足元でカサカサ音がします。先ほど私の酷い手にかかったトンボが片方の羽を懸命にバタバタさせているのでした。

2004年

　何かチクリと私の胸を刺すものがありました。そのチクリチクリが心に積もり積もっていきました。
　このように、トンボの羽やカマキリのカマをもぎとったりして遊んでいた少年は、ロケット発射場のある内之浦で、カラスに下半身を食い千切られたカブトムシの姿を見て、心から可哀相と感じるような人間に、いつのまにか変身してしまいました。
　幼い時代の生きものとの交流の一つひとつは、私の心に数々の鋭い傷跡と多くのあたたかい想い出を残しました。その原点は、あのツバメだったような気がしています。今でも家屋の軒下に巣を作っているツバメを見つけると、半世紀の空白を越えて、限りない懐かしさがこみあげてきます。
　このように、私は、幼いころは母から、少年時代には生き物たちから、「いのちの尊さ」を学びました。それが、自分の仕事のターゲットに選んだ宇宙の分野でなし遂げられた成果を学ぶうちに、思いもかけず「命の大切さ」が強力な科学的背景を獲得しつつあるという確信に近い気持ちを持つに至りました。
　宇宙は、子どもたちの夢と好奇心と冒険の心をかきたてる魅力的な存在です。同時に、私たちのいのちのルーツを解き明かすための謎の宝庫でもあります。20世紀の100年間に、人類は、百数十億年前に私たちの宇宙が始まったことを明らかにし、その宇宙が膨張し進化しながら太陽や地球さらには私たちの生命を生み出してきたというシナリオを提示しました。
　気の遠くなるような長い長い宇宙の歴史の最も新しい時代の生き物として私たちが生きていることの尊い意味を、子どもたちと心行くまで語り合うと、半世紀以上も年の離れた私たちが、同じ時代に生きて、よりよい社会をめざすために協力する同志になってしまうから不思議です。
　宇宙は豊かな想像力の源です。宇宙飛行士だけでなく、詩人が、音楽家が、画家が、そしてあらゆる人びとが、根こそぎ宇宙を訪れて、宇宙のスケールから見るとちっぽけなこの私たちの故郷の星への愛情を、心を込めて

歌ったら、描いたら、……私たちの想像の翼は、巨大な大きさを持つことになることでしょう。翻って、そのような宇宙は、多彩で未分化で無限の可能性を秘めている子どもたちの心に、鮮やかな火をともすことができます。
　こんな言葉を聞いたことがあります。「優秀な教師は、子どもに分かりにくい事柄を分かりやすく丁寧に解説してあげる。しかしそれだけでは十分ではない。最高の教師は、子どもの心に火をつける」と。
　学校で教わる理科の授業には、熱とか音とか光とか、いろいろな単元がありますね。たとえばロケットが轟音とともに打ち上がってから人工衛星を地球周回軌道に投入するまでの10分ぐらいの間の映像を子どもたちと一緒に見ていると、きらきらと素敵に輝く瞳が画面を凝視しています。考えてみると、その輝く瞳に映っている映像には、音も光も熱も、すべて劇的な形で含まれているのです。
　宇宙の持っている素晴らしい素材を、「子どもたちの心に火をつける」ために活用しようというのが、「宇宙教育」です。私たちは、宇宙の魅力を存分に発揮して社会貢献するための活動の最前線に、この宇宙教育を据えたいと考えています。
　全国津々浦々で子どもたちの成長のために惜しみない努力を傾けていらっしゃるみなさん、家庭にあって子どもたちの健全な成長を心から願っていらっしゃるお母さんやお父さん、宇宙とスクラムを組みましょう。子どもたちに、宇宙の悠久の歴史から俯瞰した「生きる意味」「命の意味」についての科学的な見方をプレゼントし、話し合いましょう。「いのちの大切さ」をゆるぎない軸として持ち、自分の頭で考え、自分の指針にのっとって行動する無数の若者たちが育っていけば、日本が直面している時代の課題は必ず乗り越えられると信じています。
　お粗末の一席でした。

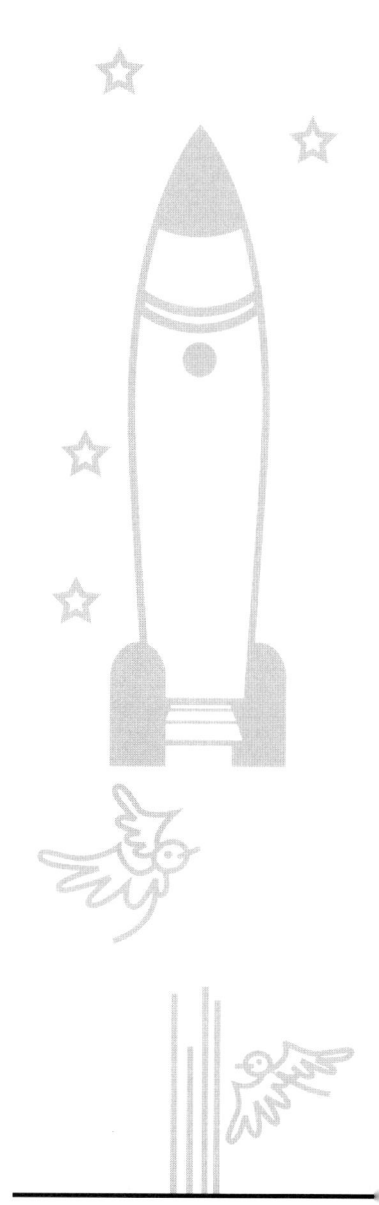

2004年

11月3日

北海道で感じた日本の相克

　先週は、札幌でHASTIC（北海道宇宙科学技術創成センター：NPO法人）の会議に出席し、そこから帯広で宇宙学校（JAXA宇宙科学研究本部主催）を開いてきました。HASTICは、最近話題をまいたハイブリッド・ロケットを開発して売り出すと宣言したところです。ところがその後すぐに誰だか政府の「えらい」人が「テロに使われる危険があるのではないか」と感想を述べたために、どうやら「販売」は難しくなりそうな気配です。プロの目から見て、販売したってまったく大丈夫なように技術的な歯止めをかけられるのに、ド素人がしゃしゃり出て「ああだ、こうだ」と感想を述べれば、お役人さんはやはりそれを無視できず、世の中を活性化する動きをすべて封じてしまう——いくら善意と進取の気象に富んだ人びとがあがいても、日本はどんどん泥沼に落ち込んでいく気配がしますね。一つの国が没落の時代に入ると、これはこうしたものなのかしら。でも一人の人間は、たった1回しかその時代を生きられないから、それでも一生懸命あがく以外には道がないですね。

　帯広では、明るく未来だけを見つめている子どもたちと会ってきました。東京の子どもたちとはひと味違う、素朴な質問がいっぱい出ました。宇宙研の先生方もそれに熱心に答えていましたよ。1時限目に「ロケットと惑星探査」、2時限目に「天文と生命」というタイトルのQ&A教室を行い、映画上映の後に「タウンミーティング」と称して、帯広の人びとと「みんなで語ろう、宇宙への夢！」という語らいとディスカッションをやりました。宇宙科学の現場の人間が、日常生活の場からそれを見つめている多くの人びとの想いを知ることは非常に大切なことです。宇宙研の平林久先生が司会進行を務めてくれたのですが、軽妙に見事に雰囲気作りをしてくれました。おかげで心の通い合った、しかし真剣なやりとりができました。日本が有人宇宙活動に乗り出すべきか否

かが議論の焦点だったのですが、賛成反対はほぼ同数くらいでしたね。もちろんどこへ行ってもそうなのですが、宇宙の謎に挑戦する宇宙科学の分野は、圧倒的に支持されていると感じました。

　札幌と帯広——この２つの場所で、きびすを接して感じた極端に違う２つの雰囲気。これが今の日本で進行している典型的な現象なのだと、帰りの飛行機で確信しました。後者のような流れは、組織されない「声なき声」で、前者は組織され大きな声で連日叫ばれ続けています。どちらも歴史を作るパワーとしてそれぞれの役割があり、どちらが勝つかが明らかではありません。「いずれは正義が勝つ」と言って楽観しても、それは自己満足でしかないことが分かっています。歴史の、時代の、局地戦というのは、明るい社会をめざす人びとの意志を無残に砕いていくこともしばしばですから。でも自分は時流にうまく乗ろうと考えないで、自分の信念を貫くべく頑張り続ける以外に、生きる道はないのですね。「正義なんて相対的なものだ」と嘯くほどニヒルになってはいけないのでしょう。

11月 10日

ほんもの体験

　先日の日曜日、日本宇宙少年団（YAC）のリーダーズ・セミナーに行ってきました。JAXA（宇宙航空研究開発機構）の加藤松明君が講師で来ていました。彼はまだ29歳だそうで、「マイクロラブサット（μ–LabSat）」という小さな衛星を手作りしてH–2Aで打ち上げた経験を生々しく語ったそうです。「そうです」というのは、私は彼の話の最後の方に到着したからです。

　μ–LabSatの１号機は、旧NASDA（宇宙開発事業団）の若手技術者が中心となって製作に当たったハンドメイドの衛星（サイズは70 cm×50 cm）です。「みどり２号」を打ち上げたH–2Aロケット４号機のピギーバックペイロード（ロケットの余剰能力を活用して相乗りさ

2004年

せた小型副衛星）として軌道に投入されました。2002年12月のことでした。

μ-LabSatの重さは50 kg。私たちが苦労して1970年に打ち上げた日本最初の人工衛星「おおすみ」は24 kgでしたから、それよりも重いんですよね。もっとも当時の苦労はどちらかと言えばロケットにあったから、苦労の方向は少し違うけれど、それにしても「隔世の感」は否めませんネ。

小型衛星の技術はとても大事です。小型衛星を、普通の人たちでも近づきやすい「手軽で安価な」宇宙技術として利用できるようにすることを目指して、μ-LabSatは取り組まれました。NASDAの若手の職員が自分たちの力で設計・組立・試験を行いましたから、それはそれは貴重な経験になったことでしょう。搭載ソフトウェアもすべてJAXA製です。またJAXA自身が機器の設計をし、製造を専門業者に依頼しました。

μ-LabSatの詳細はJAXAのホームページを見ていただくことにしましょう。YACのリーダーズ・セミナーで経験を紹介した加藤君は、それはそれは素晴らしく感動的に自身の苦労と喜びを話したということです。YACのリーダーたちに生々しい宇宙開発の現場の姿を伝え、出席者に大きな感動を与えるということは、やはり生々しい経験を、現場にいた人間の汗がしみついた話として聞かせるからです。もし子どもたちがそれを聞けば、「ああ、自分もあのお兄ちゃんのような生き方がしてみたい」と感じるでしょう。

話してくれた加藤君の爽やかなキャラクターもよかったし、彼のプレゼンテーションが非常に心がこもっていて、この衛星に対する愛情が溢れていました。JAXAの誰もがそんな経験をできるわけではありませんが、加藤君のような若い科学者・技術者が、その次の世代に感動をリレーしていくことが、この日本の未来を支えていってくれることでしょう。久しぶりで新鮮な気分になって帰途につきました。

11月 24日

ガンマ線バーストの謎を追って

　歴史にはしばしば副産物があります。冷戦真っ只中の1960年代、アメリカがソ連の核実験に伴って発生するガンマ線を捉える人工衛星を打ち上げました。いわゆる「核実験監視衛星」です。地上からのガンマ線は来なかったようですが、代わりに宇宙から時折ガンマ線が津波のように到来する謎の現象が発見され、「ガンマ線バースト」と呼ばれるようになりました。しかしこのガンマ線バーストは観測者にとって難敵でした。いつどこで起きるのかまったく予測できない上に、ガンマ線がピカッと光ったかと思うと、数秒から数分で消え去ってしまい、そこには二度と現れないのです。

　しかし1997年、ついにイタリアの衛星が、バーストの発生から数時間のうちに、天球上のその位置を決めることに成功し、その位置を地上の光の望遠鏡で観測したところ、ガンマ線よりずっとゆっくり消えていく、爆発の「残光」が見つかりました。さらに残光が消えたあと、その位置を可視光でよく調べたところ、非常に遠方にある銀河、すなわち宇宙が若かったころの銀河が、そこに発見されたのです。

　大ニュースでした。ガンマ線バーストは、宇宙の果てで起きる大爆発らしいのです。はるかな遠方で発生していながら、太陽が100億年という一生のうちに放射するエネルギーの合計のさらに100倍を、たった数秒のうちに放射する強烈なガンマ線を放っているというのですから。それは想像を絶する巨大なエネルギーの解放であることが判明しました。

　2000年、日本の理化学研究所は、ガンマ線バースト発生直後の姿を見るため、米仏と協力して、「ヘティ2」という衛星を打ち上げました。広い視野でガンマ線バーストの発生を見張り、バーストが起きるやいなやその場所を、満月の3分の1くらいの誤差で衛星自身が決定します。その位置はすぐに地上に通報され、インターネッ

2004年

トで全世界の研究者たちに伝えられます。待ち構えていた多くの望遠鏡が、一斉に自動的にその方向に向き、残光の探査を開始するという仕組みです。

ヘティ2はすでに百個を越えるガンマ線バーストをキャッチしています。2003年3月29日に起きた大バーストでは、日本の研究者がその残光を世界に先駆けて捉えました。宇宙の果てで起きた大爆発から発せられた光は、2晩ほどで徐々に消えていきました。より大きな望遠鏡でこの残光を追跡し続けたところ、バースト発生から1週間ほど経ったところで、残光のスペクトルが次第に変化していきました。爆発に伴う高エネルギー粒子の出すシンクロトロン放射から、超新星爆発に特有なスペクトルへと移行したのです。

ガンマ線バーストが出現するメカニズムの1つの説明として、「宇宙の遠方で大質量の星が超新星爆発を起こし、星の中心部分がつぶれてブラックホールができ、その瞬間にガンマ線バーストが発生する」というシナリオが浮かび上がった歴史的瞬間でした。

その「ガンマ線バースト」の謎を追って、さる11月20日12時16分（日本時間21日2時16分）、アメリカ・フロリダのケープ・カナベラルから、「スウィフト」という名の重さ1.5トンの科学衛星が軌道に乗せられました。打上げロケットはデルタ2、ロシアのソユーズと並んで、現在世界で最も信頼性の高いロケットです。

だから「スウィフト」は、ガンマ線で空を見ます。ご存知のように、宇宙からやってくる電磁波には、波長の長いほうから（あるいはエネルギーの低いほうから）電波、赤外線、可視光線、紫外線、X線、ガンマ線という種類があります。ということは、ガンマ線は電磁波の中で一番エネルギーが高いわけで、ガンマ線バーストのような、宇宙で起きる現象のうちでは最も激しい現象をキャッチするのに最適の波長と言えます。

「スウィフト」は、NASA（米国航空宇宙局）を中心として、幅広い国際協力体制によって開発されました。日本のJAXA（宇宙航空研究開発機構）宇宙科学研究本部も、Key Associate Institute（準中核研究機関）として、

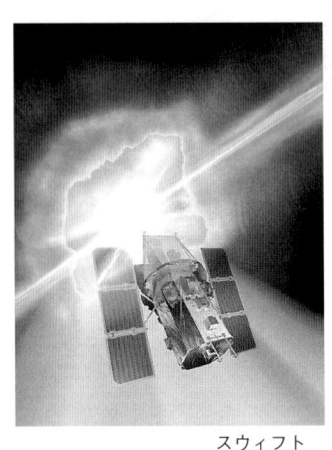

スウィフト

354

東京大学や埼玉大学とともに検出器チームに参加しています。中でも、視野の広いガンマ線望遠鏡によってバーストを検出し、その位置をすばやく計算することによって、衛星全体を自動的にその方向に向けるために必要な、大面積ガンマ線検出器 BAT の開発に携わってきています。その BAT が保証するすばやい動きが「スウィフト」の語源となりました。

　BAT の活躍を皮切りに、搭載している X 線と可視光の精密望遠鏡の観測が始まりますが、とにかく早くみんなで観測しないと、ガンマ線バーストの残光は急速に暗くなっていきます。だからこの衛星の位置や明るさの情報は、リアルタイムで全世界に伝達され、各国の地上の望遠鏡も残光観測に参加します。また、衛星の全データは世界中の科学者に直ちに公開されます。2005 年春から予定される「スウィフト」の本格運用が始まると、天文学の最大の謎の一つである「ガンマ線バースト」の正体探しが山場を迎えます。

12月 1日

風邪とともに去りぬ

　ストラスブールに来ています。ISU（国際宇宙大学）のシンポジウムで "Keynote　Address" などというものを頼まれて、気が弱いため断れなかったからです。タイトルを "Perspective of Japan's Space Activities in the Near　Future" として概要は提出してあったのですが、まったく時間がとれず、出かける前の晩にほとんど徹夜で骨格だけを作り上げました。勝負はフランクフルトまでの飛行機の中に持ち込まれました。

　出発する前の晩にちょっと嫌な悪寒を覚えていました。何となく「風邪かな？」と思うあのちょっとした予兆です。成田行きのバスで熱が出てきたような気がしたので、空港で風邪薬を買い込んで機上の人になりました。そして事態は最悪の方向へと進展していきました。機内食の水を使って薬を飲んだものの、どんどん発熱し、発表の

準備どころではなくなりました。眠ろうにも、発表が気になって眠れません。

　フランクフルトでバスを待って3時間ゆったりと座っていたら、少しよくなってきました。体が軽くなっていくような嬉しい予感があり、バスがストラスブール・ヒルトンの前に着いて、ISUに滞在している伊藤哲一さんに会ったときは、一緒に夕食をとって平気なくらいに回復していました。それからまた一睡もしないでパワーポイントと格闘できたのは、発表への責任感からか、時差ボケの所為か。

　シンポジウムでは、久しぶりでジョージ・ワシントン大学のジョン・ログズドンと顔を合わせました。日本の宇宙開発と宇宙科学の行方をとても心配していました。10月からISUの客員教授として赴任している向井千秋さんにも会いましたが、彼女もひどい風邪を引いていて、お互い「馬鹿は風邪を引かないっていうのはウソだね」と苦笑いしました。

　皆さんも風邪に気をつけてください。

12月 8日

孤独と協同と

　やっとストラスブールから帰国しました。あちらで書いたYMの内容が悲惨だったので、大勢の方からご心配をいただきました。有難いことです。どうもかなりひどい肺炎だったようですが、自然治癒の力がまだ残っていたようで、粉薬を3回飲んだだけだったのに、今では多少鼻がシュンシュンするだけにまで快復しました。

　さて、あちらで聞いた話。調子が悪かったので、どれだけ正確な記憶か分かりませんが、さる11月末にブリュッセルにおいて、欧州宇宙評議会が開かれました。各国・各機関の閣僚が参加した初の会合です。これは歴史的ですね。端的に言えば、これ以降は実質的にブリュッセル（EU）が、パリ（ESA）に代わってヨーロッパの宇宙政策を策定するところになったということ、ESA

（ヨーロッパ宇宙機関）は、宇宙活動の執行機関になったということになりますね。

　加盟国が世界史的な展望で国とヨーロッパの運命をかけて宇宙政策を議論している様子が、ストラスブールに集まったヨーロッパの人たちの発表からヒシヒシと感じられました。まことにビジョンづくりとは、このように世界史における現代の意味、その舞台における現在の位置づけをしっかりと把握することから始まらなければならないものなのでしょう。「カール大帝以来の大変革」と呼んでいる友人もいました。

　しかしその必死な議論は、今は荒削りに見えるヨーロッパのビジョンが、これから完成度を高めていくに違いないことも予感させるものがあります。日本の宇宙開発も長期ビジョンを議論しつつあります。どちらがどれだけ、過去の自身の歴史の中から内発的な教訓を汲み取れるかが勝負だと考えています。他動的な公式の当てはめや模倣では、この厳しい時代を乗り切れないことは確実です。

　協同で大規模に議論を展開しているヨーロッパと、ある意味で孤独に現在の行政改革という枠組みの中で将来の姿を探っている日本とで、ここ1，2年のうちにどのような違いが出てくるのでしょうか。

　ところで話は違いますが、帰りに立ち寄ったパリで会った旧友から、思いもかけず私の好きなウォードさんの言葉の原語を教えてもらいました。日本語よりも刺激的なので、英語のままお楽しみください：

　　The mediocre teacher tells.
　　The good teacher explains.
　　The superior teacher demonstrates.
　　The great teacher inspires.
　　　　　　　——William Arthur Ward

12月 15日

『かみさまへのてがみ』

　楽しい本を読みました。エリック・マーシャルさんという人が編集し、谷川俊太郎さんの訳した『かみさまへのてがみ』（サンリオ出版）という本です。幼い子どもたちが「本気で」神様に宛てた手紙集です。たとえば、

- かみさま　どうして　よる　おひさまを　どけてしまうのですか？　いちばん　ひつような　ときなのに。（バーバラ　わたしは７さいです）
- かみさま　もし　しんだあと　いきるんなら　どうして　にんげんは　しななきゃ　いけないの？（ロン）

　どうです、面白いでしょう？　こんな調子で素朴な質問がずらりと並んでいます。訳の素晴らしさもありますが、葉祥明さんの楽しい絵も入っていて、皆さんを童心に戻すこと請け合いです。一度読んでご覧になっては？

12月 22日

H-2Aへのエール

　先日ストラスブールへの出張中に、フランス軍の演習の話を聞いたことがあります。部隊対抗の「的当て競技」みたいなものが含まれているらしいのですが、それぞれの部隊には指揮官がいます。指揮官には当然ながらいろいろなタイプの人がいます。「戦い」に臨むに当たって部下に与える訓示に、そのタイプの違いがよく現れます。大きくは２つに分かれ、１つは「お前たち、他の部隊に遅れをとるなよ。的を外した奴は承知しないからな」というタイプ。もう１つは「まあのびのびと実力を発揮しろ。そりゃあ勝つほうがいいに決まっているが、負けたらオレが責任を取るから安心しろ」というタイプ。どちら部隊の成績がいいと思いますか。もちろん一概には言

えませんが、統計から見ると圧倒的に後者がいいそうです。

　ロケットの打上げをリードする人についても同じことが言えるでしょう。H-2Aの打上げが近づいています。私自身はH-2A打上げ作業に加わったことがないので、雰囲気を含めよく知らないのですが、今回は特に後者のムードが大事だと思っています。というのは、作業に関わっている人たちが世論を敏感に感じており、がちがちに緊張する可能性が高いからです。日本の世論は、「H-2Aの失敗は許さないぞ」という気分に包まれています。宇宙開発という仕事は国の事業です。決して短期決戦の性質のものではありません。1回の打上げにその国の運命がかかるような考え方に追い込まれている日本のロケット現場の人たちに、心からエールを送ります。リラックスして、本当の実力を発揮できるよう頑張ってください。あなたたちの力は必ず実を結ぶことを信じています。

　それではみなさん、よい新年をお迎えください。来年もよろしくお願いします。

的川的お天気

☺:喜 😠:怒 😢:哀 😄:楽

あとがき

　1999年末に日本惑星協会が発足して以来、そのメールマガジンとして毎週書き続けてきている私の悲喜こもごもを、1冊の本にまとめてはどうかとの提案を、数学者である畏友・吉田武さんからいただいたとき、正直を言えば、そんなものがまとまった本になるとは予想もしていなかったので、「どうですかねえ」と小首をかしげました。

　私自身は、日本の宇宙活動のあり方をめぐって悩んでいる最中でもありましたし、一体私が自分の人生で生きてきた証というのは何だろうかと、かねてから考えていた問いも蘇ってきました。

　この5年間の歩みの中から、宇宙活動の意味を本来の土俵に乗せて熟慮してみよう——その気持ちを前向きに追求するために、恥ずかしながら吉田さんのお言葉と共立出版の赤城圭さんの「是非出版させてください」との申し出を有難くお受けすることにしました。

　吉田さんから、「的川さんは、ひどいスケジュールに追われながら、いろいろな意見や不満をYMマガジンに吐露しているけれど、大部分が実現しない悲しい話なので、読んでいて涙がこぼれる」と喝破されたことがあります。それでも、日本惑星協会のメールマガジンには、数多くの激励や賛意やクレームが寄せられてきます。決して孤独ではないことを感じるだけの熱心な読者がいらっしゃるのです。そのような人たちと一緒に、世界と日本の未来を、宇宙を軸として、もう一度考えたいものです。

　吉田さん、赤城さんに加えて、いつもながら原稿や図版の収集、整理に奔走していただいたJAXA宇宙科学研究本部の利岡加奈子さんに、あらためて感謝をする次第です。

　日本惑星協会の活動は、数えるほどしかいない比較的高年齢の

ボランティアの方々によって推進されています。米国の惑星協会の創立者の一人である故カール・セーガン博士は、生前に日本に惑星協会ができたらいいなと口癖のように言っていたそうです。その意を受けて、6年前に私のところに日本惑星協会設立を呼びかけられ、以来一貫して協会の精神的支柱となって活躍された秋田次平さんが、去る1月12日に急逝されました。本書を秋田さんに捧げるとともに、心からそのご冥福をお祈りする次第です。

100年ぶりの暖冬のモスクワにて

的川　泰宣

索 引

[事項索引]

あ

悪魔のハイフン……………………5
あけぼの……………………………99
あすか…………………………72, 116
あすたむランド…………………169
アストロE………………………7, 23
「あなたの名前を火星へ」キャンペーン
……………………………274, 278
アポロ計画…………………………69

い

イオン・エンジン……245, 271, 309, 313
いとかわ…………………………263
隕石………………………………182

う

宇宙開発事業団…………………239
宇宙科学研究所………………6, 238
宇宙科学シンポジウム…………106
宇宙学校………………92, 169, 296
宇宙技術と科学の国際シンポジウム……53
宇宙教育…………………………164
宇宙航空研究開発機構……238, 249
宇宙人へのメッセージ…………234
宇宙天気予報………………………75

え

影響圏………………………………94
エウロパ……………………………79
液体燃料ロケット…………………52
エクスプローラー…………………57
エル・カピタン…………………300
円錐曲線接続法……………………95

お

おおすみ…………………………261
オービター計画……………………56
オゾン観測キャンペーン…………81
オポチュニティ……………250, 300

か

鹿児島宇宙空間観測所……………6
鹿児島方式…………………………46
カスプ………………………………99
火星協会…………………………136
カッシニ／ホイヘンス……………94
ガリレオ…………………………270
ガリレオ衛星……………………101
観測ロケット…………………48, 81
ガンマ線バースト………………353

き、く

「気宇壮大なり、糸川英夫伝」……225
きみっしょん……………………331
キューブサット…………………258
漁業交渉………………………44, 47
呉市立荒神町小学校……………209

こ

航空宇宙技術研究所……………239
国際宇宙航行連盟………………154
国際宇宙ステーション……………38
国際宇宙年……………………8, 152
コズミックカレッジ………………65
固体燃料ロケット…………………52
コロンビア…………………226, 229

363

さ

- さしみ …………………………………293
- サターン・ロケット …………………69
- サリュート ……………………………16

し

- ジオット ………………………………218
- 磁気嵐 …………………………………75
- 神舟 ……………………………186, 220

す

- スウィングバイ …………32, 94, 251, 309
- すし ……………………………………293
- すだれコリメーター …………………115
- スピリット ………………………250, 288
- スプートニク …………………………56
- スペースシップワン …………………318
- スマート1 ……………………………271
- スラスター ……………………………33

せ、そ

- 全国アイデア水ロケット・コンテスト …158
- ソーラー・セイル ………………123, 328

た

- 大気大循環 ……………………………128
- 大気発光 ………………………………11
- 太陽系形成の標準モデル ……………120
- 太陽系探査 ……………………………119

ち

- 地球外知的生命体 ……………………29
- 超回転 …………………………………129
- 超新星残骸 ……………………………29
- チンボラソ ……………………………74

て、と

- ディープ・インパクト ………………321
- デヴォン島 ……………………………136
- ドン・キホーテ計画 …………………321

の

- のぞみ ……………31, 174, 251, 273, 276, 277, 280

は

- パイオニア10号 ………………………232
- パイオニア11号 ………………………232
- パグウォッシュ会議 …………………231
- はくちょう ……………………………26
- ハッブル宇宙望遠鏡 ………………2, 168
- はやぶさ …………245, 263, 309, 311, 313, 322

ふ

- プラネットC …………………………128
- プラネットB …………………………251
- フリーダム・セブン …………………68
- フレア ……………………………74, 272
- プロトン・ロケット …………………3

へ、ほ

- ベピ・コロンボ …………………87, 92
- ペンシル・ロケット …………………30
- ボーデの法則 …………………………120
- 『星の王子さま宇宙を行く』 ………114
- 「星の王子さまに会いに行きませんか」キャンペーン ………………………175, 190
- 星の町 …………………………………307

ま

- マーズ・クライメート・オービター ……4
- マーズ・グローバル・サーベイヤー ……5

マーズ・ポーラー・ランダー ……………5
マイクロラブサット ………………351
マヌーバー ……………………33

み

ミール ……………………15, 108
みどり2号 ………………272
ミネルバ …………………237
ミューゼスC ……………174, 237, 244

む、め

無重量状態 …………………73

メッセンジャー ………………327

や、よ

『やんちゃな独創——糸川英夫伝』………313

ようこう ………………75, 152
「ようこそ先輩」 ………………209

ら、り

ラグランジュ・ポイント ……………30

理科嫌い ……………………35

欧　文

3K嫌い ……………………39

COSPAR ……………………274

H−2 …………………………3

ISTS …………………………53
ISU …………………………334

JAXAタウンミーティング ……………314

LEO …………………………179

MCO …………………………4
MGS ………………………5, 61
MPL …………………………5
M−Vロケット ……………6, 19, 63, 178

NSTA …………………………167

S−310 ……………………10, 177
SRB …………………………18

TPS …………………………150

［人名索引］

糸川英夫 ……………202, 231, 261, 295

ウェッブ、ジェームズ・E ……………66

小田稔 ………………25, 114, 210

ガリレイ、ガリレオ ………………79
ガレーエフ、アレクセイ ………………131

衣笠祥雄 ……………………191
キュリー、マリー ……………………71

甲野善紀 ……………………317
小柴昌俊 ……………………210
コロリョフ、セルゲーイ ………16, 56, 70
コロンボ、ジウゼッペ ………………90

佐藤文隆 ……………………59

高橋尚子 ……………………83
玉木章夫 ……………………7

チトフ、ゲルマン ……………………84

ツィオルコフスキー …………………268	牧島一夫……………………………29
土井隆雄 ………………………………214	松尾弘毅 ……………………………238
中谷一郎……………………………………50	松本零士 ……………………………171
野村民也 …………………………………7	マレー、ブルース …………………88, 150
ファジェイ、マックス ………………340	向井千秋 ……………………………335
フォン・ブラウン、ヴェルナー ………56, 69	ライト兄弟 …………………………268
ボネ、ロジェ ……………………………24	ルース、ベーブ ……………………86
	若田光一 ……………………………85

著者紹介

的川　泰宣
（まとがわ　やすのり）

1942年	広島県呉市生まれ
1965年	東京大学工学部卒業
	東京大学大学院博士課程，東京大学宇宙航空研究所，宇宙科学研究所を経て，
現　在	宇宙航空研究開発機構（JAXA）執行役，JAXA宇宙科学研究本部対外協力室長，
	教授．工学博士
著　書	『宇宙は謎がいっぱい』（PHP文庫，1996）
	『月をめざした二人の科学者』（中公新書，2000）
	『やんちゃな独創』（日刊工業新聞社，2004）
	『宇宙からの伝言』（数研出版，2004）　他多数

轟きは夢をのせて
――喜・怒・哀・楽の宇宙日記

2005年3月10日　初版1刷発行

著　者　的川泰宣　Ⓒ 2005
発行者　南條光章
発行所　**共立出版株式会社**
　　　　東京都文京区小日向4-6-19
　　　　電話　東京(03)3947-2511番（代表）
　　　　郵便番号 112-8700
　　　　振替口座 00110-2-57035番
　　　　URL http://www.kyoritsu-pub.co.jp/

印　刷　加藤文明社
製　本

検印廃止
NDC 914, 440
ISBN 4-320-00566-X
Printed in Japan

社団法人　自然科学書協会　会員

JCLS ＜㈳日本著作出版権管理システム委託出版物＞
本書の無断複写は著作権法上での例外を除き禁じられています．複写される場合は，そのつど事前に㈳日本著作出版権管理システム（電話03-3817-5670，FAX 03-3815-8199）の許諾を得てください．

狂騒する宇宙
－ダークマター，ダークエネルギー，エネルギッシュな天文学者－

Robert P.Kirshner 著／井川俊彦 訳
四六判・326頁・定価2310円（税込）

宇宙とは，悠久の静寂に満ちた絶対の虚空ではない。現在知る限りでは宇宙は騒々しい。ホットなダークマターとしてニュートリノがあり，まだ知られていない冷たいダークマターがあり，ビッグバンの10^{-35}秒後にインフレーションがあり，それから10^{52}倍の時間が経過したとき，ダークエネルギーによって加速している。まさに狂騒というにふさわしい状況であるが，これらすべて，ビッグバン自体からの光，進化途中の星，変光する星，爆発する星，観測可能な最遠にある銀河など，観測から得られた結果なのだ。本書は，超新星の研究からこの宇宙の実像を求めた天文学者たちの知的冒険談である。

My Brain is Open
－20世紀数学界の異才ポール・エルデシュ放浪記－

Bruce Schechter 著／グラベルロード 訳
四六判・312頁・定価2520円（税込）

50年以上の間，世界中の数学者たちはドアの前でノックに応え，その男を迎えた。分厚い眼鏡をかけてしわくちゃのスーツをまとい，片手には家財一式を入れたスーツケース，もう一方の手には論文を詰め込んだバッグをもって，My brain is open! と宣言する小柄でひ弱そうな男。その訪問者こそ20世紀最大の数学者であり，間違いない奇人，ポール・エルデシュである。本書は，この不可思議な天才，そして魅力的な数学の世界における彼の旅の足跡をたどる話である。著者ブルース・シェクターは，愛情，洞察，ユーモアをもって，この天才数学者ポール・エルデシュの風変わりな世界へわれわれを導く。

量子進化
－脳と進化の謎を量子力学が解く！－

ジョンジョー・マクファデン 著
斎藤成也監 訳／十河和代・十河誠治 訳
四六判・470頁・定価1890円（税込）

ワシントンポスト紙へもときどき投稿しているほどの実力ある著者が初めて執筆に挑戦した読み物。ただし，SFではない。これまでの新ダーウィン進化論では十分に説明しきれなかった謎の数々（適応変異，多剤耐性，生命誕生，意識の誕生など）を量子力学で解く初の試み。難解な専門用語や数式は使わず，量子力学の考え方を分かり易い言葉で紹介。内容の舞台は，南極，砂漠，深海，実験室，細胞の中（ミクロ探検），宇宙と多岐に渡り，シュレーディンガーやアインシュタインなど偉人のユーモラスなエピソードもふんだんに盛り込んである。

http://www.kyoritsu-pub.co.jp/　共立出版